U0298383

作者简介

吕晓轩 1987年生，北京市人，北京市朝阳区三间房地区工委委员、办事处副主任，大学讲师职称。先后毕业于北京大学法学院、国家发展研究院、政府管理学院、新媒体研究院，分获法学学士、经济学双学士、管理学硕士、传播学博士学位；先后任职于北京大学、中央统战部、北京市区县基层政府等单位。主要研究领域为新媒体环境下的法律、文化与公共管理，青年思想政治教育等；参与多项省部级课题研究，并在中文核心期刊发表多篇学术论文。

吕晓轩◎著

中国参与全球互联网治理研究

基于国际法理的视角

人民日报学术文库

人民日报出版社

图书在版编目（CIP）数据

中国参与全球互联网治理研究：基于国际法理的视角 /
吕晓轩著 . —北京：人民日报出版社，2017.11
ISBN 978－7－5115－5106－1

Ⅰ.①中⋯ Ⅱ.①吕⋯ Ⅲ.①互联网络—管理—研究
Ⅳ.①TP393.4

中国版本图书馆 CIP 数据核字（2017）第 285194 号

书　　名：中国参与全球互联网治理研究：基于国际法理的视角
著　　者：吕晓轩

出 版 人：董　伟
责任编辑：孙　祺
装帧设计：中联学林　　阮全勇

出版发行：人民日报出版社

社　　址：北京金台西路 2 号
邮政编码：100733
发行热线：（010）65369509　65369846　65363528　65369512
邮购热线：（010）65369530　65363527
编辑热线：（010）65369518
网　　址：www. peopledailypress. com
经　　销：新华书店
印　　刷：三河市华东印刷有限公司

开　　本：710mm×1000mm　1/16
字　　数：270 千字
印　　张：15.5
印　　次：2018 年 1 月第 1 版　　2018 年 1 月第 1 次印刷

书　　号：ISBN 978－7－5115－5106－1
定　　价：68.00 元

前　言

作为20世纪最伟大的发明之一，互联网的诞生给社会的发展进步和人们的生产生活带来了革命性的影响，同时也以其开放性、交互性、国际性等特征对全球治理领域提出了新的挑战，成为摆在国家、国际组织等治理主体面前的崭新课题。作为主要调整国家间权利义务关系、规范国际秩序的法律规范，国际法及其理论势必应在全球互联网治理活动中发挥重要作用。本研究的目的，就是希望从国际法理论与实践的视角出发，对全球互联网治理活动进行研究，其中特别关注中国在参与这一进程时的国家行为，并提出相应的国际法建议。

本研究的内容主要分为10个部分：第一部分，介绍研究背景并对所涉及的主要概念、理论渊源进行文献综述，提出国际法框架下全球互联网治理研究的范式重构及其研究方法。第二部分，在总结全球互联网治理突出问题和变革动因的基础上，从国际法理层面提出互联网领域国际法渊源的继受与创设、国际法基本原则在互联网领域的适用、尊重和维护国家网络主权的法理依据、非国家主体在治理活动中的作用发挥、网络安全和网络战争的国际法律应对5个主要问题，进而形成统领整个研究的问题逻辑体系。第三部分，以互联网发展阶段为时间索引，分析全球互联网治理中的国际法渊源问题，重点阐明中国对有关既有和新设渊源所应持有的态度。第四部分，探讨国际法各项基本原则和中国提出的"和平共处五项原则"在全球互联网治理中的应用，重点从这些原则的缘起、变革与发展中确证其在网络空间的适用性。第五部分,以网络时代国家主权面临的机遇和挑战为分析基点,从明确法理基础、构建法律内涵、反对网络霸权、坚持开放合作4个方面提出中国坚持网络主权原则的国际法策略。第六部分,举例研究各主要国际组织、会议机制和专业机构在全球互联网治理中所扮演的角色、做出的努力及发挥的作用,进而指出中国应着眼于倡导发挥联合国作用、代表发展中国家利益、坚持多方共治原则、重视国际软法功能4个方面进行国际政策设计。第七部分,从当前全球网络安全威胁现状出发,讨论其产生的国际法原因,进而结合中国国家网络安全战略实践和中美新型大国关系构建,提出宏观与微观结合、国内与国际联动的策略建议;就《网络犯罪公约》和中国刑事政策进行对比研究,提炼可资借鉴的合理要素。第八部分,由网络战、网络攻击概念及当前形势切入,参照《塔林网络战国际法手册》列举分析4个具有代表性的国际战争法问题,并探究中国参与国际网络军备控制的实践做法、问题困境和未来路径选择。第九部分,聚焦网络时代的国际司法管辖权冲突及其衍生问题,在对美国法院"长臂管辖权"进行评介的基础上,从遵循国际通行原则、整合既有国内法律、开展全球协商合作3个方面探索构建适合中国国情的网络案件管辖权模式。第十部分,梳理归纳研究的基本结论,同时就研究未尽之处进行主客观分析,并对未来在本领域开展进一步工作提出展望。

　　本研究综合运用了传播学、法学等领域的4种研究方法,在整体详略分布上,以系统科学方法为统领,以定性研究方法中的实证案例研究方法和规范研究方法为两种主要研究方法。具体而言,即通过定性研究对全球互联网治理领域的历史事实和理论成果进行梳理推演;通过实证案例研究对国内外、域内外互联网治理案例进行描述分析;通过规范研究对既有和新设国际法规则进行适用性探讨与价值评判,并结合实践需求,提出符合中国国情和国家利益的策略性制度选择方案。

　　本研究的基本结论:在全球互联网治理中,中国应充分重视国际法理论与实践的运用,并依托其重构研究范式,提出中国方案并构建话语体系;中国应始终坚持尊重和维护网络主权的基本立场,支持国际法基本原则在治理活动中的充分应用,辩证地看待网络时代国际法规则的继受与创设;中国应以"网络空间命运共同体"思想为指引,倡导通过以联合国为主导、各类国际组织和双边多边对话机制并行的国际合作体系,妥善解决网络安全、网络战、网络管辖权等领域的现实法律问题,为构建和平、安全、开放、合作的网络空间和建立多边、民主、透明的全球互联网治理体系奠定国际法律制度基础。

目 录
CONTENTS

第一章　绪论:研究背景与文献综述 ·········· 1

第一节　互联网的发展及随之产生的社会治理问题 ············ 1

第二节　全球互联网治理的模式变迁与中国实践 ············ 7

第三节　国际法与全球互联网治理的范式重构 ············ 12

第四节　国际法视角下全球互联网治理研究的方法论 ············ 16

第二章　国际法视角下全球互联网治理的主要问题 ·········· 19

第一节　全球互联网治理的突出问题与变革动因 ············ 19

第二节　全球互联网治理中的国际法理问题 ············ 24

第三章　全球互联网治理中的国际法渊源问题 ·········· 32

第一节　互联网的兴起与现代国际法的发展 ············ 32

第二节　全球互联网治理中的国际法渊源类别 ············ 39

第三节　全球互联网治理中的国际法渊源继受与创设 ············ 41

第四章　全球互联网治理与国际法基本原则 ·········· 54

第一节　国际法基本原则应否适用于全球互联网治理 ············ 54

第二节　国际法基本原则如何适用于全球互联网治理 ············ 60

第五章　全球互联网治理与国际法中的国家主权 ················· 70

第一节　从三种治理方案之争审视网络时代的主权博弈 ········· 70

第二节　国际法作为主要调整国家间关系的规则 ············· 73

第三节　网络时代国家主权的机遇与挑战 ················· 78

第四节　维护中国网络主权的国际法策略 ················· 87

第六章　全球互联网治理中的三类国际组织例析 ············· 101

第一节　国际组织参与全球互联网治理的国际法理依据 ········· 101

第二节　中国和全球互联网治理中的三类国际组织例说 ········· 106

第三节　中国参与国际组织的全球互联网治理策略 ··········· 126

第七章　全球网络安全治理与国际法作用的发挥 ············· 135

第一节　从"棱镜门"事件观察网络安全中的国际法理问题 ······· 136

第二节　当前全球网络安全威胁现状及其成因 ············· 139

第三节　中国参与全球网络安全治理的法律对策 ············ 150

第四节　以《网络犯罪公约》为例看国际网络犯罪立法与

　　　　中国刑事政策 ·························· 163

第八章　网络战和网络攻击所引致的国际法问题 ············· 171

第一节　网络战与网络攻击的法理探源 ················· 171

第二节　中国面临的网络战和网络攻击形势 ·············· 179

第三节　结合《塔林网络战国际法手册》分析网络战的国际战争法问题及

　　　　中国策略 ··························· 180

第四节　中国在网络军备控制中的策略选择 ·············· 189

第九章　基于国际法理的全球互联网管辖权初探 ············· 195

第一节　互联网时代传统管辖权面临的困境与问题 ··········· 195

第二节 以国际鞋业案为肇始的互联网案件长臂管辖权 ············ 199

第三节 构建适合中国国情的网络案件管辖权模式 ·················· 204

第十章 研究结论与未尽之处展望 ···················· 211

参考文献 ······································ 214

后 记 ·· 235

第一章

绪论:研究背景与文献综述

从某种意义上讲,互联网这一美苏冷战时代的产物,是国际权力博弈分配和矛盾冲突的一个重要表现形式,从其诞生之日起就与全球治理问题紧密联系在一起了。1957 年,苏联发射了第一颗人造地球卫星"伴侣号"(Sputnik),显示了其在航天和信息技术领域所取得的重大进展。为应对苏联威胁,美国于 1958 年成立了先进技术研究项目局(ARPA),以确保美国在经受苏联第一次核打击后依然有足够的通信网络能够将总统的核反击指令有效传达到基层部队。因循这一战略思想,该局开始对兰德公司(Rand)保罗·巴兰提出的"无明显中心节点网络"项目进行研究资助。通过一个时期的研发,1969 年 9 月 1 日,这一实验性网络正式上线,并正式命名为阿帕网(ARPANET),也就是今日互联网(Internet)的雏形。

第一节　互联网的发展及随之产生的社会治理问题

互联网的诞生对人类社会产生了巨大而深远的影响,其从萌芽至今大致经历了 4 个主要发展阶段,即阿帕网时期(20 世纪 60 年代至 70 年代中期)、局域网时期(20 世纪 70 年代中后期至 90 年代初期)、全球互联网时期(20 世纪 90 年代至 21 世纪初)、智能互联网时期(进入 21 世纪以后)。随着互联网技术加速向智能化、社会化、移动化、宽带化等方向发展,对互联网的使用呈现爆炸式增长态势,人类社群固有的联结方式以网络化的形式再现和重组,由此引发的社会治理特别是跨越国界的全球治理问题便随之不断显现出来。

一、作为时代背景的网络技术普及和网络社会兴起

在狭义的层面,信息技术概念以第五次信息技术革命为核心,指利用与计算机、通信、传感和控制等软、硬件技术设备,对信息进行加工、存储、传输、获取、显示、识别及使用等高新技术之和,突出强调信息技术的现代化与高科技含量,但在本质上仍旧是人类思维、感觉和神经系统等信息处理器官的延伸。信息技术与通信技术的融合发展是第五次信息技术革命的显著特征和发展趋势,随着技术的不断融合,现代信息通信技术(Information and Communication Technologies,ICT)逐渐发展成为20世纪90年代以来最具影响力和代表性的新技术集合,以计算机和网络为核心的现代信息通信技术已经渗透到人类经济和社会生活的各个领域,为网络社会的形成和发展奠定了技术基石。

随着现代信息通信技术的发展,"作为一种历史趋势,信息时代支配性功能与过程日益以网络组织起来",导致人类生活习惯、思维方式、社会结构发生深刻变化,衍生出网络社会(the Network Society)这一全新的社会形态。网络社会以其所具有的全球性、虚拟性、开放性、去中心化等特点,在给人类带来便利与机遇的同时,也蕴藏着前所未有的风险与挑战。跨国网络犯罪、网络民事侵权等行为危害个人权益和社会运行,网络攻击、网络战争等现象冲击正常国际秩序和国际法律准则,这些问题无法依靠单个国家、组织和个人的力量去解决,需要营造公平公正、透明有效的国际网络法律秩序加以应对。近年来,国际社会为此做出了不少努力,但新情况、新变化仍层出不穷,如单纯的技术治理模式难以满足各利益相关方的多样化诉求,如全球互联网管制、国家主权、个人自由权利三者之间的艰难博弈,如发展中国家网络普及、技术进步与其在全球互联网治理体系中的弱势地位之间的突出矛盾,如传统国际战争法、国际人道法在处理网络战争和网络冲突等问题上显得力不从心,等等。因此,中国作为联合国安理会常任理事国和最大的发展中国家,深入而全面地研究应对全球互联网治理的国际法律规则,具有现实性、必要性和紧迫性。

二、域内互联网治理的理论基础

国家主权(Sovereignty)是国家的根本属性,是对内最高权力和对外独立

权利的有机统一。"网络不是法外之地",一国对域内的网络活动进行管理,是网络主权的重要内容,国内外众多学者都对此进行了探讨。

1. 关于网络社会的研究。具有代表性的有曼纽尔·卡斯特的《网络社会的崛起》、阿尔文·托夫勒的《第三次浪潮》、尼葛洛庞帝的《数字化生存》、埃瑟·戴森的《2.0 版数字化时代的生活设计》、斯劳卡的《大冲突——赛博空间和高科技对现实的威胁》等,提出并分析了一种作为整体社会结构的网络社会,它以网络为社会形态构造的基本结构,以信息技术范式为物质基础,以信息主义为主要发展方式;同时指出,网络社会是一种集虚拟与现实为一体的新型交往方式,网络化逻辑的扩散实质地改变了生产、经验、权力与文化过程中的操作和结果,使流动的权力优于权力的流动。这些研究成果为正确认识互联网治理所处的物质空间和外部环境提供了重要的理论依据。

2. 关于网络规范的研究。较具代表性的著作有爱德华·卡瓦佐和加斐诺·莫林的《赛博空间和法律:网上生活的权利和义务》、查尔斯·普拉特的《混乱的网线:因特网上的冲突与秩序》、凯斯·桑斯坦的《网络共和国——网络社会中的民主问题》、丹·希勒的《数字资本主义》等,它们一方面提出互联网正在带动政治经济向数字化的市场经济转变,展现了网络空间的市场维度;另一方面通过对西方法律的分析评介,集中探讨了网络空间的通信隐私、网上交易、知识产权、言论自由、网络犯罪、诉讼程序等内容,对网络空间的权利和义务规则进行了梳理,试图使网络空间成为一个文明社会,又不会使它变成一个政府监督的奥威尔噩梦。这些成果肯定了从制度规范层面进行互联网治理活动的意义,对加强互联网治理顶层设计和规范建设具有较强的指导价值。

3. 关于网络技术与互联网治理的研究。分为三类主要学说:一是以弗兰克·H. 伊斯特布鲁克、杰克·戈德史密斯为代表的数字实用学说(Digital Realist School),认为政府能够并且应当以法律的形式规范互联网,互联网领域不存在自身特殊的法律而只是既有规则的转换,即只需将现行法律延伸适用于网络领域就可以解决存在的问题,而无须特别立法。二是以劳伦斯·莱斯格、蒂姆·伯纳斯—李、马克·菲谢蒂等为代表的编码即法律学说(Code is Law School),前者在《代码:塑造网络空间的法律》中指出,网络空间存在着对行为的规制，但规制主要是通过（技术）代码施加的；代码导致了规则的不同，进而区分出网络空间的不同部分，政府可以通过法律管理编码的编写者，以确保编码的合法性。后两者在《编织万维网：万维网之父谈万维网的原初设计与最终命运》中指出，技术性和社会性设备的设计不断推动着互联网的发展，这两个维度之间的关系是平行的。三是以约翰·佩里·巴洛等为代表的数字自由主义学说（Digital Liberalism School），彻底否定传统治理方式对网络领域的适用性，倡导建立互联网独有的规则、程序和机构来解决现存问题；西奥多·罗斯托克也在其《信息崇拜：计算机神化与真正的思维艺术》中指出，技术往往走在法律前面，试图通过立法来控制互联网，如同用牛车来追赶飞机，显然是不会成功的。这些成果揭示了网络的技术维度，并从不同侧面诠释了技术维度与社会维度之间的相互关系，为域内互联网治理的政策选择和价值取舍提供了理论遵循。

三、域内互联网治理的中外实践

为适应国内互联网治理的新形势和新要求，中国学者对国外互联网治理理论与实践进行了持续研究和评介，并对中国本土经验进行了总结和提炼。通过分析和梳理近年来中国学者在这一领域的研究成果，梳理出较具代表性的文献和著作有：赵水忠的《世界各国互联网管理一览》（2002）、李德智的《互联网治理之初探》（2004）、钟瑛的《我国互联网管理模式及其特征》（2006）、唐守廉的《互联网及其治理》（2008）、唐子才和梁雄健的《互联网规制理论与实践》（2008）、刘瑛和张方方的《我国互联网管理目标的设定与实现》（2009）、钟忠的《中国互联网治理问题研究》（2010）、马骏的《中国互联网治理》（2011）、汪玉凯和高新民的《互联网发展战略》（2012）、于雯雯的《法学视域下的中国互联网治理研究综述》（2015）、张显龙的《中国网络空间战略》（2015）等，这些成果对美国、欧盟、英国、德国、法国、俄罗斯、日本、韩国等国家的网络发展战略，以及互联网治理模式、理念、主要做法、主要特点等进行了详细介绍，并针对中国域内互联网治理实践中存在的问题给出了相应的政策建议。在国外研究方面，由于美国在当今网络社会所处的优势地位，美国学者对其域内互联网治理的研究成果值得注意，其中颇具代表性的有约翰·D.泽莱兹尼的《传媒法：自由、限制与现代媒介》及其判例研究(2004)、韦恩·奥弗贝克的《媒介法原理》(2004)等。

中国自 1994 年接入国际互联网以来,始终高度重视域内互联网治理,在体制机制构建、法规政策制定、专项治理整顿等方面开展了大量工作,形成了创新经验,取得了突出成果。具体而言:

1. 加强顶层设计,实施国家战略。2014 年 2 月 27 日中央网络安全和信息化领导小组成立,中共中央总书记习近平任组长,他指出:"中央网络安全和信息化领导小组要发挥集中统一领导作用,统筹协调各个领域的网络安全和信息化重大问题,制定实施国家网络安全和信息化发展战略、宏观规划和重大政策,不断增强安全保障能力。"同时设立中央网信办为国家网络安全和信息化工作的统筹协调及办事机构,与各相关部门共同构成国家网络治理体系的主体。例如,在机构监管方面,公安部成立公共信息网络安全监察局,负责打击网络犯罪;国务院新闻办成立网络新闻宣传管理局,负责网络新闻管理;工业和信息化部作为互联网行业主管部门行使行业管理各项职权。2016 年 12 月 27 日颁布出台的《国家网络空间安全战略》,以总体国家安全观为指导,分"机遇与挑战""目标""原则""9 项战略任务"4 部分阐明中国关于网络空间发展和安全的重大原则立场,从宏观战略的层面指导中国的网络安全工作,从而维护国家在网络空间的主权、安全和发展利益,推动实现建设网络强国的战略目标。在行业自律层面,以中国互联网协会为代表的行业自律组织积极发挥作用,互联网行业自我管理水平得到显著提升。

2. 加强立法工作,突出"依法治网"。党的十八届四中全会通过的《中共中央关于全面依法治国若干重大问题的决定》明确提出:"加强互联网立法,完善网络信息服务、网络安全保护、网络社会管理等方面的法律法规,依法规范网络行为",这标志着中国互联网法治建设进入新的历史时期。在网络安全方面,1994 年国务院颁布《中华人民共和国计算机信息系统安全保护条例》,1996 年国务院发布《中华人民共和国计算机信息网络国际联网管理暂行规定》,2000 年全国人大常委会通过《维护互联网安全的决定》。2015年 7 月 1 日全国人大常委会通过的新《中华人民共和国国家安全法》,将网络安全置于国家安全重要组成部分的地位,规定:"国家建设网络与信息安全保障体系,并加强网络管理,防范、制止和依法惩治网络攻击、网络入侵、网络窃密、散布违法有害信息等网络违法犯罪行为,维护国家网络空间主权、安全和发展利益",第一次在立法中明确了"网络空间主权"的概念。2016 年 11 月 7 日全国人大常委会通过的《中华人民共和国网络安全法》,进一步宣示了网络空间主权原则,明确了网络产品和服务提供者、网络运营者的安全义务,完善了个人信息保护规则,建立了关键信息基础设施安全保护等制度。在产业政策方面,国务院出台《关于加快发展生产性服务业促进产业结构调整升级的意见》,加快生产制造与信息技术服务融合,重点在电子商务、信息技术服务等领域开展工作;出台《关于促进云计算创新发展培育信息产业新业态的意见》,计划到 2017 年初步形成安全保障有力,服务创新、技术创新和管理创新协同推进的云计算发展格局,带动相关产业快速发展;出台《关于积极推进"互联网 + "行动的指导意见》,推动互联网、云计算、大数据、物联网等与现代制造业深入融合和创新发展。在内容管理方面,2000 年以来相继出台《互联网信息服务管理办法》《互联网文化管理暂行规定》《关于办理利用互联网等传播淫秽电子信息案件的司法解释》及《解释(二)》《互联网新闻信息服务管理规定》《关于网络游戏发展和管理的若干意见》《信息网络传播权保护条例》《互联网视听节目服务管理规定》《关于加强网络信息保护的决定》等一系列政策法规和司法解释。在电子商务方面,先后出台《中华人民共和国电子签名法》《电子认证服务管理办法》《非金融机构支付服务管理办法》等多部法律法规。此外,《个人信息保护法》《未成年人上网保护条例》《互联网信息服务管理法》等一系列立法工作已经启动,将为"依法治网"提供更加有力的法律规范支撑。

3. 开展专项行动,治理网络乱象。专项行动,也称为专项治理、集中整顿等,是国家以其强制力为依托、运用行政手段规范社会行为的重要举措。在互联网领域,表现为党政部门出于整治互联网领域内某些突出问题的目的,由一个牵头部门和多个协同部门配合开展的集中执法行动。这种治理模式在国家基础性治理资源不足的情况下有其存在的必要性与合理性,对网络空间的净化起到了积极推动作用,但同时也存在执法依据不足、执法成本过高、执法效果难以治本等弊端。自 2001 年以来,中央层面的专项整治行动主要有:网吧等互联网上网服务营业场所专项整治、打击盗版软件专项治理、"私服""外挂"专项治理、打击淫秽色情网站专项行动、垃圾电子邮件专项治理、净网行动(自 2005 年后每年均开展)、整治互联网低俗之风专项行动、整治非法网络公关行为专项行动、打击利用互联网造谣传谣行动、打击网络盗号专项行动、打击网络暴恐音视频专项行动和重点整治微信公众号行动。2015 年,国家网信办统筹开展了"净网 2015""固边 2015""清源2015""秋风 2015""护苗 2015"5 个专项行动。①

第二节　全球互联网治理的模式变迁与中国实践

伴随着互联网的萌生和发展,互联网治理从一国范围拓展至国际范畴。国际组织和各主权国家都以极大的热情关注、参与到互联网治理进程中,各种非营利性机构、非政府组织发挥自身优势介入其中,以科学精英为代表的互联网技术专家也从技术规范的角度对互联网运行规则进行改进和完善。可以说,这些活动共同创造了丰富的全球互联网治理实践。

一、关于治理模式的研究

在全球互联网治理模式方面,根据王明国(2015)的研究,主要的全球互联网治理模式包括技术治理模式、网格化治理模式、联合国治理模式、国家中心治理模式等,并呈现由前者至后者顺次演进的发展进程。具体而言,第一,埃里克·布鲁索等(2012)认为,基于早期互联网领域一般被视为科学研究私人空间这一事实,信息和技术政策成为主要的议题,而数字技术的中性、开放性和非中心式控制方式导致更多包容性和参与性的政策制定,促进了互联网的发展。第二,弥尔顿·L.穆勒(2010)提出网格化治理模式即治理组织的网络形式,包括松散的附属组织和个体,依靠规律性互动追求合作性目标;这种模式亦被称为"多利益攸关方治理"模式,根据卡伦·班克斯(2005)早先所下的定义,是指不同的利益团体在平等基础上辨识问题、定义方案、协调角色并为政策发展、履行、监督和评估创造条件。蔡翠红(2013)

---

① 李彦.互联网二十年:专项治理点与面——国家治理与现代化的视角[A].张志安.网络空间法治化——互联网与国家治理年度报告(2015)[C].北京:商务印书馆,2015:201.

进一步认为,不同的制度行动者在网络空间的权力和利益的差异,使得真正有效的,并为各方所接受的网络空间全球治理模式将是能够平衡国家、市场和社会的多元、多层合作治理模式。丹·亨特(2003)和约翰·马西耶森(2009)等众多研究不约而同地将视线转向互联网名称与数字地址分配机构(ICANN)这一声称是"全球性的、不以营利为目的、谋求协商一致的组织",以及信息社会中的交流权(CRIS)运动、世界社区电台广播联合会(AMARC)等非正式的治理制度组织。弥尔顿·L.穆勒(2010)进而提出改革 ICANN 由美国实际控制的现状、建立全球互联网新治理制度的构想,积极倡导治理方式的网络化和治理机构的全球化。邹军(2015)认为,当前全球互联网治理正在经历向"多利益攸关体"模式过渡的时期,详细阐述了"多利益攸关方"中的三个部分——政府、私人部门、公民社会的权力分配和运作方式,得出这一模式强化而不是改变了现有的权力关系的结论。第三,鉴于国际社会对 ICANN 长期受控于美国霸权的不满,联合国治理模式肇始于2003 年举办的、由联合国主导的信息社会世界峰会(WSIS),分为第一阶段的日内瓦会议(2003 年)和第二阶段的突尼斯会议(2005 年),两个阶段的会议分别形成了《原则宣言》《行动计划》和《信息社会突尼斯议程》,并提请联合国召集互联网治理论坛(IGF),但始终未能在具体问题上形成一致、有效的解决方案,也没有实质改变 ICANN 的运行现状。第四,国家中心治理模式与近年来网络社会的"国家回归"思潮紧密相关,刘杨钺和杨一心(2013)、黄志雄(2014)等认为,国家主权理念与实践开始重新占据互联网政治的主流话语体系。国家能够对全球性、开放性、虚拟性的网络空间进行有效治理,正如佐伊·贝尔德(2002)所强调,随着互联网的迅速发展,政府作为唯一的可以提供稳定性和保护公众价值观的力量,在互联网治理中的重要性日益凸显,发达国家与发展中国家应携手应对,与信息技术专家、相关行业、非政府组织等密切配合,担当恰当的角色、制定公认的准则。劳伦斯·莱斯格(2009)也认为,政府可以通过修改网络空间中任何一层的代码(网络空间的法律)来改变互联网架构的实际约束力。

二、关于治理准则的研究

互联网自身所具有的独特属性和当今时代网络技术的蓬勃发展,使国际地缘政治的斗争和角逐不断向互联网领域延伸,国际舞台上的各方力量都在争取自身利益的最大化,因此往往在既有治理体系变革的过程中展开博弈,这也在客观上推动了全球互联网治理准则的变迁与发展。现有的全球互联网治理制度强调互联网必须遵循"开放性"的核心原则,即互联网的开放性和网络监管的开放性。埃里克·布鲁索等(2012)认为,互联网的跨边界特征形成了一种规范冲突的全球架构,包括合法性冲突、权力冲突、文化冲突等;考虑到人类活动的范围和中心受到互联网影响的现实,一种反映数字治理(Digital Governance)的制度建设尤为必要。弥尔顿·L.穆勒(2002)从政治经济学、历史演变、治理架构、财产权利等角度全面论述了互联网根服务器系统。约翰·马西耶森(2009)对互联网治理进行了系统归纳,由通信规则的历史谈及互联网治理产生与发展的历史进程。弥尔顿·L.穆勒(2007)等进而提出了全球互联网治理规则具体的原则和规范,原则有:在概念层面(1)互联网,(2)互联网治理;在事实层面(3)互联网标准创造全球共有权,(4)互联网在很大程度上由私人网络构成,(5)互联网包含了一种端到端的设计,(6)互联网需要独家和协调的资源分配,(7)互联网是没有领地的。规范有:(1)技术模型应该被保留,(2)我们不应该让公有权被私人化,(3)不应将标准共享变成过度监管私人市场的基础,(4)技术协调和标准化的功能不应该被用政策功能加载,(5)网络集中方面的控制应尽可能地被分散和限制,(6)多方治理应该被合法化和维持。沈逸(2013)认为,应遵循中国要成为新型大国的指导思想和原则,推进以数据主权为核心的网络空间治理新秩序,以国际化的视野推进全球网络空间治理。

三、关于中国治理方案的实践研究

中国始终积极参与全球互联网治理活动,特别是党的十八大以来,以习近平同志为核心的党中央积极回应现实要求,就互联网发展发表了一系列新的重要论断,形成了一系列新的重要实践,从战略的高度为中国参与全球互联网治理提供了基本遵循。2014年,习近平总书记在访问巴西时即发表了题为《弘扬传统友好　共谱合作新篇》的演讲,提出了"共享共治"的互联网治理理念,即"国际社会要本着相互尊重和相互信任的原则,通过积极有效的国际合作,共同构建和平、安全、开放、合作的网络空间,建立多边、民主、透明的国际互联网治理体系"。中国始终坚持平等开放、多方参与、安全可信、合作共赢的原则,积极应对互联网发展对国家主权、安全、发展利益所提出的新挑战,在国际场合自信阐释自身主张,积极参与全球互联网治理。

1. 中国—东盟网络空间论坛。2014年9月18日,中国作为东道主,在广西南宁举办了首届"中国—东盟网络空间论坛"。论坛以"发展与合作"为主题,围绕互联网基础设施建设、网络经济发展等4个议题展开交流讨论,并提出构建"中国—东盟信息港",推动建立更加紧密、务实、高效的网络空间共同体。

2. 世界互联网大会。2014年11月19日,中国在浙江乌镇举办首届"世界互联网大会"。这次大会以"互联互通·共享共治"为主题,吸引了来自全世界100个国家和地区的1000多位政府官员、国际机构负责人、企业家和专家学者参会,规模空前。大会就国际互联网治理、网络空间法治化等10多个分议题深入交换了意见,达成了广泛的共识。2015年12月16日,在以"互联互通·共享共治——构建网络空间命运共同体"为主题的第二届世界互联网大会开幕式上,习近平总书记发表讲话,指出:"国际社会应该在相互尊重、相互信任的基础上,加强对话合作,推动互联网全球治理体系变革,共同构建和平、安全、开放、合作的网络空间,建立多边、民主、透明的全球互联网治理体系"。并率先提出全球互联网治理体系变革的"四项原则",即"尊重网络主权,维护和平安全,促进开放合作,构建良好秩序"。率先提出加快全球网络基础设施建设,促进互联互通;打造网上文化交流共享平台,促进交流互鉴;推动网络经济创新发展,促进共同繁荣;保障网络安全,促进有序发展;构建互联网治理体系,促进公平正义"五点主张"。"四项原则"和"五点主张"赢得了世界绝大多数国家的赞同,成为全球互联网治理领域的重要共识。2016年11月16日,以"创新驱动 造福人类——携手共建网络空间命运共同体"为主题的第三届世界互联网大会开幕,习近平总书记在开幕式视频讲话中指出:"互联网发展是无国界、无边界的,利用好、发展好、治理好互联网必须深化网络空间国际合作,携手构建网络空间命运共同体","中国愿同国际社会一道,坚持以人类共同福祉为根本,坚持网络主权理念,推动全球互联网治理朝着更加公正合理的方向迈进,推动网络空间实现平等尊重、创新发展、开放共享、安全有序的目标"。

3. 中美互联网论坛。由中国互联网协会、美国微软公司联合主办,旨在促进中美两国互联网业界的交流与合作,截至 2016 年年底已举办 8 届。2014 年 12 月 2 日,中国代表参加了在美国华盛顿举办的"第七届中美互联网论坛",主题为"对话与合作",中国代表就中美互联网关系提出了"彼此欣赏而不是互相否定""互相尊重而不是对立指责""网络空间之大足够容纳中美两个大国,应尊重彼此的国情差异,尊重彼此的发展道路,把发展的多样性转化为推动世界互联网发展的活动和动力"。2015 年 9 月 23 日,以"互利共赢、领航未来"为主题的"第八届中美互联网论坛"在美国西雅图举办,习近平总书记在会见双方与会代表时指出:"中国倡导建设和平、安全、开放、合作的网络空间,主张各国制定符合自身国情的互联网公共政策。中美都是网络大国,双方拥有重要共同利益和合作空间。双方理应在相互尊重、相互信任的基础上,就网络问题开展建设性对话,打造中美合作亮点,让网络空间更好造福两国人民和世界人民"。

4. 参与全球互联网治理联盟并阐释中国主张。全球互联网治理联盟是由 ICANN、巴西互联网指导委员会、世界经济论坛联合发起的,致力于建立开放的线上互联网治理解决方案讨论平台,方便全球社群讨论互联网治理问题、展示治理项目、研究解决方案。在 2015 年 6 月 30 日于巴西圣保罗召开的首次全体理事会上,马云当选该联盟理事会联合主席,体现了国际社会对中国互联网治理能力的信任。中国代表在会上全面阐述了习近平总书记的全球互联网治理主张,介绍了中国互联网发展现状和治理实践,受到与会者的高度赞同。

许多学者对中国参与全球互联网治理的新实践展开理论研究。谢新洲(2014)着眼于网络空间的大国博弈,强调网络国家意志在建设网络强国过程中的极端重要性,并提出网络治理顶层设计的六大主要问题。谢新洲(2015)在分析互联网等新媒体发展趋势的基础上,提出网络使不同文化的相互影响、渗透、融合、碰撞、冲突变得更加频繁、复杂和突出,促进了世界文化的变革与重构。王水兴和周利生(2016)对党的十八大以来党中央对互联网治理的新认识进行了系统梳理。李希光(2016)、孟庆国(2016)较为系统地梳理了以习近平同志为总书记的党中央关于互联网治理的主要思想。杜雁芸(2016)基于中国参与全球互联网治理的实践,对加强中美双边网络空间治理合作、中国在全球层面推动网络空间治理提出建议。田丽(2016)对新型全球互联网治理体系的基本特征和基本规则进行了总结。

第三节　国际法与全球互联网治理的范式重构

国际法,其英文为"International Law"。从宽泛的意义上讲,国际法是国家之间的法。这一方面源于国际法是调整以国家为主导的国际关系的法,国际社会以国家为基本粒子组成且国家在国际关系中起主导性作用;另一方面,国际法是在国家之间产生的,国家主权是最高的权力,不接受任何凌驾于它之上的机构制定规则和发号施令,因此,国际法规则是国家依靠单独或集体的自身行为加以实施的法律,只因国家之接受而对该国(或其他国际关系参与者)具有约束力。① 起初的国际法主要内容仅限于陆地,而随着科学技术的发展,人类开始探索海洋和太空等领域,国际法的内容也随之拓宽。当今世界已经进入网络时代,互联网的蓬勃发展深刻改变了人类的生活,同时也对国际关系产生了重大影响,各类涉及网络的非传统领域挑战与问题日益出现在国际社会面前,国际法理应顺应时代潮流,扩展和丰富其规则内容,为调整网络时代的国家间关系、优化全球互联网治理环境提供法律保障。

一、国际法调整全球互联网治理的应然属性

通过国际法调整全球互联网治理,既是互联网传播特征的应然需求,也是实现互联网治理理论新拓展的必由之路和必要条件。传统的互联网治理理论偏重于国内治理的视角,强调国家从技术管控、市场机制、行业道德自律等方面构建管理体系和措施,这无疑是传统媒介管理手段的延伸适用。但网络与既往媒介的重要区别,就是使跨越国界的信息传递成本大幅降低,只需轻触鼠标即可"环游世界",这导致传统国内法律中的各类管辖权原则鞭长莫及,且极易产生国际法律冲突。因此,从这个意义上讲,互联网治理

---

① 白桂梅,朱利江. 国际法(第二版)[M]. 北京:中国人民大学出版社,2007:5.

自然就是一种国际化的治理,而在以主权国家为主导的当今世界范围内,这种全球性治理的首要规则也必然是国际法。只有世界各国之间求同存异,通力合作,在各方利益"最大公约数"的基础上制定公约、条约等国际法律规则,搭建对话平台,照顾彼此关系,才有可能妥善解决层出不穷的互联网治理难题。因此,传播学理论、互联网治理理论必须适应这一客观情况,只有充分拓展理论范式的适用范围,对国际法这一主要调整国家、国家组织的规则体系予以更多的学理关注,才能在前沿交叉理论领域更好地服务国家利益和国际实践,从而切实增强理论的包容性。

二、国际法调整全球互联网治理的实然需求

通过国际法调整全球互联网治理,既是契合中国参与全球互联网治理新实践的必然要求,也是在国际法规则框架内提出中国方案、指导全球互联网治理实践的题中之义。中国自 1994 年正式接入国际互联网,截至 2016 年12 月,中国网民数量达 7.31 亿(其中手机网民规模达 6.95 亿),网民规模全球第一(相当于欧洲人口总量),互联网普及率 53.2%(超过全球平均水平3.1 个百分点),网站总数 482 万个,域名总数 4228 万个,. CN 域名数量约2061 万个,注册保有量在全球的国家和地区顶级域名中排名第一,互联网经济在 GDP 中占比超过 7%,上市互联网企业数量达到 91 家,总市值突破 5 万亿元,①正处于由网络大国向网络强国迈进的关键阶段。面对全球互联网发展不平衡、规则不健全、秩序不合理等现实问题,中国理应更加积极主动地参与全球互联网治理活动,提出符合国际法理的建设性主张,重构全球互联网治理的新体系。2015 年 12 月 16 日,习近平总书记在浙江乌镇出席第二届世界互联网大会开幕式并发表主旨演讲,提出了基于国际法理的互联网治理"四项原则",即尊重网络主权、维护和平安全、促进开放合作、构建良好秩序。这四项原则和基于此提出的构建网络空间命运共同体的"五点主张",是与《联合国宪章》《国际法原则宣言》《建立国际经济新秩序宣言》等宣示的国际法基本原则和国际法制度规则相契合的,是与中国一贯奉行的

---

① 中国互联网络信息中心(CNNIC). 第39 次中国互联网络发展状况统计报告[R]. 北京:2017 – 01.

"和平共处五项原则"一脉相承的，符合大多数国家的利益，已经得到国际社会的广泛响应和支持。适应社会实践的发展，国际法理论和网络传播学理论应当做出积极回应，深入探索全球互联网治理中的国际法理和国际规则，使中国参与全球互联网治理的法理基础更加坚实、实践方案更加合理、话语地位更加巩固。

事实上，以国际法理论与实践重构全球网络安全治理活动，已经逐渐成为国际社会的一项共识。2013 年和 2015 年联合国信息安全政府专家组的报告中也确认国际法特别是《联合国宪章》适用于网络空间，并明确了国家主权、主权平等、禁止使用武力、和平解决国际争端、不干涉他国内政、尊重人权和基本自由等国际法基本原则在网络空间的可适用性；确认各国对境内网络设施拥有管辖权，对可归责于该国的国际不法行为承担责任；此外，还强调了《联合国宪章》的整体适用性，以及各国依据《联合国宪章》采取措施的固有权利；注意到人道原则、必要性原则、相称原则和区分原则等现有的国际法基本原则。① 与此同时，一些多边、双边互联网治理条约和"软法"规则的制定，也代表了世界各国在这一领域的切实行动和努力。有鉴于此，中国理应从自身国家利益出发，顺应互联网发展的时代需求，结合国际法各主要领域的法理与实践，重构全球互联网治理模式，在提升自身话语权的同时，为推动全球治理民主化、法治化做出新的贡献。

三、关于全球互联网治理与国际法学的交叉研究

网络社会的国际性和全球性，导致因网络以及人们的网上行为产生的各种法律关系远远超出了国内法律调整的范畴，使得从国际法视角研究网络社会的诸多法律问题成为十分必要且紧迫的学术前沿课题。

1. 专门研究成果。朱博夫的论文《互联网治理——国际法的新使命》（2009）分析了通过国际法调整互联网治理的可能性与必要性，介绍了有关的国际法律渊源，提出建立以国际法调整互联网治理的长期机制。郭玉军的《网络社会的国际法律问题研究》（2010）是中国国内较早的一部在网络与国际法研究交叉领域进行探索的学术专著。它对既往散见的、零碎的相

---

① 徐峰. 网络空间国际法体系的新发展[J]. 信息安全与通信保密,2017(1).

关领域研究进行了归纳总结,着重对网络社会与国家主权、网络社会安全、网络社会的国际版权、网络社会的国际争议解决机制等法律问题进行了研究,并对互联网与国家主权的对立统一关系、信息主权的内涵及意义、国际反网络犯罪立法《网络犯罪公约》,以及纠纷解决机制中的长臂管辖权、网上仲裁、域外取证等新问题做了较为深入的学理探讨。王孔祥的《互联网治理中的国际法》(2015)作为较为晚近的研究成果,对全球互联网治理的主要机制及其发展历程进行了评介;在此基础上,援引有关国际法理论对网络攻击、网络安全等全球互联网治理的前沿话题进行了分析。段祥伟的《因特网治理的国际冲突与合作研究》(2015)以互联网发展所引致的国际冲突为切入点,系统梳理了全球互联网治理的国际法律渊源,并建构了应然层面的国际合作模式。

2. 有关策略研究。除上述专门研究成果中的策略建议外,许多关于运用国际法理探讨全球互联网治理应对之策的内容,散见于不同类型的文献中。举例而言,如杨嵘均(2014)提出,推动国际社会在网络空间治理中的策略包括:网络发展中国家要坚决捍卫网络主权以争取属于自己的网络空间,积极参与网络空间治理国际合作谈判以寻求机遇和迎接挑战,采用渐进策略实现部分国家率先合作以逐步扩大合作主体范围,多管齐下加强本国网络空间治理以赢取达成国际合作的战略空间与时间,网络发展中国家积极发展网络技术和信息技术以缩小与发达国家的"技术鸿沟"。再如,王明国(2015)提出全球互联网治理制度的重构应该从观念层面、法律层面和具体组织层面进行综合性治理。在观念层面上,倡导互联网治理的"主权回归",确立国家在互联网治理制度中的行为主体地位;在立法层面上,可以考虑把《网络犯罪公约》进行修改完善,在得到普遍认同的情况下,将其置于联合国框架之下,成为全球互联网治理制度的法律基础;在组织层面上,坚持联合国的主导地位,尝试把联合国所属的国际电信联盟(ITU)作为全球互联网治理制度建设的组织基础。

3. 缺憾与不足之处。上述研究在理论层面为国际法理视角的全球互联网研究范式奠定了基础,并对一些关键性的制度环节做了分析解读。由此可以看出,有关研究工作正在深化拓展之中,但同时也存在较为明显的不足之处。一是在研究层次上存在不深入、不系统的问题。在结合法学理论的基础上运用传播学知识构建分析结构的尝试还比较少,在所涉国际法学各领域具体制度的研究方面还不够深入,影响了研究结论的理论性和对策建议的可行性。二是在研究方法上存在不严谨、不成熟的问题。在既有研究中,有的对全球互联网治理活动的一个环节、一个问题进行专题分析,但忽视了整个国际法制度体系以及网络传播模式、传播环境的背景影响;有的泛泛讨论国际法对互联网治理的宏观规制,却对具体理论的应用重视不足。这就要求在研究过程中紧密遵循传播学和法学理论的发展规律和研究规范,无论是宏观研究还是微观分析,都应顾及理论所产生的历史渊源和发展脉络,都应按照规律、循序渐进地对理论的适用范围进行调整和扩充。三是在研究结构上存在不完整、不齐备的问题。一方面,虽然出现了一些结合全球互联网治理实践的研究成果,但与理论结合的广度和深度还很不够;另一方面,对结合国际法理论探索中国参与全球互联网治理问题还缺乏足够认识,导致成果的科学性、针对性、实践性、层次性都有待进一步提升。

第四节　国际法视角下全球互联网治理研究的方法论

在国际法视角下的全球互联网治理问题研究中,应在方法论上综合运用传播学、法学等学科的 4 种研究方法。在详略分布上,以系统科学方法(Systematic and Scientific Method)为统领,以定性研究方法(Qualitative Research)中的实证案例研究方法(Empirical Research & Case Study)和规范研究方法(Normative Analysis)为主要研究方法。

在 4 种研究方法的相互关系上,系统科学方法统领和涵括其他 3 种研究方法。系统科学方法是针对传统科学研究方法的局限而提出的,它以系统论、控制论、信息论等方法的运用为代表,是人类综合思维发展的一种重要手段。全球互联网治理活动具有较为显著的系统性特征,它以维护国家主权安全、协调各方利益行动、促进资源高效利用、保障国际和平秩序等为目标导向,通过一国或多国采取一系列国际法律行为来实现,即由相互联系、相互作用的多个要素(部分)组成的具有一定结构和功能的有机整体,有着鲜明的整体性、关联性、层次结构性、动态平衡性、开放性和时序性特征。

这就要求在研究和实施有关策略的过程中,运用系统论的思维考虑问题、置于国际关系的大背景下分析形势,坚持以"系统的整体观念"来看待全球互联网治理活动中所涉及的国际法各领域之间的相互关系,审视全球互联网治理活动中国家(国际组织)之间的相互作用,遵循客观规律、制定合理目标、进行科学评估,把解决局部问题和进行整体机制构建有机整合起来,考察系统与要素、要素与要素、结构与功能等各个对立统一关系,进而系统地而不是零散地、全面地而不是片面地、普遍联系地而不是单一孤立地提出中国参与全球互联网治理活动的策略建议。

系统科学方法能够把分析与综合、分解与协调、定性与定量研究较好地结合起来,妥当处理部分与整体的辩证关系,科学地把握系统,达到整体优化,因此,它是包含定性研究方法等其他 3 种研究方法的,也就是说,定性研究方法等其他 3 种研究方法,都是一般意义上的系统科学方法。以定性研究方法(也称为质化研究)言之,它是与定量研究相对应的方法概念,它以普遍承认的公理、一套演绎逻辑和大量的历史事实为分析基础,从事物的矛盾性出发,描述、阐释所研究的事物。利用定性方法进行研究,需要依据一定的理论与经验,直接抓住事物特征的主要方面,并可以将同质性在数量上的差异暂时略去。在全球互联网治理与国际法学的交叉研究中,应当运用定性研究的方法进行历史事实和理论推演,即通过分析来自报刊、图书、档案、文件等线上线下文献史料,厘清全球互联网治理的发展进程和主要特点,梳理国际法学界涉及互联网治理领域的主要研究成果,总结既有理论研究的突出特点和利弊得失,明确下一步研究的侧重点和待挖掘的领域。在此基础上,提出基于国际法理的全球互联网治理研究范式和研究框架,并兼论其必要性、可行性和理论自洽性。

实证案例研究方法、规范研究方法,是本研究所运用的最为主要的两种研究方法,它们从属于定性研究方法的范畴。这源于定性研究侧重根据社会现象或事物所具有的属性及其在运动中的矛盾变化,来解析研究对象的质性内涵。而实证案例研究和规范研究,正是其中占有重要地位的两种子方法。具体到国际法理视角下的全球互联网治理研究,对这两种方法的运用主要有以下考量。

1. 实证案例研究方法,是一种与纯理论研究相对应的定性研究,强调在不脱离现实生活环境的情况下研究当前正在进行的现象,在观察大量经验事实、开展实验调查、获取客观材料的基础上,归纳出事物的本质属性和发展规律,注重科学结论的客观性、普遍性原则,回答"怎么样"和"为什么"的问题。① 本研究运用实证案例研究方法,即要通过对包括中国在内的主要国家、国际组织参与全球互联网治理的经验事实进行案例分析,结合既有国际法规则和其他感性认识材料,遵循从个别到一般的科学研究过程,考察事件的前后联系与研究对象之间存在的高度关联,进而提炼出中国基于国际法各有关领域原则、规则参与全球互联网治理的有效机制,并从应用层面提供相应的政策建议。

2. 规范研究方法,是常用于制度分析的一种定性研究方法,在制度经济学领域,主要是关于经济目标、经济结果、经济决策、经济制度合意性等方面的研究,即通过演绎推理、归纳推理来评判经济问题、经济制度的应然状态或优劣得失。在诠释法学领域,其基本规则是法律实务的实际接受、巨大的社会实践效用以及概念逻辑上的严谨自洽,并在此基础上对制度和规范做出价值判断。有鉴于此,在基于国际法理的全球互联网治理研究中,规范研究方法主要应用于国际法律制度规则、理论的述评和构建过程。无论是国际条约、国际习惯等国际法主要渊源,还是一般法律原则、国际司法判例、权威国际法学说、国际组织决议等国际法辅助渊源,都有其规范意义,也都有理论和现实的双重价值取向,对现有的规范进行分析探讨,认识其历史渊源、实践功用、改进趋向,是中国参与并完善全球互联网治理模式的题中应有之义。

---

① [美]罗伯特·K. 殷. 案例研究:设计与方法[M]. 周海涛等译. 重庆:重庆大学出版社,2004:11 - 16.

第二章

国际法视角下全球互联网治理的主要问题

有论者认为,新技术的冲击是未来一个时期改变全球格局的重要因素,借助网络和云计算技术,数据的处理、传播和储存几乎没有止境,必须找到方法,既掌握新信息技术带来的益处,也能处理好随之而来的新威胁。① 当今时代的全球互联网治理面临着诸多困境和挑战,这些问题是全球治理的崭新课题,因而必然应当追溯于调整国际关系的法律规则即国际法的范畴。"互联网是人类的共同家园,让这个家园更美丽、更干净、更安全,是国际社会的共同责任",故而也必然成为国际法和国际法理论责无旁贷的调整对象。

第一节　全球互联网治理的突出问题与变革动因

有国内学者在《打造普惠共享的国际网络空间》一文中指出,习近平总书记倡导国际社会在互相尊重、信任的基础上通过对话合作推动全球互联网治理体系变革,其深刻动因在于当今时代互联网领域存在种种现实问题。这些问题突出地表现在互联网领域发展不平衡、规则不健全、秩序不合理,不同国家和地区的信息鸿沟不断拉大,现有网络空间治理规则难以反映大多数国家的意愿和利益等方面。② 与此同时,世界范围内侵害个人隐私、侵

---

① 美国国家情报委员会. 全球趋势 2030:变换的世界[M]. 中国现代国际关系研究院美国研究所译. 北京:时事出版社,2016:135 - 137.

② 谢新洲. 打造普惠共享的国际网络空间——深入学习贯彻习近平同志关于构建全球互联网治理体系的重要论述[N]. 人民日报,2016 - 03 - 17(07).

犯知识产权以及其他类型的网络犯罪频繁发生，网络攻击、网络恐怖主义活动等成为全球安全的重大威胁。这些问题有的早已存在、有的刚刚出现，新老交叠、错综纷繁，亟待构建新的、更加科学的全球互联网治理模式加以应对。

一、全球互联网治理的差异化特征明显

习近平总书记在浙江乌镇视察"互联网之光"博览会时指出："互联网是20世纪最伟大的发明，给人们的生产生活带来巨大变化，对很多领域的创新发展起到很强的带动作用"。互联网是人类科技创新的重要成果，是人类文明的重要组成部分，"是人类的共同家园"，这缘于互联网的繁荣发展得益于全世界人民的共同广泛参与，一方面，互联网的技术结构决定了互联网的首要价值在于"互联互通"，人们的广泛参与和使用使得网络联结点增多、促进网络发展稳定；另一方面，互联网的信息来源是互联网的生命线，它是全人类通过共同发布、传播和贡献所形成的多样性结果。由此可见，互联网的价值由全人类共同创造，其收益和成果理应由全人类共同分享。但由于不同的历史和现实制约，互联网在全球范围内的发展既不同步、也不同质，显示出了极大的差异性。

1. 互联网普及程度差异巨大。互联网诞生于美国，之后向欧洲、中东、拉美地区进而向亚洲和非洲大陆逐步扩散，这一历史进程造成了世界范围内互联网普及程度的"西高东低"和互联网接入费用的"西低东高"现象。10年前，世界互联网普及率均值不足20%，而美国的互联网普及率就已达到70%。同时，由于网络基础设施的建设遵循经济学上的规模效应原理，使得发展中国家人群接入网络的费用和成本远远高于发达国家，截至2015年，世界上还有43个国家没有任何形式的宽带计划、战略和政策，几乎全部为亚非拉地区的发展中国家；发展中国家的家庭宽带接入率仅维持在31.2%的低水平。

2. 互联网关键资源分配不均。互联网的历史发展进程，客观上造成了发达国家与发展中国家在互联网基础设施建设领域的长期巨大差距。根据国际电信联盟(ITU)和有关专业机构的数据，一方面，从2006年开始，来自发展中国家的网民在全球网络人口中所占比重逐渐接近并超过50%，成为全球网民中的多数;另一方面,欧美公司完全垄断了海底光缆这一重要的网络基础设施,惠普和 IBM 等 5 家西方国家的大公司占据了 2012 年全球服务器市场份额压倒性的 84.7%,而另一互联网关键资源国际顶级地理域名主服务器(包括 1 台主根服务器和 12 台辅根服务器)则分属美国、欧洲和日本机构管理。这种互联网用户数量与互联网关键资源技术分布极不均衡的现象,要求破除西方发达国家"先占者主权"的固有做法,进而寻求全球互联网共享共治之道。

3. 互联网使用方式鸿沟明显。在互联网高度普及的欧美发达国家,由于互联网关键技术的突破和发展,互联网在经济建设、文化普及、社会管理、生态建设等多领域得到深度运用,特别是互联网与实体经济相互融合,形成新产业、新业态,以信息流带动技术流、资金流、物质流、人才流优化配置,取得良好的经济和社会效益。而广大发展中国家在这些方面还有不小的差距,互联网依然停留在低级次的信息交互传播、文化娱乐方式层面,远未在经济社会发展各领域得到充分拓展。由此可见,东西方国家在互联网使用方式中的新"信息鸿沟"已经形成且有不断深化扩展的趋势。

4. 互联网治理方式不尽相同。各国域内互联网治理方式的差异化,其本质是由于互联网发展的物质条件所决定的,这也是各国有关公共政策和法律法规制定实施的根本因素。① 从治理主体看,有的国家采取以政府为主导的治理方式,主要通过自上而下的规则设计和法令实施对互联网领域进行管理;有的国家采行社会团体自治管理的方式,主要通过有关互联网企业、行业协会形成管理共识、进行自我约束;有的国家则兼采上述两种方式。从治理对象看,有的国家侧重于实体管理,对实施互联网行为的自然人、法人进行规制;有的国家则侧重于虚拟管理,对互联网上产生的虚拟的"人""团体"及其行为进行管控。从法理依据看,大陆法系国家主要依据实体法、英美法系则主要遵循判例法进行互联网法治建设与管理。从治理模式看,有的国家将网络治理区别于现实社会治理,有的国家则将网络作为现实社会的一部分来治理。②

---

① 沈宗灵. 法理学(第二版)[M]. 北京:北京大学出版社,2003:40.
② 谢新洲. 打造普惠共享的国际网络空间——深入学习贯彻习近平同志关于构建全球互联网治理体系的重要论述[N]. 人民日报,2016-03-17(07).

针对这种普遍存在的差异化特征,全球互联网治理必须充分尊重各国因其物质条件、历史进程所形成的治理方式,充分考虑差异化的诉求和愿景,在公正合理的国际框架内弥合分歧、解决问题。正如习近平总书记指出的:"我们应该尊重各国自主选择网络发展道路、网络管理模式、互联网公共政策和平等参与国际网络空间治理的权利,不搞网络霸权,不干涉他国内政"。

二、全球互联网治理的国际冲突日益加剧

当前全球互联网治理面临的最大困难与挑战,就是以美国为首的西方国家所长期奉行的网络单边主义、霸权主义和强权政治。它们滥用自身的优势地位,固守着一套已不适应当今网络发展的陈旧治理规则,企图继续保有对互联网的绝对控制权力,同时忽视和抵制广大发展中国家要求变革的正当诉求,导致全球互联网治理领域的国际冲突不断出现。

1. 美西方对互联网的"全层"霸权。互联网的发展形成了一个由众多不同的"层"(Layer)自下而上重叠而成的网络空间,最下方是"物理层",由提供关键服务的服务器、路由器、交换机、终端接入设备及连接电缆组成;中间部分是"逻辑代码层",由运行于"物理层"之上的软件组成,构成并限定了最终用户使用网络的方式和限度;最上方是"内容层",即通过"物理层"和"逻辑代码层"传播(由具体用户创造的)内容,[1]人类通过共同的创造和传播活动,在互联网上形成了休戚与共的共同体,使网络成为"人类的共同财产"。但以美国为首的发达国家奉行"先占者主权"原则,认为在互联网空间中的行动自由与国家的实力直接相关,有多强的实力就可以获得相应的使用份额,[2]进而在互联网各个层面对发展中国家实施霸权行为。例如,在"物理层"和"逻辑代码层"方面,由于互联网基础设施和关键资源由发达国家技术垄断,因此发展中国家必须为使用光缆、协议、域名等支付费用或付出安全代价。而在"内容层"方面,发达国家利用互联网开发出大量的应用

---

[1] Yochai Benkler. *From Consumers to Users: Shifting the Deeper Structures of Regulation Towards Sustainable Commons and User Access*[J], 52 Federal Communications Law Journal 561(2000).

[2] 沈逸. 网络空间全球治理现状与中国战略选择[A]. 惠志斌,唐涛. 网络空间安全蓝皮书系列·中国网络空间发展报告(2015)[C]. 北京:社会科学文献出版社,2015:276.

产品,不仅从发展中国家的消费市场获得大量销售收益,而且还能够借助网络产品传播西方文化信息和价值观念,巩固和维持文化霸权主义。当前,美国等西方发达国家宣扬并维持以互联网技术社群、私营企业为主导的"多利益攸关方"模式,企图永久保有全球互联网治理中的不均衡状态,继续主导治理规则,遏制发展中国家的网络利益。

2. 全球互联网治理领域的"全方位"冲突。美西方发达国家固守"先占者主权"原则和"多利益攸关方"模式,奉行网络霸权主义和单边模式,与广大发展中国家的网络利益产生了根本性的冲突。这种冲突根源于信息资源的严重不对称和历史文化的巨大差异,具体表现在政治观念、管理制度、治理手段等多个层面,①是传统国际秩序负面影响在互联网时代的延伸。卡伦·莫斯伯格等(2003)认为,现有的全球互联网治理制度是对数字鸿沟(Digital Divide)的固化,呈现出一种"虚拟不平等"(Virtual Inequality),它把国际社会现实中国家与社会的不平等进一步延伸到网络虚拟空间。乔纳森·凯弗(2013)认为,在互联网治理的演化进程中,存在两个争论性焦点问题:一个是 ICANN 由美国主导的单边机制转向新的非政府模式,另一个是联合国主导的 WSIS 通过多边的、以国家为中心的外交会议方式实施,其中关于 ICANN 治理模式的困境尤值注意。具体来说,目前全球互联网领域呈现"一家独大"格局,全球 13 个根服务均由 ICANN 统一管理,其中 10 个在美国、2 个在欧洲、1 个在日本,掌管根域名服务器的美国可以顷刻间将一个国家从互联网上抹去。罗尔夫·H. 韦伯和肖恩·R. 冈纳森(2012)等众多研究均指出,ICANN 已经成为美国政府的橡皮图章,存在严重的合法性和透明度问题,需要进行彻底改革。张晓君(2015)在指出 ICANN 管理机制存在利益集团控制、威胁他国安全、权责不对等缺点的同时,还着重从互联网属性与治理需求的角度探讨了互联网与国家主权管辖、互联网与国际机制合作等方面的治理困境。

3. 倡导全面"共享共治"的互联网治理变革。针对发达国家与发展中国家在全球互联网治理领域存在的诸多分歧和国际冲突,寻求变革传统治理方式、妥善解决国际争议的呼声越发高涨。习近平总书记在谈及全球互

---

① 段祥伟. 因特网治理的国际冲突与合作研究[M]. 北京:中国政法大学出版社,2015:39.

联网治理的科学模式时提出："国际网络空间治理，应该坚持多边参与、多方参与，由大家商量着办，发挥政府、国际组织、互联网企业、技术社群、民间机构、公民个人等各个主体作用，不搞单边主义，不搞一方主导或由几方凑在一起说了算。"国际法和国际关系的基本准则也表明，只有充分照顾各方利益诉求，将人类社会的发展成果由全人类共同治理和分享，并通过沟通协商的途径管控和解决分歧，才真正符合全世界最广大人民的根本利益，符合未来互联网健康发展的客观规律。

第二节　全球互联网治理中的国际法理问题

全球互联网治理所面临的国际法理问题，其整体框架的提出与构建，具有理论和实践层面的充分依据。具体而言，一方面，全球互联网治理所面临的种种问题，必然会以冲击正常国际关系和国际秩序的形式，反映到国际法的理论与实践领域，进而相应地出现全球互联网治理中的一系列国际法理问题。例如，全球互联网领域存在规则不健全的突出问题，就迫切需要对现存的调整互联网领域关系的国际法律规范进行分析梳理，并以此为基础创设新的规则、形成新的理论，因此也就必然涉及互联网领域国际法渊源的继受与创设问题；再如，全球互联网领域存在秩序不合理的突出问题，其中一个重要表现就在于少数国家利用网络信息技术优势推行网络霸权、侵害他国网络主权，这就亟须研究主权这一国际法核心理念在网络空间的适用性、网络主权的国际法理依据问题。另一方面，这些国际法理问题，也会以其在理论逻辑上的相互联系和作用，形成层次严整、逐次递进的问题体系，构成整个研究的主要对象。这源于国际法基本理论在长期发展过程中所形成的科学范围，一般而言，国际法的渊源、基本原则、行为主体、主权理论等，构成了国际法基本理论研究的主要范畴，也是全球互联网治理研究所应当予以重点关照的内容。基于这些因素，可以归纳出全球互联网治理中 5 个主要的国际法理问题，并分析该问题所由提出的合理依据。

一、互联网领域国际法渊源的继受与创设问题

有学者指出："社会对媒介活动的规制随着媒介的发展而日益丰富、成

熟和制度化。"①这缘于媒介媒体产业是提供信息产品的特殊行业,它的产品不仅具有物质属性,而且具有精神属性。作为对人的意识形态产生着重要影响的传媒产品,其产生和传播自始至终受到国家法律、制度方面的严格约束。从传媒史的视角看,自从印刷术被广泛地应用于社会信息传播,专门从事信息传播的大众传媒组织随之出现,而与此同时,对印刷活动进行的事先审查和许可制度也在欧洲问世。当今时代,互联网的广泛应用不仅对一国域内法治产生了巨大影响,也在全球范围内和国际关系领域引发了诸多新问题,这就为国际法的调整和运用提供了广阔的空间,使国际法理成为全球互联网治理活动的重要话语体系。

在国际法的理论框架下探讨全球互联网治理话题,首先必须解决的一个重大理论问题,就是调整全球互联网治理活动的国际法律渊源包括哪些内容、何种形式。正如有学者所指出的那样,国际法的渊源不仅用以指各种创造国际法规则的方法,而且用以表明这些法律的效力理由,特别是最终的理由。② 因此,对于渊源问题的研究,是整个研究工作的最初起点和逻辑基础。而在对渊源问题的解构过程中,更为基础和突出的一个法理问题,则是互联网领域国际法渊源的继受与创设问题,也即互联网领域的国际法律规则是应沿用原有的旧规则还是应为其专门创设新规则。只有解决了这个问题,才能对全球互联网治理中所应发挥作用的国际法渊源范围有全面而清晰的认识,进而奠定整个研究的规范基础。

以国际法理的视角看,"旧规则"与"新规则"之争,事实上代表了法律继受与法律创设两种法律认知方式的固有分歧。前一种观点认为,从媒介发展的历史进程来看,网络媒介同先前产生并得到广泛应用的印刷媒介、广播媒介、电视媒介等媒介形态并没有本质的区别,它只是作为一种新的媒介形态存在,同时诱发了一些新的法律问题。这些问题完全可以通过拓展国际法"旧规则"的适用范围也即直接运用"旧规则"加以解决,而无须再为之创设新的国际法渊源。后一种观点认为,互联网时代,网络构成了一种新的社会形态,它以网络为基本结构,以信息技术为物质基础,以信息主义为发

---

① 谢新洲. 媒介经营与管理[M]. 北京:北京大学出版社,2011:273.

② [美]汉斯·凯尔森. 国际法原理[M]. 王铁崖译. 北京:华夏出版社,1989:253.

展方式,是对既有经济社会关系的创新和重构。而国际法的发展规律证明,随着技术的变化,其讨论的议题也会随之发生变化。① 面对网络技术的新发展和网络社会的新环境,"法律规则的陈旧是互联网治理面临的一项重要风险",②因而国际法也必须创设新的规则加以调整,才能解决日益凸显的国际关系新困境、新问题。针对这一基础性争点,需要以辩证的分析思路加以探讨,进而明确全球互联网治理领域国际法渊源继受与创设的对立统一关系,共同构成调整网络空间国际关系的行为规范和基本准则。

二、国际法基本原则在互联网领域的适用问题

在明晰了全球互联网治理领域国际法渊源的基础上,应当进一步探究具体的国际法渊源和规则在这一领域的适用问题。因循这一国际法理研究的重要逻辑顺序,首先摆在人们面前的,就是在这些具体渊源和规则中处于根本性、基础性地位的那部分内容,也即国际法基本原则。从国际法理的角度看,国际法基本原则构成了国际法的基础,国际法其他具体规则都建构于基本原则之上,且不得与基本原则相抵触。由此推之,国际法基本原则在国际法的所有领域都具有普遍的适用性,而非仅仅限于一时一隅。因此,任何国际公约、条约等国际法律规范如果与国际法基本原则相冲突,都会由于违背国际强行法而自始无效。

从这个意义上讲,将全球互联网治理活动纳入国际法的调整范围,就必然使其受制于国际法基本原则的效力约束,这不仅是理论推演的逻辑结果,而且是中国参与全球互联网治理实践所应依托的重要国际话语体系。但在现实的全球互联网治理语境中,各国出于自身在网络空间所处地位和国家利益的考量,对具体的某一项国际法基本原则的理解和阐释都是不尽相同的。这就需要认真考察每一项国际法基本原则产生的历史背景、所经历过的演变进程,并在此基础上结合互联网发展实际和中国的国家利益诉求,提出公正合理且能够为全世界绝大多数国家所接受的适用原则,进而逐步在

---

① [英]伊恩·布朗利. 国际公法原理[M]. 曾令良,余敏友译. 北京:法律出版社,2007: 227.

② [塞尔维亚]Jovan Kurbalija,[英]Eduardo Gelbstein. 互联网治理[M]. 中国互联网协会译. 北京:人民邮电出版社,2005:67.

全球互联网治理进程中掌握话语主动、回应敌对攻击、贡献中国智慧、展现国家力量。

2015 年 12 月,习近平总书记在第二届世界互联网大会开幕式上发表的主旨演讲中提出全球互联网发展治理的"四项原则"和"五点主张",并特别指出:"《联合国宪章》确立的主权平等原则是当代国际关系的基本准则,覆盖国与国交往各个领域,其原则和精神也应该适用于网络空间。"这一方面表明,虽然在全球互联网治理领域尚未形成普遍适用的国际法条文,现实世界中所形成的规则也不能完全照搬到虚拟世界的治理中去,但虚拟世界与现实世界密不可分,在全球互联网治理领域,现代国际法基本原则应同样适用于网络空间,网络空间的开放与安全,自由与秩序,发展与治理,不能对立起来,而应该相辅相成。① 另一方面则显示,对于国际法基本原则在全球互联网领域的适用问题,中国秉持了一种继承与创新相结合、相统一的态度,既有理论的创新,又有原则的坚守。正如一些学者所言,中国所提出的"四项原则",体现了《联合国宪章》等国际法基本原则,体现了依法治网的原则,体现了安全与发展并重的理念,是构建全球互联网治理体系的基本遵循,② 是与中国所一贯主张的主权平等、反对霸权主义、不干涉内政、不使用武力等国际法基本原则高度一致的。

三、尊重和维护国家网络主权的法理依据问题

国家主权作为国际法上最为核心的概念之一,在整个研究体系中处于承上启下、贯穿始终的重要地位,基于国际法理,可分述为以下 3 点。其一,国家主权的基本内涵在于对内的"最高权"和对外的"独立权",是国家对内权威和对外独立的统一。在《联合国宪章》等国际法文件所确立的国际法基本原则中,国家主权平等原则处于至为重要的地位,因此,尊重和维护国家网络主权不仅在一国外部范畴体现为对其独立自主权利的肯定,也即国家主权主要表现为国家依据法律与其他国家(以及国家所组成的国际组织)之

---

① 华益文. 中国为全球网络治理发声[N]. 人民日报(海外版),2015 – 12 – 16(01).
② 谢新洲. 打造普惠共享的国际网络空间——深入学习贯彻习近平同志关于构建全球互联网治理体系的重要论述[N]. 人民日报,2016 – 03 – 17(07).

间的关系,①更是国家主权平等这一国际法基本原则的逻辑推演和基本要求。其二,国家主权对内"最高权"的内涵,确认国家是国际法上最为重要的"国际人格者",因此从国际法理的角度审视,应将全球互联网治理活动中国家主体与非国家主体(最典型的形态如国际组织)的行为分别加以研究,探讨它们各自在这一领域所扮演的角色以及所发挥的作用。其三,国家主权平等在国际法理上的必然结果,首先表现在对其领土和永久居住其上的人口的初步的排他管辖权,以及在此排他管辖权区域内其他国家的不干涉义务,进而衍生出国家网络主权与其网络管辖权之间的关系问题,以及一国网络主权被他国非法干涉所导致的网络安全和网络战争问题。

　　从这个意义上讲,国家网络主权问题是在国际法理视角下研究全球互联网治理活动的核心问题;更进一步说,是否尊重网络主权、如何维护网络主权,是本研究领域亟待破解和探索的关键环节。但应当看到,在互联网发展进程中,网络主权遇到了前所未有的挑战,同时也面临着十分难得的机遇。一方面,从互联网的特征出发,网络时代的国家主权是受到了弱化,抑或是得到了强化;网络社会所具有的开放性与无界化、技术性与非中心化、自由性与国际化等特征,是否在本质上动摇了国际法上国家主权的观念,或者在某种意义上催生了国家主权观念的变革。另一方面,从网络主权的内涵出发,当今时代的网络主权受到了何种冲击。从国际法理的角度看,网络主权有其存在的重要理论基础,"网络空间承载着一国经济、政治、文化、社会以及安全发展的诸多现实利益,理应受到所在国的管辖,不可避免地成为国家主权的延伸"。② 但是,由于互联网领域发展不平衡、规则不健全、秩序不合理,不同国家和地区之间的信息鸿沟不断拉大,以美西方为代表的少数国家推行"先占者主权原则",利用自身网络先发和主导优势,在网络主权问题上奉行"双重标准"、大搞网络霸权,使现有的网络空间治理规则难以反映大多数国家的意愿和利益。因此,就必然需要明确回答:如何在秉持充分国际法理依据的条件下,尊重和维护中国的网络主权,推动建立多边、民主、透

---

① ［英］伊恩·布朗利. 国际公法原理［M］. 曾令良,余敏友译. 北京:法律出版社,2007:258.

② 谢新洲. 打造普惠共享的国际网络空间——深入学习贯彻习近平同志关于构建全球互联网治理体系的重要论述［N］. 人民日报,2016 – 03 – 17(07).

明的全球互联网治理体系。

四、非国家主体在治理活动中的作用发挥问题

正如有国际法学者指出的,"直到第二次世界大战,国际法还被认为只是国家之间的法,然而这种观点很快不能再适应跨国关系以及相应的行为单元",①大量的政府间和非政府间国际组织,作为非国家性演员(Non - state Actors)在国际法实践中扮演着越来越重要的角色。虽然这些非国家主体与国家主体相比,只能享有有限的国际法权利并承担有限义务,但随着互联网时代的到来,非国家主体特别是国际组织、互联网企业、技术社群、民间机构甚至公民个人,都将会发挥十分重要的作用。

国际组织作为国际法上的国际人格者,能够在全球互联网治理活动中发挥有别于主权国家的重要作用。例如,互联网名称与数字地址分配机构(ICANN)和联合国系统下的 3 个机构——国际电信联盟(ITU)、信息社会世界峰会(WSIS)和互联网治理论坛(IGF),以及二十国集团(G20)、金砖国家(BRICKS)、亚太经济合作组织(APEC)等,都在各自领域和区域做出了显著的治理贡献。究其原因,互联网所具有的非中心化等特征,使传统的单一国家主权权威空间受到挤压,给以国际组织为代表的非国家主体发挥作用提供了广阔空间。中国倡导构建和平、安全、开放、合作的网络空间,建立多边、民主、透明的国际互联网治理体系,提出"国际网络空间治理,应该坚持多边参与,由大家商量着办",努力搭建全球互联网共享共治平台,这就要求充分梳理和认清中国在各类国际组织治理活动中所扮演的角色与定位,以此为基础提出有关策略选择建议。

需要特别指出的是,在世界各国特别是主要大国对国家网络主权概念尚存不同认识、具有普遍约束力的全球性公约尚付阙如的时代背景下,各类非国家主体所制定的"软法"的功能值得高度重视。这些现存"软法"的形式多样、内容各异,一方面为解决现实问题提供了重要的规则路径,另一方面也对未来国际法正式渊源的形成昭示了发展方向、提供了先导依据,是包括国际法在内的人类社会法律规范发展客观规律的重要体现,是推动全

---

① [德]W.G.魏智通.国际法(第五版)[M].吴越,毛晓飞译.北京:法律出版社,2012:12.

球互联网治理规则不断发展完善的重要途径选择，值得深入研究和分析。

五、网络安全和网络战争的国际法律应对问题

习近平总书记指出："没有网络安全，就没有国家安全。"从国际法理的视角来看，国家网络主权与网络安全之间存在着一种相辅相成、紧密联系、不可分割的关系。一方面，网络主权概念的提出和网络安全问题的出现都源于互联网的发展和网络空间的形成，网络主权为国家规制本国网络、参与全球互联网治理、制定网络安全国际规则提供了理论基础和实践依据。另一方面，对网络主权的侵犯和破坏也必定会危害网络安全，甚至诱发网络战争。例如，一些国家对其他国家发动网络攻击、进行网络窃听，一些不法分子利用网络散布谣言、从事侵害他人人身和财产安全的违法犯罪活动，一些恐怖组织和极端势力通过网络发动恐怖袭击、进行分裂活动等，都威胁着国家网络主权，破坏了国家网络安全。

当前，网络安全问题已经涉及国家政治、经济、文化、社会、生态、国防等各个领域，涵盖网络的物理层、逻辑代码层、内容层等各个层面。特别是在大数据、云计算、物联网等新技术蓬勃发展并广泛运用的时代背景下，国家网络安全更成为"牵一发而动全身"的系统性问题，关涉国家主权的核心内容和国家根本利益。因此，"网络不是法外之地"，必须受到域内与域外法律规范的调整，必须在公正合理的治理规则下运行，这就必然引出网络安全和网络战争的国际法律应对问题。就网络安全问题的制度设计而言，中国应以"总体国家安全观"为宏观指导，在着手解决自身内部网络安全问题的过程中，同步探索运用国际法规范和理论构建网络安全合作模式的有效路径；就网络战争问题的科学应对而言，中国应在国际战争法和人道法理论和逻辑框架下，以符合自身国家利益、维护世界和平秩序为总体目标，探究有关国际法规则的创新适用方式，在网络军备控制等重大议题中提出合理化、可行性策略方案。

通过分析可以看出，在国际法视角下的全球互联网治理领域，能够形成理论与逻辑自洽的问题体系。这一问题体系以互联网时代全球治理活动所面临的客观现实问题为基础，衍生出所涉及的诸多由国际法调整的社会关系问题，同时这些国际法问题又根据国际法理论范式形成了相互关联的问

题子系统。为此,概要总结在以下"国际法视角下全球互联网治理主要问题体系简表"中。

国际法视角下全球互联网治理主要问题体系简表

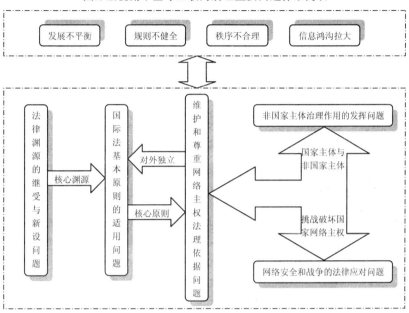

第三章

全球互联网治理中的国际法渊源问题

在国际法理论的视域下研究全球互联网治理问题,必须首先搞清哪些规则是国际法意义上的"法律",这些"法律"以什么样的形式出现并发挥作用。这就涉及对有关全球互联网治理领域国际法渊源的系统梳理,同时结合中国的国际法实践,回答有关法律渊源在互联网时代的适用性问题。

第一节　互联网的兴起与现代国际法的发展

互联网的出现肇始于军事的需要,彼时的互联网是受到严格管控的。但随着研发的深入,一部分非军事人员的介入促进了网络技术向非军事化转向,进而使非军事网络成为互联网的一个重要分支。在这一背景下,互联网逐渐被定义为开放和自由的空间,它在便利人们生活的同时,发展了人们的自由个性,促进了信息的跨国界传播。随着互联网用户的大量增长和互联网使用的日益普及,互联网所具有的特殊现象、特殊问题也不断显现,全球互联网治理的命题便被摆到了议事日程上来。

一、"二战"后的国际法秩序与互联网的萌生

第二次世界大战是人类社会发展史上的一次重大灾难,给人类社会带来了难以估量的损失;同时"二战"以反法西斯同盟国的最终胜利而告终,也极大彰显了人类正义力量,为战后国际格局的塑造和形成创造了基础性条件,深刻地影响了人类社会发展的历史进程。依循国际法的视角,"二战"导致了国际舞台上新的力量对比的形成,对现代国际法的结构体系和规则创

设都产生了巨大而深远的影响。"二战"结束后,欧洲列强之间的力量平衡被彻底打破,依据这种力量平衡所建立的由欧洲主要强国主导的旧国际秩序结构也便不复存在,取而代之的是以美国、苏联、英国、中国等战胜国建立并为其主导的新的国际秩序结构。① 这种战后国际新秩序的建立是依托许多新的国际法规则而确立的,总的来看,是以防止发生新的世界大战、维持世界持久和平为主要目标,以联合国集体安全机制为基本保证,并以《联合国宪章》《大西洋宪章》《开罗宣言》《波茨坦公告》等一系列法律文件为国际法基石。与此同时,这些国际法规则所确立的战后国际新秩序,也为美国和苏联两个超级大国划分全球势力范围、争夺国际事务主导权奠定了基础,资本主义与社会主义两大阵营的"冷战"时代随之开启。

1. 作为互联网治理背景的计算机和网络诞生。计算机的发明据中国学者袁传宽的考证,世界上第一台计算机是由美国物理学家阿塔纳索夫(J. V. Atanasoff)发明的。② 计算机的问世,为互联网的萌生奠定了基本的硬件基础。随着科学技术的不断发展和美苏军备竞赛的加剧,互联网的出现成为可能。1957 年,苏联发射世界上第一颗人造地球卫星的消息极大触动了美国政府和军队高层,美国进而成立隶属于联邦机构的先进技术研究项目局(ARPA),承担空间开发项目和最新战略性导弹的研究任务。1965 年,鲍勃·泰勒(Bob Taylor)入主 ARPA,产生了链接 3 台大型计算机的想法。1970 年,BBN 实验室的计算机专家雷·汤姆林森(Ray Tomlinson)实现了两台数字设备公司生产的计算机间首次端对端的电子邮件传输,③这就充分满足了人与人之间无限制交往沟通的愿望,进而通过众多科研人员的努力,最终使阿帕网(ARPANET)成为今日互联网(Internet)的雏形。由于互联网能够满足人们无界交往和传播的固有属性,并且它的发展具有人人参与、共享技术、接续完成的特征,其一经出现便吸引了众多用户。人们纷纷向这一新生事物贡献自己的智慧和力量,促进互联网技术不断改进和日臻完善。而

---

① 徐蓝. 回看历史　昭示未来——第二次世界大战与战后国际秩序的建立[N]. 光明日报,2014 - 09 - 03(15).

② 袁传宽. 到底是谁发明了世界上第一台电子计算机:一段鲜为人知的历史公案[J]. 程序员,2006(8).

③ [英]约翰·诺顿. 互联网——从神话到现实[M]. 朱萍等译. 南京:江苏人民出版社,2001:142.

随着互联网影响和辐射的范围不断扩大，便出现了国家公权力管制互联网的动机和行动。

2. 互联网萌生阶段的治理规则和治理手段。互联网的出现是"冷战"的产物，是美国政府和军方出于军备竞赛目的而实施的一项国家工程。但在技术研发的过程中，仅仅依靠军事人员的力量远远不足以支撑这项繁复浩大的工程，因而亟须探索新的运行模式。有鉴于此，美国进一步加大投入，大量招募信息技术方面的尖端人才加入互联网开发队伍，同时尽量剥去先前管理体制中的官方化和军事化色彩，代之以"学术性""研究性"的外衣。这使得众多科研人员抱着对新生事物的探索热情参与到互联网研发工作中来，完成这一国家投资、以军备竞赛为目的的事业。在这一背景下，早期互联网的技术被少数参与其中的科学精英所掌控，他们"具有技术知识、进入的手段和昂贵的工具"，"这种严格的要求又使其（指互联网）成为一个普通人不能进入的领域"。但是，美国政府在利用科学精英的同时，也时刻留意着泄露军事机密的风险，这就催生了互联网治理规则的变革，即将阿帕网（ARPANET）区分为仅限于军事用途的军事阿帕网和普通公众可以使用的民用阿帕网，同时出于满足两种不同类别网络用户相互交流的需要，采用了可以在两个网络之间建立网关的 TCP/IP 协议，第一个 TCP 协议于 1974年 12 月以《互联网实验纪要》的形式发表。

3. 从美国一国国内治理到全球互联网治理。美国对互联网的人为区分，其实质是将互联网视为其军方"私有财产"和"专属领地"，只是顾及互联网研发过程中科学精英的作用以及未来网络技术的完善，才不得不向社会公众让渡一部分互联网资源。虽然彼时互联网尚未在全球范围内普及，但美国所秉持的这种思维方式对日后全球互联网治理产生了严重的负面影响，它与互联网的全球属性相违背，不符合通过国际交流与合作促进互联网发展的历史趋势。在互联网的萌生阶段，主要是美国以其国内法进行互联网治理，这其中比较重要的事件是美国 20 世纪五六十年代兴起的"知情权运动"。这场运动以打破行政机密并实现公民了解政府运作信息为目的，由以美联社执行主编库珀（Kent Copper）为首的美国新闻界人士倡导发起，呼吁扩大记者的采访权限和尊重公众的知情权，最终促使美国国会制定了规范政府信息处理、查找、获取和使用的可操作性法令——《信息自由法》，明确规定了申请人有以计算机通信方式查阅信息的权利和申请索取信息电子版的权利。此外,美国还相继出台《隐私法》(1976 年)、《版权法》(1976年)、《阳光下的政府法》(1976 年)等有关数据信息发布和治理的法律。与此同时,在战后这一时期,大量的国际法规则被创制出来,其中以《联合国宪章》《国际法院规约》《国家权利义务宣言草案》《世界人权宣言》等为代表的国际法律规则开始在国际交往实践中发挥重要作用,随着互联网由美国一域向全球范围发展,这些规则的适用范围也必将拓展适用于互联网领域,进而为全球互联网治理提供法律依据。

二、互联网的兴起阶段与国际法的演进

1. 作为互联网治理背景的 PC 机和万维网诞生。20 世纪 60 年代末期,英特尔(Intel)公司兴起,计算机发展史打破了通用计算机一统天下的格局,进入微处理器主宰的时代。微处理器使得计算机平台向多样化方向发展,并促进个人计算机(PC)大量涌入市场。个人计算机体积小巧、便于移动,不但具有微处理器芯片,而且可以外接键盘、显示器,配备硬盘、软盘、光驱等设备,极大地提高了人类的信息交换能力。更为重要的是,个人计算机价格十分低廉,为计算机进入普通百姓家庭奠定了基础。而与此同时,用户新闻网和 BBS 也相继诞生问世了。1979 年,世界上第一个 BBS 站点在芝加哥上线,使人们可以抛开阿帕网的束缚,仅需一台个人计算机、一个调制解调器、一条电话线和几个免费软件便可进入其中参与讨论和交流活动。1980年 1 月,吉姆·艾里斯(Jim Ellis)在 UNIX 用户协会会议上推出了用户新闻网(Usenet News),其不同于阿帕网之处在于,任何人都可以使用具备 UNIX操作系统的计算机使用该网络,通过一个站点发表文章并同时查看、存储和打印从其他站点发来的文章,极大满足了人们进行虚拟交流的需要。1989年,蒂姆·伯纳斯·李(Tim Berners – Lee)开始创建万维网(World Wide Web),使网络中的所有共享资源都可以通过网页形式存储在计算机中,同时应用超链接技术,使人们可以快速浏览、查看互联网上的共享资源,互联网的发展自此进入了一个新的阶段。

2. 互联网兴起阶段的国际治理理念和思想。互联网的飞速发展特别是个人计算机的普及和万维网的盛行,使人们摆脱了阿帕网的桎梏,一种通过互联网充分张扬和发展个性、挣脱政府管制和束缚的思想随之发展起来,较具代表性的有以尼葛洛庞帝为代表的"数字化生存"思想、以阿尔文·托夫勒、海蒂·托夫勒为代表的"第三次浪潮文明观"思想、以约翰·佩里·巴洛为代表的后现代主义思想这3种"超国家主义"观念。尼葛洛庞帝认为互联网世界是一个"无疆界的世界",提出"在全球性的电脑国度掌握了政治领空之前,民族国家根本不需要经过一场混乱,就已经消逝无踪。……未来将越来越没有国家发展的空间","电脑空间的法律中,没有国家法律的容身之处"。① 阿尔文·托夫勒认为,受到第三次浪潮(指信息化、服务化发展阶段)的冲击,原有的工业革命背景下催生的国家观念将不符合新文明观念的要求,并将这种现象称为"政治的陵墓"。② 约翰·佩里·巴洛于1996年在网络上发表的《电子计算机空间的独立宣言》宣称:"我们没有一个选举出来的政府,我们也不想要一个政府,我向你们呼吁,并没有比自由本身所要求的更大的权力。……电子计算机空间并不存在于你们的疆界之内。……在电子计算机空间,我们将建设一种精神文明,愿它比你们政府先前所创造的世界更人道、更公正"。与之相对应,关于全球互联网治理中的霸权主义研究也开始崭露头角,1978年1月,法国学者西蒙·诺拉(Simon Nora)和阿兰·明克(Alain Minc)完成了《社会计算机化:一份致法国总统的报告》,谈及网络和计算机存储、IBM对网络的控制等都可能危及国家主权,提出"控制网络已经成为关系到国家主权的一项任务,网络控制规定了通信控制的条件和计算机市场的发展方向",并涉及网络主权、卫星通信、远程通信国际合作和数据库对国家安全的重要性等问题。③

　　3. 国际法的新发展及其对全球互联网治理的适用性。在这一阶段,国际法理论与实践又有了长足的进展。例如,在国际人权保护领域,《维也纳宣言和行动纲领》《消除一切形式种族歧视国际公约》《种族与种族偏见问题宣言》《消除对妇女一切形式的歧视公约》《儿童权利宣言》《发展权利宣言》等,都为人类平等地享有政治、经济、社会权利奠定了坚实的国际法理基

---

①　[美]尼葛洛庞帝. 数字化生存[M]. 胡泳等译. 海口:海南出版社,1997:278.

②　[美]阿尔文·托夫勒. 第三次浪潮[M]. 朱志焱,潘琪译. 北京:三联书店,1983:437.

③　[法]西蒙·诺拉,阿兰·明克. 社会计算机化:一份致法国总统的报告[M]. 黄德强,王运永译. 北京:科学技术文献出版社,1988:71－72.

础;在知识产权保护领域,《关于集成电路知识产权条约》等一系列国际法律
文件陆续出台,为网络信息技术的发展和知识创造提供更多的产权保护;在
国际责任法领域,《国家对国际不法行为的责任条款草案》进一步明确了国
家的国际不法行为及其责任,对于国家在互联网领域实施不法行为的处置
具有重要的借鉴意义。这些规则应当适用于互联网发展的新领域,解决互
联网发展过程中出现的新问题,使互联网的发展成果能够更好地惠及全
人类。

这里尤其值得一提的是,兴起并极盛于20世纪七八十年代的"世界信
息与传播新秩序"(NWICO)运动。20世纪70年代,鉴于世界新闻与信息流
动的不平等和不均衡现象,第三世界国家、不结盟运动国家、部分第二世界
国家和以联合国教科文组织为代表的各领域非政府组织,倡导提出"世界信
息与传播新秩序",并迅速成为全球传播改革的核心运动。1976年,不结盟
运动国家在印度新德里召开部长会议,通过了著名的《新德里宣言》,该宣言
较为完整地体现了新秩序运动的精神,明确提出"当前全球信息流通存在严
重的不足与不平衡。信息传播工具集中于少数几个国家。绝大多数国家被
迫消极地接收来自中心国家的信息",有力回击了西方传统的自由主义至上
的媒介理论,获得以社会主义国家为代表的广大发展中国家的广泛支持,并
将联合国教科文组织变成了讨论"世界信息与传播新秩序"的主要论坛。
1980年,联合国教科文组织第21届大会发布了题为"多种声音,一个世界"
的报告(又称《麦克布莱德报告》),明确提出"个别传播大国对信息流通系
统的支配是推行文化扩张主义的过程,而发展中国家的牵制和反抗是抵制
文化侵略的过程",并提炼出促进自主传播能力、强化相互文化认同、增强内
容多样性等82条具体行动建议。① 虽然由于美国等西方国家的激烈反击,
"世界信息与传播新秩序"运动最终未能实现预期目的并于20世纪90年代
归于沉寂,但这场斗争的原则、理念和思想遗产却是十分丰富并具有现实指
导意义的。当今时代,网络空间依旧存在着国际传播秩序的不合理问题,同
样需要打破旧秩序、创制新规则的理论与实践勇气,并在这一进程中充分体

---

① 张磊,胡正荣. 在互联网环境中重寻"世界信息与传播新秩序"[J]. 杭州师范大学学报,
2014(5).

现以中国为代表的广大发展中国家的历史责任与时代担当。

三、互联网的繁荣发展与国际法的全方位介入

进入 21 世纪,特别是 21 世纪的第二个 10 年以来,大数据、云计算、物联网等新技术、新应用、新概念层出不穷,并且日益深刻地介入和影响着人们的生活。在信息高度全球化的今天,互联网的发展速度超过以往任何时代,进而使对互联网关键资源的界定和争夺日趋激烈。大数据时代,人们凭借互联网技术和数据存储技术的发展能够获取和分析海量的信息,可以处理和某个现象有关的全部而非部分数据,进而不再依赖随机抽样;人们可以研究如此大量的数据,从而可以不再追求数据的精度,而是依靠分布在全球服务器上的数据获得更佳的宏观洞察力;人们可以能够不再探究事物之间的因果关系,反而更为重视事物之间的相关性,在"让数据说话"的同时不必知道这种相关关系背后的原因。① 云计算是一种已经提出的计算方式,是分布式计算、并行计算、网格计算基础上的进一步发展,前台采取用时付费的方式通过互联网向用户提供服务,后台则由大量的集群使用虚拟机的方式,通过高速互联网联结,组成大型的虚拟资源池。物联网则是以互联网技术为基础的一种联网模式,可以轻松实现人与物之间、物与物之间的连接。在全球化大背景下的今天,向"计算型"智能社会的迈进其实也是一场世界范围的竞争,各国有效的战略部署将对未来发展起到决定性作用。② 例如,美国6 个联邦政府部门投入 2 亿多美元启动了"大数据发展研究计划",以推动大数据的提取、存储、分析、共享和可视化,强调联邦政府和公司、大学结盟,全民动员来应对"大数据时代"的挑战。③ 中国也应通过全民教育使民众具备应对向智能社会转型挑战的技能和素质。

与此同时,大数据、云计算、物联网等新技术的融合,也存在潜在的风险和巨大的隐患。一旦云计算、物联网的安全受到攻击、失去保障,那么一座

---

① [英]维克托·迈尔-舍恩伯格,肯尼思·库克耶. 大数据时代:生活、工作与思维的大变革[M]. 盛杨燕,周涛译. 杭州:浙江人民出版社,2013:2 - 3.
② 涂子沛. 数据之巅:大数据革命,历史、现实与未来[M]. 北京:中信出版社,2014:300.
③ 涂子沛. 大数据:正在到来的数据革命,以及它如何改变政府、商业与我们的生活[M]. 桂林:广西师范大学出版社,2013:58.

城市乃至一个国家的正常运转就可能陷入混乱,蒙受政治、经济、文化等多方面的重大损失。一旦少数国家或个人滥用大数据技术,对处于信息劣势地位的国家和地区进行攻击,将使市场化资源的配置更加不平衡,使贫穷国家的政治和经济地位更加弱化,使全球范围内的发展差距日益悬殊。这些现象是"前互联网时代"不可能出现、不可能预见的,也是未来人类社会亟待探讨和解决的现实问题。应对互联网繁荣发展阶段可能出现的种种全球化问题,必须充分发挥国际法作为调整国家间关系准则的重要作用,通过有关国际组织和磋商机制,在多边和双边框架内加强国际合作,使国际法得以全方位介入其中。只有不断拓展旧有国际法规则的适用范围,不断创设新的符合互联网时代发展的国际法规则,才能最大限度地为国际冲突的解决提供可资遵循的依据,才能使互联网时代的国际关系纳入法治框架,才能避免少数国家利用互联网技术优势谋求霸权主义和强权政治,进而营造更加公正合理的国际秩序。

第二节　全球互联网治理中的国际法渊源类别

第八版的《奥本海国际法》将法律渊源比作水的渊源,指出"渊源只是指水从地面某一个地方的自然流出,而不论流出有什么自然起因。……我们找到这些规则发生的地方,那就是它们的渊源,它们是来自一个社会的历史发展中的种种事实的",因此,"法律渊源是一个名称,用以指行为规则所由发生和取得法律效力的历史事实"。①

一、国际法的主要渊源

迄今为止,国际法的渊源主要有 3 种,即国际条约、国际习惯和一般法律原则,具体简述如下。

一是国际条约。国际条约是国际法的一种十分重要的渊源,这是源于

---

① ［英］詹宁斯,瓦茨. 奥本海国际法(第八版)［M］. 王铁崖等译. 北京:中国大百科全书出版社,1995:17 - 18.

当代国际法的绝大多数内容都是以条约形式出现的,签订条约是在国家之间产生国际法的最重要、最普遍的一种方式。国际条约的数量众多,种类也不尽相同,按照参加条约的国家数量可以分为多边国际条约和双边国际条约。只要条约为参加条约的国家创设了权利和义务,它就是法律,①因而对缔约国来说,在国际法上条约就是它们必须遵守的法律,但是第三国没有义务遵守条约。

二是国际习惯。国际习惯是一种古老的国际法渊源,是各国反复、一贯地通过一定作为或者不作为,形成一般都遵守的惯例或通例,而且都认为必须去遵守它,违反了就必须承担法律后果的法律规则。形成一个国际习惯规则,必须要有两个缺一不可的重要因素:一个是物质因素,即特定的作为或者不作为;另一个是心理因素,即有关国家的"法律确念"或称"法律确信",这需要从国家的实际作为或者不作为中间接地进行推论。

三是一般法律原则。一般法律原则指国际社会各主要法系国内法院一般适用的法律原则,也即各个国家共同接受的法律原则。历史上,一般法律原则作为国际法渊源,是为了避免出现法律真空从而造成法院无法可依的情况才将其列入的。② 国际法庭的实践证明所运用的一般法律原则并不完全来自国内法,有些是比较抽象的自然正义原则,如公允与善良、禁止反言等。来自国内法的一般法律原则通常是一些程序性的规则。

二、其他国际法渊源

一是司法判例及公法学家的学说。根据《国际法院规约》的规定,在适用司法判例时要受到该规约第 59 条的限制,即"法院之裁判对于当事国及本案外,无约束力",这就意味着国际法院所做出的裁判对于其他国家没有法律约束力,因此只能作为参考。而公法学家的学说一般指比较有威望的、权威的国际公法学家的学说,其著作中的一些理论和观点可以作为解释国际法规则的重要参考,但对国家没有法律约束力。

二是国际组织决议。这其中最具争议的主要是联合国大会通过的宣言

---

① 李浩培. 条约法概论[M]. 北京:法律出版社,1987:33.

② Peter Malanczuk(ed.). *Akehurst's Modern Introduction to International Law*[M]. London and New York: Routledge, 1996, p. 48.

或决议是不是国际法的渊源问题。多数国际法学者认为联合国大会通过的一些重要宣言或决议,如 1948 年《世界人权宣言》、1963 年《各国探索和利用外层空间的法律原则宣言》等都是关于国际关系和国际法的重大问题的国际性文件。应当指出的是,虽然根据《联合国宪章》这些文件没有法律约束力,但包含了重要的国际法原则,已经成为国际习惯法的一部分,有些已经成为相关国际公约的基础,有些起着对《联合国宪章》解释的重要作用,①因此必须加以充分重视和考量。

第三节 全球互联网治理中的国际法渊源继受与创设

一、网络时代国际法渊源的新旧规则之争

在全球互联网治理的国际法渊源问题上,始终存在旧有规则与新设规则之间的争论,也即在这一领域是应当继续沿用旧有的国际法规则,抑或是重新创设新的国际法规则。前者认为,互联网只是一种新的通信方式,它与人类社会先前的电话、电报等通信方式没有本质区别,因此只需拓展已有的国际法规则范围进行调整即可。后者认为,互联网的出现创造了一种全新的"互联网空间",建构于其上的社会经济关系也是全新的,因而需要创设新的国际法规则予以调整。

事实上,应以辩证的视角看待这一问题。一方面,互联网是人类社会技术进步的产物,无论是互联网的创造者、使用者、监管者,都是人类社会的成员,都在人类社会的范畴内活动,互联网这一独特的科技现象"对现实世界的影响将它的参与者们置于以地理为基础的法律的约束之下",②因而旧有的规则对互联网上的行为仍旧具有约束力。另一方面,互联网作为一种社会存在,在全球范围内催生了大量的社会新生事物,以及新的争端和问题,都需要运用新的国际法规则加以规范和调整。有鉴于此,在全球互联网治

---

① 白桂梅,朱利江. 国际法(第二版)[M]. 北京:中国人民大学出版社,2007:14 – 15.

② Sanjay S. Mody. *National Cyberspace Regulation*:*Unbundling the Concept of Jurisdiction*[J]. Stanford Journal of International Law(37), 2001, p. 365.

理领域,既应当沿用和拓展旧有国际法规则,从而传承法律精神、节约立法成本、稳定规范体系;亦应当研究和创设新的国际法制度,从而适应新情况、新问题、新形势,树立国际法权威。

二、以既有国际法规范为例看全球互联网治理"旧规则"

按照互联网演进发展的时序,梳理主要的既有国际法规则,有助于分析相关规则在全球互联网治理进程中的适用性。特别是结合中国参加有关国际法渊源的实践,能够进一步厘清中国对各该规范在全球互联网治理中应持的态度。

1.《联合国宪章》和联合国(1945 年)。联合国是接受 1945 年 6 月 26 日在旧金山会议上签订并于 10 月 24 日生效的《联合国宪章》所载义务的国家所组成的世界性组织。《联合国宪章》序言表达了四大决心,第一条即为"欲免后世再遭今代人类两度身历惨不堪言之战祸"。《联合国宪章》第一章规定了联合国的"宗旨及原则",第一条即"维持国际和平与安全"及其措施;第五章规定了"安全理事会"制度,第六章规定了"争端之和平解决"制度,第七章规定了"对于和平之威胁、和平之破坏及侵略行为之应付办法",第八章规定了"区域办法",第九章和第十章规定了"国际经济及社会合作"制度,第十四章规定了"国际法院"这一争端解决机制。中国作为联合国的创始国和安理会常任理事国,始终致力于发挥联合国在国际事务中的作用,特别是联合国在和平解决国际争端过程中扮演积极角色。因而在全球互联网治理中,应当倡导各国始终遵循《联合国宪章》所确立的国际法基本原则,并以此为准据处理互联网领域的国际冲突,促进全球范围内的国家和地区积极开展互联网领域国际合作。

2.《国际法院规约》(1945 年)。《国际法院规约》于 1945 年 6 月 26 日正式颁布。作为《联合国宪章》所确立的联合国的主要司法机关,国际法院按照《国际法院规约》行使职权,确立了在联合国框架内解决冲突争端、进行司法救济的制度基础。中国始终支持国际法院依据《规约》公正、合理地处理国际纠纷,自新中国成立以来共有 4 位中国籍国际法院法官。在互联网时代,应当支持国际法院这一联合国框架内的纠纷解决机制扩展外延,涵括国家、地区、国际组织等国际法主体因互联网应用所引致的争端处置。

3.《国家权利义务宣言草案》(1946 年)。联合国大会于 1946 年 12 月 6 日通过的《国家权利义务宣言草案》,系统规定了国家的权利和义务,虽然不具有法律约束,但反映了国际社会对国家权利和义务问题的重视和认可。例如,国家的独立权、管辖权,以及在遭受攻击时有行使自卫权的权利;国家之间主权相互平等的原则、国家间互不干涉内政的原则、和平解决国际争端的原则等。这些国际法规则对全球互联网治理中国家网络主权的范围和限制、网络战条件下国家的权利和义务、和平解决互联网管辖权争议等问题都具有重要意义。

4.《世界人权宣言》(1948 年)。联合国大会于 1948 年 12 月 10 日通过《世界人权宣言》,规定"人人有权享有主张和发表意见的自由,此项权利包括持有主张而不受干涉的自由,和通过任何媒体和不论国界寻求、接受和传递消息和思想的自由",同时规定"每个人作为社会的一员……有权享受他的个人尊严和人格的自由发展所必需的经济、社会和文化方面各种权利的实现,这种实现是通过国家努力和国际合作并依照各国的组织和资源情况"。这些规定在全球互联网治理方面有一定价值,表现在互联网是人类跨越国别、种族、宗教、性别等界限追求言论和传播自由的重要表现形式,是一项基本的人权。1948 年,中国作为主要起草国并对《宣言》投下赞成票,承认了这一根本性国际人权文件所确立的一系列人权基本原则,而且新中国"宪法和法律中关于公民享有的政治权利和其他各项利的规定……在很多方面超过了《宣言》的标准"。[①]《宣言》虽不同于国际条约、不需要各国政府的签署和批准,但它已经并将继续在世界范围内产生效果和影响。[②] 国际法理应在尊重各国主权的前提下保障互联网传播自由权利的实现,从而为人类自由获取信息和发展自身潜能奠定法律基础。

5.《改善海上武装部队伤者病者及遇船难者境遇之日内瓦公约》(《日内瓦第二公约》)、《关于战俘待遇之日内瓦公约》(《日内瓦第三公约》)、《关于战时保护平民之日内瓦公约》(《日内瓦第四公约》)(1949 年)。这三个《公约》均于 1950 年 10 月 21 日生效。中国于 1956 年加入《日内瓦公约》

---

① 中国国际法学会. 中国国际法年刊(1989)[C]. 法律出版社,1990.444.
② 化国宇.《世界人权宣言》与中国[J]. 人权,2015(1).

（除 4 项保留），并积极践行《公约》义务。《日内瓦第二公约》规定了医院船舰上的病室有使用专为便于航行或通信用装备的权利，上述这些通信用装备应当推广适用于互联网通信设施，以便于国际海上航行安全和伤者病患救治。《日内瓦第三公约》《日内瓦第四公约》分别规定了战俘有可限制性的通信自由和战时平民的通信自由，这些规定应当推广适用于国际法关于网络战的规定中，以确保战俘和战时平民的基本权利得到有效维护。

6.《维也纳外交关系公约》（1961 年）和《维也纳外交领事关系公约》（1963 年）。1961 年 4 月 18 日订立、1964 年 4 月 24 日生效的《维也纳外交关系公约》和 1963 年 4 月 24 日订立、1967 年 3 月 19 日生效的《维也纳外交领事关系公约》均规定了外交使领馆和外交使节的权利、义务，通信自由不受侵犯是其中的一项重要内容。中国分别于 1975 年和 1979 年加入这两项《公约》（除保留条款），因而在互联网领域，应当支持并保障外交使领馆和外交使节享有应用互联网进行通信的自由，有关通信内容有权不受所在国和第三国的检查和限制。

7.《各国探索和利用外层空间活动的法律原则宣言》（1963）。联合国大会于 1963 年 12 月 13 日通过的《各国探索和利用外层空间活动的法律原则宣言》规定了各国在探索和利用外层空间时"必须为全人类谋福利和利益"以及"各国都可在平等的基础上，根据国际法自由探索和利用外层空间及天体""外层空间和天体绝不能通过主权要求、使用或占领或其他任何方法，据为一国所有"的内容，同时还规定"各国在探索和利用外层空间时应遵守合作和互助的原则"。这些规定与 1967 年签订并生效的《关于各国探索和利用包括月球和其他天体在内外层空间活动的原则条约》中的原则和规定，都能够参照应用于全球互联网治理领域。中国于 1983 年 12 月加入《外层空间条约》，应当支持和推动《外层空间条约》精神的拓展运用，这一方面缘于互联网传播的跨国界属性，另一方面也突出表现在互联网所具备的"众创、众享"特点，这就要求互联网资源不能被掌握和垄断于少数人或少数国家手中，而是应当作为全球共同财产平等地被开发、被利用，进而惠及全球各国人民。

8.《经济、社会及文化权利国际公约》（1966 年）。联合国大会于 1966 年 12 月 16 日通过，1976 年 1 月 3 日生效。该公约第 15 条规定："缔约各国承认人人有权参加文化生活、享受科学进步及其应用所产生的利益"，各缔约国应"采取保存、发展和传播科学和文化的步骤"，鼓励"科学研究和创造性活动的自由"，并认识到"鼓励和发展科学与文化方面的国际接触和合作的好处"。该公约第 23 条规定，为实现该公约所认可的各项权利，各国应采取"签订公约、给予建议、技术援助、召开区域性会议"等国际行动。中国于1997 年签署并于 2001 年批准该公约，积极履行公约规定，因而在互联网已深入应用于人类社会经济和文化生活的今天，应当提倡各国际法主体有义务依据该公约所确立的原则，保障社会公众充分应用互联网并享受其所产生利益的权利，并在全球互联网治理中进行国际交流与合作，促进以互联网为媒介传播科学文化信息，在推动经济社会发展的同时，拓展文化传播的深度和广度。

9.《公民权利和政治权利国际公约》（1966 年）。联合国大会于 1966 年12 月 16 日通过，1976 年 3 月 23 日生效。该公约第 17 条规定："任何人的私生活、家庭、住宅或通信不得加以任意或非法干涉"。第 19 条规定："人人有自由发表意见的权利"，此项权利包括有权通过不论国界、不论形式（口头的、书写的、印刷的、采取艺术形式的）、不论媒介来寻求、接受、传递任何消息及思想的自由，但这项权利的行使应当尊重他人的权利和名誉，并保障国家安全、公共秩序和道德。中国于 1998 年签署该公约并将在时机成熟时予以批准，因此应当认识到这些国际法条款应用于互联网时代的意义，一方面应当充分承认和保护社会公众通过互联网寻求、接受、传递信息和思想的权利；另一方面应当充分认识到互联网信息传播的特点和人类应用互联网权利的界限，即"权利止于他人的权利"，不得损害国家利益、社会公益和他人的合法权益。

10.《消除一切形式种族歧视国际公约》（1966 年）和《种族与种族偏见问题宣言》（1978 年）。联合国大会于 1965 年 12 月 21 日通过《消除一切形式种族歧视国际公约》，1969 年 1 月 4 日生效。规定："禁止并消除一切形式种族歧视，保证人人有不分种族、肤色或民族或人种在法律上一律平等的权利，尤得享受各项基本权利"。中国于 1981 年 11 月 26 日加入该公约（保留条款除外）。联合国教科文组织大会第 20 届会议于 1978 年 11 月 27 日通过并宣布《种族与种族偏见问题宣言》，规定："各国人民文明成就的差异完全由地理、历史、政治、经济、社会和文化等方面因素造成,此等差异不得成为将民族或国家划分等级的任何借口;任何基于种族或民族原因对人类充分发挥其才能及人与人之间自由交往实行限制,违背了人类尊严和权利平等的原则,是不能容许的"。中国始终致力于保障各民族平等享有宪法和法律规定的各项权利,通过经济和信息化建设,不断提升少数民族地区和少数民族群众应用现代科学技术和网络通信工具的水平,应当提倡在《公约》和《宣言》的框架内继续开展国际协作,不断弥合、消除全球范围内因种族差异而存在的信息利用鸿沟,运用互联网促进人类社会各族群平等发展和共同进步。

11.《德黑兰宣言》(1968 年)。国际人权会议于 1968 年 5 月 13 日在德黑兰宣布了此宣言,该宣言第 5 条宣告:"联合国在保障人权方面主要的目的是为了人人都能够享有最大限度的自由和尊严",第 18 条充分肯定了科技进步在经济、社会、文化发展方面的作用,并提醒人们注意科技发展可能会危及个人权利和自由。中国始终重视保障人权,应当创造条件持续支持互联网信息技术的发展和应用,以此推动经济社会发展进步,促进人的自由发展。

12.《关于各国依联合国宪章建立友好关系及合作之国际法原则之宣言》(1970 年)。联合国大会于 1970 年 10 月 24 日通过该宣言,确立了多项国际法基本原则:第一,各国在其国际关系上应避免为侵害任何国家领土完整或政治独立之目的或以与联合国宗旨不符之任何其他方式使用威胁或武力之原则;第二,各国应以和平方式解决其国际争端,从而避免危及国际和平、安全及正义之原则;第三,依照《联合国宪章》不干涉任何国家国内管辖事件之义务原则;第四,各国依照《联合国宪章》彼此合作之义务;第五,各民族享有平等权利与自决权利之原则;第六,各国主权平等原则;第七,各国应一秉诚意履行其依《联合国宪章》所负义务之原则。在互联网时代,应将这些原则与《联合国宪章》的有关规定进行综合研究,共同确立为全球互联网治理的重要国际法原则,特别是将有关国家主权的规定拓展到互联网领域,使各国能够平等、自主、不受外部干涉地对本国互联网资源行使有效管辖。

13.《关于侵略定义的决议》(1974 年)。联合国大会于 1974 年 12 月 14 日通过的《关于侵略定义的决议》将侵略定义为:"一个国家使用武力侵犯另一个国家的主权、领土完整或政治独立,或以本定义所宣誓的与联合国宪章不符的任何其他方式使用武力"。同时规定:"一个国家违反宪章的规定而首先使用武力,就构成侵略行为的显见证据"。鉴于当今时代互联网对于国家建设和发展的突出重要性,这些规定对网络战的界定具有重要作用。当有充分的证据表明一个国际法主体对另一国家首先发起网络攻击时,就应当认定前者具有侵略行为,同时受攻击的一方也依国际法享受网络自卫的相关权利。

14.《消除对妇女一切形式的歧视公约》(1979 年)。联合国大会于 1979 年 12 月 18 日通过,1981 年 9 月生效,是联合国为消除对妇女的歧视、争取性别平等制定的一份重要国际人权文件。该公约确立了一系列法律规则,保障妇女在政治、工作、教育、医疗服务、商业活动和家庭关系等各方面的权利,要求各缔约国"用一切适当办法,推行消除对妇女歧视的政策"。中国于 1980 年 7 月批准该公约,始终高度重视妇女发展和性别平等,应当继续提倡在全球互联网治理领域,加强国际合作,关注并保护妇女与互联网有关的各项合法权益。

15.《联合国海洋法公约》(1982 年)。于 1982 年 4 月完成制定工作。该公约对内水、领海、临接海域、大陆架、专属经济区、公海等重要概念做出了界定,对当前全球范围内的领海主权争端、海上天然资源管理、污染处理等具有重要的指导和裁决作用。其中,该公约规定各国均有在大陆架以外的公海海底上铺设海底电缆和管道的权利。中国于 1996 年 5 月 25 日通过该公约(同时作出四项声明),在坚持主权的前提下,始终致力于通过和平方式解决同邻国的海洋权益争端。因此,应继续郑重声明我国对有关群岛和岛屿特别是南海诸岛的主权,以及对专属经济区和大陆架的主权权利和管辖权,积极在领海范围内建设互联网基础设施、发展互联网通信事业,同时主张各国平等地在公海海底铺设网络通信管线的权利。在此基础上,本着公平协商的原则解决有关争议问题。

16.《关于国家和国际组织间或国际组织相互间条约法的维也纳公约》(以下简称《维也纳条约法公约》,1986 年)。联合国条约法会议于 1986 年 3 月 21 日签订,规定了国家和国际组织间或国际组织相互间的条约缔结和生效,条约的遵守、适用和解释,条约的无效、终止和中止施行,条约的保管机关、通知、更正和登记等内容。中国于 1997 年 9 月 3 日交存加入书,1997 年 10 月 3 日对中国生效,同时对该公约第 66 条持有保留。应当提倡国际社会对全球互联网治理议题进行深入研究、磋商和讨论,对成熟的议题依该公约制定双边和多边条约,形成并依国际法规则协调国际关系、解决国际争端。

17.《发展权利宣言》(1986 年)。联合国大会于 1986 年 12 月 4 日通过,宣告了"发展权利是一项不可剥夺的人权",并呼吁"消除发展障碍,促进发展中国家的发展,以及建立国际新秩序,激励遵守和实现发展权利"。当今时代,发展权已经成为一项重要的国际法原则。习近平总书记指出:"中国坚持以人民为中心的发展思想,积极参与全球治理,着力推进包容性发展,努力为各国特别是发展中国家人民共享发展成果创造条件和机会。"①在此基础上,应当倡导国际社会一道通力合作,充分发挥互联网在促进人类发展事业中的重要作用,支持和帮助广大发展中国家互联网事业发展,努力弥合"信息数字鸿沟",共同走出一条公平、开放、全面、创新的发展之路。

18.《儿童权利公约》(1989 年)。联合国大会于 1989 年 11 月 20 日通过、1990 年 9 月 2 日生效,是一部致力于保障全球儿童合法权益的有法律约束力的国际法规则。《儿童权利公约》规定儿童应当享有的生命、国籍、迁徙、言论、隐私、健康、监护、文化等各项基本权利,"不因儿童或其父母或法定监护人的种族、肤色、性别、语言、宗教、政治或其他见解、国籍或社会出身、财产、伤残、出生或其他身份等而有任何差别"。中国于 1992 年 3 月 2 日加入该公约,始终坚持儿童优先、依法保护,有力推动了中国儿童生存、保护、发展和参与权利的实现。着眼互联网时代,一方面应当保障少年儿童通过互联网获取信息、接受教育、提升自我的权利;另一方面也要完善法律法规、开展国际合作,打击网络犯罪、净化互联网空间,为全球少年儿童提供良好的成长环境。

19.《关于集成电路知识产权条约》(1989 年)。1989 年 5 月 26 日订立于华盛顿,明确了"集成电路""布图设计"等定义,规定了保护的法律形式、国民待遇、保护范围、实施登记公开、保护的期限、争议的解决等内容。中国

---

① 习近平. 纪念《发展权利宣言》通过 30 周年国际研讨会开幕　习近平致信祝贺[N]. 人民日报(海外版),2016 - 12 - 05(01).

于 1990 年 5 月 1 日签署该条约,采取有效的措施和步骤加强对半导体集成电路知识产权的法律保护。

20.《维也纳宣言和行动纲领》(1993 年)。世界人权大会于 1999 年 3 月 25 日宣布,是发达国家和发展中国家在人权领域共同达成的一项文件,在一定程度上反映了广大发展中国家的意愿,为各国在此后一个时期开展国际合作、实现《联合国宪章》所规定的保护人权和基本自由的目标奠定了基础。它规定:"所有民族均拥有自决的权利,消除种族主义、种族歧视、仇外和其他形式的不容忍,保护在民族、种族、宗教和语言上属于少数群体的人的权利,保护妇女的平等地位和人权。"中国派代表出席了本次世界人权大会并赞成该文件,因而在互联网时代,应当积极创造条件,充分保障少数民族、宗教界人士、妇女儿童应用网络获取、传播信息并实现自我发展的权利。

21.《国家对国际不法行为的责任条款草案》(以下简称《草案》)(2001 年)。联合国国际法委员会第 52 届会议于 2001 年 11 月通过该草案,界定了国家的国际不法行为、国家义务、国家责任及其履行等内容。中国对完善《草案》并通过谈判制定公约持开放态度,认为虽然联合国大会对于《草案》应采取何种行动以及有关国家对《草案》部分条款尚存在争议,但《草案》对国家责任相关规则做了比较全面的编纂,被国际法院等国际司法机构在裁判案件中不断援引,对各国外交实践也产生了重要影响,其所体现的有关国际法规则在实践中不断得到检验。[1] 因此,应当提倡将《草案》现有规则框架扩展适用于互联网时代国家的国际不法行为及其责任,有效解决国家利用互联网实施国际不法行为的规制问题。

22.《保护和促进文化表现形式多样性公约》(2005 年)。第 33 届联合国教科文组织大会于 2005 年 10 月 20 日通过该公约,中国于 2006 年批准。该公约明确提出"确认文化多样性是人类的一项基本特性",同时"鼓励不同文化间的对话,以保证世界上的文化交流更广泛和均衡,促进不同文化间的相互尊重与和平文化建设",并确认"文化与发展之间的联系对所有国家,特

---

[1]　史晓斌. 中国代表团史晓斌在第 71 届联大六委关于"国家对国际不法行为的责任"议题的发言. 中国常驻联合国代表团网[EB/OL]. http://www.fmprc.gov.cn/ce/ceun/chn/gdxw/t1404592.htm,2016 - 10 - 07/2016 - 12 - 08.

别是对发展中国家的重要性"。尤其值得注意的是,该公约强调"主权原则",即根据《联合国宪章》和国际法原则,各国拥有在其境内采取保护和促进文化表现形式多样性措施和政策的主权,提倡加强主权平等基础上的"国际团结与合作",并将其确定为缔约各方的重要义务。这些规定在网络时代仍然具有指导意义,为在全球互联网治理活动中倡导维护国家网络主权,尊重各国网络文化差异,加强网络空间平等合作提供了重要的法理和实践依据。

三、以新设国际法规范为例看全球互联网治理"新规则"

就目前各国际法主体的实践而言,在全球互联网治理领域所创设的国际法规范总体上还为数不多。但与此同时,在各种国际法渊源的范畴,都结合互联网产生了一些实践成果,其中以作为辅助性渊源的"软法"最为明显。这充分体现了国际法发展的历史规律,辅助性渊源一方面满足了各国当前进行全球互联网治理的现实需要,另一方面也契合了各国通过实践不断完善规则并将"软法"上升为国际条约、国际习惯等主要渊源的客观过程。此外,在全球互联网治理领域创设国际法规范还遵循了从双边规范到多边规范、从一般性多边规范到普遍性多边规范的发展进程,以欧盟等区域性组织为代表制定的区域性多边规则发展十分迅速,已经成为全球互联网治理中国际法规则的重要来源。

1. 主要渊源:国际条约

作为国际法最重要的渊源,在全球互联网治理领域最先出现的新设规则也较集中于国际条约范畴。最先出现的是一些双边条约,一般并非专为解决互联网问题而创设,而是在解决其他问题的过程中涉及部分互联网条款。进而出现的是一些多边条约,集中于网络犯罪、知识产权、管辖权等出现问题最多、各国之间分歧又相对较小的领域。到目前为止,国际社会还尚未形成具有普遍约束力的全球性公约。现行较具代表性的国际条约有:

"国际互联网条约"。指世界知识产权组织(WIPO)于 1996 年 12 月 20日在瑞士日内瓦通过的《世界知识产权组织版权条约》和《世界知识产权组织表演和录音制品条约》,旨在保护互联网环境下著作权的免遭侵犯,维持互联网信息传播的正常秩序。由于互联网的本质就是数字信息的传播平台,著作权保护是互联网健康发展的重要基础条件,因此这两个条约又被称为"国际互联网条约"。其中,《世界知识产权组织版权条约》主要着重于对作品在互联网上复制、传播中版权人的利益保护;《世界知识产权组织表演和录音制品条约》则侧重于保护作品在互联网传播过程中表演者和录音制品制作者的权利。

《网络犯罪公约》。该公约由欧洲理事会主持起草并于 2004 年 7 月 1 日正式生效,是世界上第一个专门处理互联网治理相关问题的国际条约。该公约不仅向欧洲理事会成员国开放,还向非成员国开放签署,包括美国、加拿大、日本和南非在内的多个非欧盟成员国已签署加入。该公约正文共 4 章 48 条,从实体法、程序法和管辖权 3 个方面细致地规定了当事国在打击网络犯罪领域的权利与义务,涉及对网络犯罪的罪状、术语的界定,侦查与审判网络犯罪的程序性规则,引渡、证据采集、联络机制等国际合作事项等内容。该公约不仅有效促进了打击网络犯罪的国际合作,更为通过条约法调整全球互联网治理提供了经验借鉴和宝贵蓝本。此外,为适应互联网电子商务发展,欧盟制定了《民商事管辖权及判决承认与执行条例》(《布鲁塞尔条例》),于 2002 年 3 月 1 日对全体欧盟成员国生效,它不仅对电子消费合同冲突法联结点的选择作出了特殊规定,还明确了互联网侵权的管辖规则等重要问题。

不仅如此,上海合作组织《保障信息安全政府间合作协定》(2009 年)、阿拉伯联盟《打击信息技术犯罪公约》(2010 年)、中俄《关于在保障国际信息安全领域合作协定》(2015 年)等多边、双边条约,也成为全球互联网治理领域重要的条约法规范。

2. 主要渊源:国际习惯

具有国际法意义的国际习惯,需要有关国际法主体长期、反复地实践才能形成"通例",进而通过"法律确信"得以确立。由于互联网从萌生到发展的时间并不长,再加之其从内容到形式经常发生变化,因此很难形成客观上的惯例和通例。从这个意义上讲,目前还不存在一项全球互联网治理的国际习惯。

曾有学者撰文表示,美国控制互联网关键资源、监管域名根服务器等重要系统的实践将形成一项国际习惯,其理由在于:美国自 1969 年以来一直反复这样的活动；同时，这一实践得到了绝大部分国家的认可，也即从心理上接受了它的约束，从而构成国际习惯。① 事实上，这种论断是根本站不住脚的。一方面，虽然互联网起源于美国，但互联网的发展得益于全球各国和公众的共同努力，并非因美国一己之力而为之。美国掌控互联网关键资源的事实是由于历史原因和其霸权主义思想而造成的，在互联网发展为全球公共信息资源和基础设施的今天，美国无权独霸互联网关键资源，这种错误的做法和实践不能构成国际习惯法客观方面的"通例"。另一方面，世界各国特别是发展中国家多次明确反对美国秉持的互联网单边主义做法，并以实际行动抵制美国的有关做法，因此亦不存在国际习惯法主观方面的"确信"。

3. 各类辅助性渊源

国际法上的辅助性渊源对各国际法主体没有实质的约束力，但可以作为国际法渊源的补充资料，证明国际法既有规范的存在并促进新规则的创设。这些辅助性渊源作为"软法"，能够为各国际法主体开展全球互联网治理合作提供规则引导，从而昭示着未来形成国际法主要渊源的方向。在这类渊源中，由国际电信联盟（ITU）召集、联合国组织召开的两个阶段信息社会世界峰会（WSIS）所形成的《日内瓦原则宣言》《日内瓦行动计划》和《突尼斯承诺》《突尼斯议程》具有代表意义。

2003 年在日内瓦举行的第一阶段会议通过的《原则宣言》，确定了以互联网为基础的信息社会的基本原则，对互联网的治理方式做出了原则性规定，还敦请联合国秘书长设立互联网治理工作组（WGIG），对与互联网相关的问题进行深入研究，供突尼斯阶段会议参考。《行动计划》在《原则宣言》基础上对各国政府提出了一些具体要求，如在 2005 年之前制定出包括能力建设在内的国家信息通信战略；尽快制定透明、有竞争力和可以预测的政策、法律和监管框架；促进区域根服务器的发展和国际化域名的使用；制定政策与法律，保障互联网上的文化和语言多样性等。2005 年在突尼斯举行的第二阶段会议通过的《突尼斯承诺》重申了《原则宣言》中确定的有关信

---

① Jovan Kurbalija. *Internet Governance and International Law*, *Reforming Internet Governance*[M]. New York：The United Nations Information and Communication Technologies Task Force, 2005.

息社会和互联网建设的基本原则。《突尼斯议程》则较为具体地规定了由联合国大会决议划定的 2005—2015 年信息社会建设期间各国以互联网治理为重点的工作内容,代表了大多数国家的意见,对全球互联网治理实践有积极的指导意义。此外,经济合作与发展组织(OECD)做出的有关信息通信技术和互联网治理的若干项指南也覆盖了网络安全、个人数据保护、滥用网络行为的整治等多方面的全球互联网治理问题,得到成员国的广泛采纳,特别是对发达国家之间的互联网治理行为具有较强的规范作用。

还有一些辅助性渊源,属于就全球互联网治理中单一方面问题规定的"软法"规则。例如,欧盟与美国之间经过长达两年半的框架谈判,于 2000 年 7 月达成的关于个人隐私权保护问题的"安全港协议"(Safe Harbor)。按照这一协议的内容框架,欧盟通过《个人数据保护指令》《电子通讯数据保护指令》等一系列派生性立法,美国通过法律与自律规范相结合的方式,对互联网上欧盟传往美国的个人数据进行保护。这一框架由双方的 10 余个文件组成,不具备国际条约的构成要件,以"软法"的形式协调双方的治理行为。又如,澳大利亚通信管理局和韩国信息安全署于 2005 年 4 月签署的《首尔·墨尔本反垃圾邮件多边合作谅解备忘录》也属于这类"软法"性质。

第四章

全球互联网治理与国际法基本原则

随着世界多极化、经济全球化、文化多样化、社会信息化的深入发展,互联网在人类文明进步过程中发挥着越来越大的作用。与此同时,互联网领域发展不平衡、规则不健全、秩序不合理等问题也日益凸显出来,网络安全威胁和风险不断向政治、经济、文化、社会、生态、国防等领域传导渗透,亟待依据国际法理提出全球互联网治理的创新主张。国际法基本原则是适用于国际法律体系所有领域、具有根本性和基础性的规范,是世界各国大量国际法律实践的结晶,理应为全球互联网治理活动所采行并成为其根本遵循,并已经得到国际社会越来越多的认同。① 2015 年 12 月,习近平总书记在第二届世界互联网大会开幕式上发表主旨演讲,提出全球互联网发展治理的"四项原则"和"五点主张",倡导共同构建和平、安全、开放、合作的网络空间和建立多边、民主、透明的全球互联网治理体系。这一系列主张深植于国际法理和国际法基本原则,符合绝大多数国家的国际实践和利益诉求,一经提出便在国际社会引起强烈反响和广泛赞同。

第一节　国际法基本原则应否适用于全球互联网治理

在国际法的各类渊源中,那些处于最根本、最核心并具有基础性地位的规范就是国际法基本原则。它指导和约束着国际法其他渊源的制定与施行,并以其所具有的特征得以适用于全球互联网治理活动。

---

① 徐峰. 网络空间国际法体系的新发展[J]. 信息安全与通信保密,2017(1).

一、国际法基本原则的特征与网络空间治理适用性

所谓国际法基本原则，是那些被各国公认的、具有普遍意义的、适用于国际法一切效力范围的、构成国际法基础的法律原则。① 国际法基本原则是随着人类社会国际法实践而出现和不断发展的，最早可追溯到 1648 年《威斯特伐利亚合约》提出的国家主权原则；之后 1792 年法国国民大会通过的《国家权利宣言》强调了主权、平等、独立、不干涉内政的原则；1899 年《和平解决国际争端的海牙第一公约》提出和平解决国际争端的原则；1928 年《巴黎非战公约》明确要求不能以战争作为国家推行政策的工具；而最为重要的是 1945 年签署的《联合国宪章》，其中确立了 7 项重要原则；此后 1970 年联合国通过了《国际法原则宣言》，再次更为明确地强调了 7 项国际法原则，从而确立了现代国际法原则的制度基础。

从以上国际法基本原则的产生、衍化和发展过程中，可以总结出国际法基本原则的 3 个主要特征：一是构成国际法的基础。国际法基本原则是构成国际法规章制度和具体规则的基础，一方面，国际法的所有具体规范都是建立在国际法基本原则基础之上的；另一方面，任何与国际法基本原则相冲突的规章制度都是无效的。二是具有普遍的适用性。国际法基本原则适用于国际法的所有领域，是国际法各领域的指导原则。三是具有国际强行法的性质。它是国际社会所有成员都接受且必须遵守的规则，任何国家不得通过签订条约的方式加以更改，更不能废除这些规则，任何与这些规则相冲突的条约都是无效的。②

由国际法实践确立、生发而来的国际法基本原则虽然都是针对现实世界中的国家与国际关系，但因其具有的全球公认、普遍适用、国际强行法 3 个重要特征，仍能够适应超越国界限制、超越时空限制的网络空间，应成为全球互联网治理实践的重要准则和依据。

二、以《联合国宪章》例证全球公认与可适用性

1945 年 6 月 26 日，来自 50 个国家的代表在美国旧金山签署了《联合国

---

① 王铁崖. 国际法引论[M]. 北京:北京大学出版社,1998:214.
② 白桂梅,朱利江. 国际法(第二版)[M]. 北京:中国人民大学出版社,2007:17.

宪章》,同年 10 月 24 日起生效,联合国正式成立。《联合国宪章》既确立了联合国的宗旨、原则和组织机构设置,又规定了成员国的责任、权利和义务,以及处理国际关系、维护世界和平与安全的基本原则和方法。其中第二条明确了会员国应遵循的原则:

一、本组织系基于各会员国主权平等之原则。

二、各会员国应一秉善意,履行其依本宪章所担负之义务,以保证全体会员国由加入本组织而发生之权益。

三、各会员国应以和平方法解决其国际争端,避免危及国际和平、安全及正义。

四、各会员国在其国际关系上不得使用威胁或武力,或以与联合国宗旨不符之任何其他方法,侵害任何会员国或国家之领土完整或政治独立。

五、各会员国对于联合国依本宪章规定而采取之行动,应尽力予以协助,联合国对于任何国家正在采取防止或执行行动时,各会员国对该国不得给予协助。

六、本组织在维持国际和平及安全之必要范围内,应保证非联合国会员国遵行上述原则。

七、本宪章不得认为授权联合国干涉在本质上属于任何国家国内管辖之事件,且并不要求会员国将该项事件依本宪章提请解决;但此项原则不妨碍第七章内执行办法之适用。①

国际法基本原则所具有的"全球公认"特征,是其适用于全球互联网治理领域的国际法理基础所在。以《联合国宪章》为例,其所确立的 7 项基本原则具有以下 3 个突出特点:首先,《联合国宪章》是到目前为止缔约国数量最多的多边条约。联合国共有 193 个会员国,包含世界上绝大多数国家,因此《联合国宪章》所确立的国际法基本原则在国际社会中的认可度、约束力是其他国际条约难以比拟的,彰显了国际秩序中的文明"包容性"。② 由此推之,《联合国宪章》中确立的 7 项原则在现代国际法基本原则体系中处于核心地位,对现代国际法基本原则的形成和发展具有举足轻重的影响。

---

① 白桂梅,李红云. 国际法参考资料[M]. 北京:北京大学出版社,2002.
② 张乃根. 论国际法与国际秩序的包容性——基于《联合国宪章》的视角[J]. 暨南学报(哲学社会科学版),2015(9).

其次,《联合国宪章》第一次系统地规定了国际关系的基本准则,成为国际法原则的基础,被公认为是"国际社会的基本法律文件",并具有宪法性文件的性质①。在此之前的国际公约,如《国际联盟规约》《巴黎非战公约》等虽然也都提出了相应的国际法原则,但都不如它全面、系统、明确。

最后,《联合国宪章》是现代国际法基本原则体系趋于完善的重要标志,它的颁布和生效标志着国际法从欧洲国家间的法,最终真正发展成为全球性法律制度。其后订立的各种国际文件,如《亚非会议最后公报》(1955年)、《关于天然气资源之永久主权宣言》(1962年)、《非洲统一组织宪章》(1963年)、《关于各国内政不容干涉及其独立与主权之保护宣言》(1965年)、《国际法原则宣言》(1970年)、《建立新的国际经济秩序宣言》(1974年)、《各国经济权利和义务宪章》(1974年)、《南海各方行为宣言》(2002年)及《中华人民共和国和日本国和平友好条约》(1978年)等诸多双边、多边条约所列的原则都与《联合国宪章》精神高度一致,是在其基础之上发展和完善而成的。

作为到目前为止缔约国数量最多的多边条约,《联合国宪章》被公认为是全球性的法律制度,也是构成国际法规则制度的核心,由此充分体现出国际法基本原则具有获得国际社会最广泛且一致认同的特点。互联网是超越国界限制的,唯有国际社会共同认可的原则才能作为全球互联网治理的基本准则,在全球背景下任何区域性规则都会引起认同和适用的冲突。因此,《联合国宪章》的特点决定其所确立的7项国际法基本原则完全能够适用于网络社会,并作为全球互联网治理实践中应遵循的重要准则。

三、以"和平共处五项原则"例证国际强行法与可适用性

1953年12月,中国政府同印度政府就两国在西藏地方的关系问题进行了谈判,周恩来总理在会见印度代表团时第一次提出了和平共处五项原则,即"互相尊重主权和领土完整、互不侵犯、互不干涉内政、平等互利、和平共处"。1955年4月,在印度尼西亚的万隆举行了有29个国家和地区参加的"万隆会议"(又称"第一次亚非会议"),会上发表了《关于促进世界和平与

---

① 盛红生. 再论联合国宪章[J]. 武汉大学学报(哲学社会科学版),2011(1).

合作的宣言》,其中包括了这五项原则的全部内容。

自提出以来,和平共处五项原则得到了越来越多国家、国际组织和国际会议的承认和接受,并且载入了1970年和1974年联合国大会通过的有关宣言等一系列主要国际文件中,得到国际社会的广泛赞同和遵守。例如,1957年联合国大会关于《国家间和平与善邻关系》的决议,1970年联合国大会第2625号决议通过的《关于各国依联合国宪章建立友好关系及合作之国际法原则之宣言》等。①

和平共处五项原则的缘起与党和国家的西藏工作密切相关,其发展和最终确立与新中国的外交事业紧密相连;②是中国对国际法理论与实践的发展,特别是对国际法基本原则的丰富和完善,所做出的重要贡献。一方面,和平共处五项原则中的各项原则都可以从《联合国宪章》里找到直接或间接相关的法律规定;另一方面,和平共处五项原则又是《联合国宪章》的补充和发展,主要体现在它反映了世界上绝大多数国家,特别是亚非拉第三世界国家的意志和主张,不仅促进了南南合作,也大幅改善了南北关系,尤其是旗帜鲜明地反对霸权主义,体现了建立国际新秩序的需求。正如习近平总书记在和平共处五项原则发表60周年纪念大会上的讲话中指出的那样,"和平共处五项原则已经成为国际关系基本准则和国际法基本原则,有力维护了广大发展中国家权益,为推动建立更加公正合理的国际政治经济秩序发挥了积极作用"。

和平共处五项原则反对霸权主义,力争发出发展中国家的声音和诉求,体现出国际法基本原则所具有的强行法的特点。国际强行法的概念在1969年《维也纳条约法公约》第53条中的表述:"国家之国际社会全体接受并公认为不许损抑且仅有以后具有同等性质之一般国际法规律始得更改之规律。"而霸权主义恰恰是大国、强国凭借军事和经济实力,强行干涉和控制小国、弱国的内政外交,在世界或地区称霸的政策和行为,这种以损害一部分国家的利益为代价擅自破坏国际社会公认规则的行为严重违反了国际强行法。

随着互联网应用在全球范围内的扩散,发展过程中的问题也日益显现,

---

① 中国国际问题研究所. 论和平共处五项原则——纪念和平共处五项原则诞生50周年[M]. 北京:世界知识出版社,2004.

② 降边嘉措. 和平共处五项原则与西藏工作[J]. 社会观察,2014(9).

其中最为突出的就是发展不平衡、规则不健全、秩序不合理、信息鸿沟不断拉大等问题。这些问题的核心在于，少数网络大国、技术强国依靠自身的先发优势人为树立网络障碍，试图建立网络霸权。意欲遏制少数国家的网络强权，进而构建主权平等、共同安全、共同发展、合作共赢、包容互鉴、公平正义的网络环境，推进国际关系民主化、法治化、合理化，就要将国际法基本原则运用于互联网治理活动，使具有国际强行法性质的规则成为约束和规制国家网络空间行为的有力武器。进一步说，就是要通过国际法基本原则的适用，"遵守国际法和公认的国际关系基本原则，用统一适用的规则来明是非、促和平、谋发展"，绝不允许任何国家更改甚至废除某些符合国际社会根本利益的规则，以达到将现实社会中的不平等延伸至网络空间、遏制互联网均衡发展的目的。

四、以《国际法原则宣言》例证普遍应用与可适用性

1961 年 12 月 2 日，柬埔寨、印度尼西亚等国向联合国大会提出《审议关于各国和平共处的国际法原则》的议案。联合国大会第六委员会随后提出了该项议题。然而，由于美国等国反对"和平共处"的提法，该议程的题目改成了《审议关于各国依联合国宪章建立友好关系和合作之国际法原则》。经过连续 10 年的努力，1970 年联合国第 2625 号决议通过《关于各国依联合国宪章建立友好关系及合作之国际法原则之宣言》（以下简称《国际法原则宣言》），最终确立了现代国际法基本原则，这 7 项基本原则是：

1. 各国在其国际关系上应避免为侵害任何国家领土完整或政治独立之目的或以与联合国宗旨不符之任何其他方式使用威胁或武力之原则；

2. 各国应以和平方法解决其国际争端避免危及国际和平、安全及正义之原则；

3. 依照宪章不干涉任何国家国内管辖事件之义务；

4. 各国依照宪章彼此合作之义务；

5. 各民族享有平等权利与自决权之原则；

6. 各国主权平等之原则；

7. 各国应一秉诚意履行其依宪章所负义务之原则，以确保其在国际社

会上更有效之实施，将促进联合国宗旨之实现。①

《国际法原则宣言》不仅与《联合国宪章》精神一脉相承，更包含了"和平共处五项原则"的所有内容。更为突出的是，它详尽阐述了主权原则的内涵，是对国家主权在国际法上重要意义的再次重申与强调，具有重要的历史和现实意义；这种主张也充分体现了第三世界国家以更加积极的姿态走上国际舞台、参与国际事务，并试图通过建立新的国际法原则构建新国际秩序的重要国际实践，得到世界大多数国家的认同和赞誉。

有鉴于此，《国际法原则宣言》中提出的 7 项基本原则，涉及国际交往的方方面面，充分体现出国际法基本原则在国际法各领域的普遍适用性的特征。一方面，由于这些国际法基本原则在国际法各类渊源中的普遍适用性，在运用国际法渊源建构全球互联网治理体系的过程中，这种普遍适用性必然及于网络空间治理的活动，成为其基本遵循和行为准则。另一方面，网络空间在一定程度上是对现实社会的映射和反映，现实生活中的人、物、事等在网络空间虽然各具新的、不同的表现形式，但其固有的主体形态和行为模式依然存在。因此，国际法基本原则普遍适用的特征就决定了互联网领域内各类主体的活动也应受其统领，进而全球互联网治理也应在国际法基本原则的指导之下开展，以达到公平、公正、有效治理的目的。

第二节　国际法基本原则如何适用于全球互联网治理

联合国信息安全政府专家组曾经多次重申，在推动建设一个开放可及的网络空间方面，国际法至关重要。在国际规则尚不成熟、各国意见分歧依旧较大的情况下，要更多地运用国际法基本原则来指导相关软法、习惯法等规则的形成，并凝聚共识、形成合力，达成国际社会普遍认可的网络行为准则，这符合国际法发展的一般性、普遍性规律。在全球互联网治理领域，国际法基本原则具有适用上的普遍性，一方面在适用主体上，它是国际法最基本的共同准绳，"没有只适用他人、不适用自己的法律，也没有只适用自己、

---

① 白桂梅，李红云．国际法参考资料[M]．北京：北京大学出版社，2002．

不适用他人的法律";另一方面在适用范围上,它及于国际法的一切效力范围,全球互联网治理活动作为当代国际法所调整的重要非传统领域,理应受到国际法基本原则的规制和约束,并且这种规制和约束是具有国际强行法性质的。

一、国家网络主权平等原则

国家主权是国家的核心属性,它不可分割、不可让与且不从属于任何外来力量的强制和干扰,包括国家在国内的最高权和在国际上的独立权,即"对内的最高"和"对外的独立"的统一,集中表现为国家主权的排他性。正如国际常设仲裁法院独任仲裁人马克斯·胡伯在"帕尔马斯岛仲裁案"(1928年)中所明确指出的,主权在国家之间的关系中是指独立,即排除任何其他国家在其领土范围内行使国家职能。这种排他性,在国际法上的基本原则和国家的基本权利中都可以体现出来,如国际法上的不侵犯原则、不干涉原则、国家的独立权、国家的自卫权、属地管辖权等。

国家主权原则是传统国际法规则、规章制度赖以建立的重要基础,是国际法基本原则中的核心原则,国际法的其他基本原则是从国家主权原则中派生出来的。①《联合国宪章》明确规定,"联合国会员国之间关系,应基于尊重主权平等之原则"。1970年,联合国大会通过的《关于各国依联合国宪章建立友好关系及合作之国际法原则宣言》,进一步对国家主权平等原则进行了解释和明确,"主权平等尤其包括下列要素:(1)各国法律地位平等;(2)每一国均享有充分主权之固有权利;(3)每一国均有义务尊重其他国家之人格;(4)国家之领土完整及政治独立不得侵犯;(5)每一国均有权利自由选择并发展其政治、社会、经济及文化制度;(6)每一国均有责任充分并一秉善意履行其国际义务,并与其他国家和平相处"。

互联网时代,国家主权从领土、领空、领海、太空四维领域拓展到"网络空间"这一被称为"第五空间"的概念范畴,形成了一种基于国家主权的所谓"领网权"②即"网络主权",用以指称国家主权在网络空间的继承和延伸。

---

① 王玫黎. 国家主权原则始终是国际法和国际关系的基础[J]. 现代法学,1998(1).

② 王春晖. 互联网治理四项原则基于国际法理应成全球准则——"领网权"是国家主权在网络空间的继承与延伸[J]. 南京邮电大学学报(自然科学版),2016(1).

网络主权,是指一国独立自主处理网络空间事务的权利,由网络政治、经济、文化主权和军事安全构成,①包括独立权、自卫权、平等权、管辖权等多项权能。国家网络主权平等原则具体表现在两个方面:一是对内最高管辖权,即各个国家对其网络空间内一切基础设施、软件、信息等拥有最高的控制权和管理权;二是对外独立自主权,即各个国家可以不受他国的影响和限制,平等独立地行使治理本国互联网、参与全球互联网治理活动的权利,集中表现为国家网络主权的排他性,即国家拥有处理本国网络空间事物的排他性自主权。

2010 年 6 月,中国国务院新闻办公室发布的首份《中国互联网状况》白皮书提出:"中华人民共和国境内的互联网属于中国主权管辖范围,中国的互联网主权应受到尊重和维护。"党的十八大以来,习近平总书记在多个场合强调尊重网络主权的主张,特别是在 2015 年第二届世界互联网大会开幕式主旨演讲中将国家网络主权平等原则置于"四项原则"之首,指出"《联合国宪章》确立的主权平等原则是当代国际关系的基本准则,覆盖国与国交往各个领域,其原则和精神也应该适用于网络空间","应该尊重各国自主选择网络发展道路、网络管理模式、互联网公共政策和平等参与国际网络空间治理的权利,不搞网络霸权,不干涉他国内政,不从事、纵容或支持危害他国国家安全的网络活动"。这说明中国在参与全球互联网治理的过程中,将国际法中有关国家主权平等的基本原则运用于互联网领域,倡导国家网络主权平等原则,尊重和维护国家网络主权,并将其作为全球互联网治理和网络领域国际合作的重要基石。

二、禁止在互联网领域使用武力原则

对战争权的法律限制起始于 1907 年第二次海牙和平会议制定的《限制用兵索债条约》。依这个国际条约,国家不得以替本国国民索债而向外国主张使用武力,除非他方拒绝提交仲裁,或接受仲裁提案而使仲裁协定不能成立,或经仲裁后而不服从仲裁判决。1913 年和 1914 年之间,美国国务卿布莱恩发起与多数国家订结《布莱恩和平条约》,规定了国家的战争权非于争

---

① 杜雁芸. 全球互联网治理中的中国速度和力量[J]. 信息安全研究,2016(1).

议经过一番和平审议之后,(至少于争议发生后一年内)不能行使。但是以上两个条约,一个只是对战争权形式上的限制,另一个仅限于缔约国内部,均效果有限。1919 年的《国际联盟规约》第一次从根本上限制了战争权:"联盟会员国在原则上接受了不诉诸战争之义务,同时第 12 条、第 13 条及第 15 条作出了详细的规定"。由于国际联盟包含世界上绝大多数国家,且该规约第 17 条规定关于和平解决争议之义务适用于联盟外的国家,因此国家的战争权在根本上受到了法律的限制。然而,国际联盟并未能完全禁止战争,仍存在"合法战争"的可能性,这是《国际联盟规约》的缺陷。1928 年,由时任法国外长 A. 白里安和美国国务卿弗兰克·B. 凯洛格倡议,15 个国家和地区的代表在巴黎签订《关于废弃战争作为国家政策工具的一般条约》,补救了《国际联盟》规约的缺陷,在原则上废弃一切战争,具有很大进步意义。但该非战条约在限制战争方面仍有弱点,主要表现在对自卫权的保留过于空泛以致滥用、未明文限制类似战争的强迫手段、对于违约国家不曾予以制裁等方面。①

第二次世界大战之后,联合国成立,国际社会试图在更为普遍的国际组织架构内处理国际事务、建立新的国际秩序。《联合国宪章》序言宣布联合国的目的在于"欲免后世再遭今代人类两度身历惨不堪言之战祸",因此,在处理战争和武力使用问题上,《联合国宪章》比以往的文件更为规范和完备,而其中最为重要的就是对于使用武力和以武力相威胁行为的禁止。《联合国宪章》第 2 条第 4 款规定:"各会员国在其国际关系上不得使用威胁或武力,或以与联合国宗旨之不符之任何其他方法,侵害任何会员国或国家之领土完整或政治独立",已经成为国际法的重要基本原则之一。《联合国宪章》中规定禁止使用武力或以武力相威胁,而未提及"战争",这样就不仅禁止战争,而且禁止不宣而战以及战争以外的使用武力或武力威胁,也就是说,禁止使用武力和武力威胁当然包括一切武装冲突,而不问是否存在战争状态。② 此后,联合国大会通过了许多涉及在国际关系中禁止使用武力的决议,对《联合国宪章》所确立的禁止使用武力原则起到了积极的补充作用。

---

① 余敏友. 论解决争端的国际法原则和方法的百年发展——纪念第一次海牙和会一百周年[J]. 社会科学战线,1998(5).

② 王铁崖. 国际法[M]. 北京:法律出版社,1995:615.

其中较为重要的有：1965 年通过的《关于各国内政不容干涉及其独立与主权之保护宣言》，1970 年通过的《国际法原则宣言》，1987 年通过《加强在国际关系上不使用武力或进行武力威胁原则的效力宣言》等，它们共同构成了禁止使用武力原则的国际法律基础。

然而随着互联网的发展，武力的运用范围已经逐渐扩展到了虚拟世界。由于网络战和网络攻击具有打击面大、成本低廉等"非对称较量"①的巨大潜在军事价值，一些国家开始组建网络部队、开发网络武器，将网络空间视为军事争夺与博弈的"第五战场"，使得网络空间军备竞赛愈演愈烈，新干涉主义有进一步抬头之势。这对互联网的安全、和平发展构成严重威胁，导致各国人人自危，不利于网络空间的和平安全与开放自由，不符合国际社会和平发展的时代主流与世界各国的普遍愿望。中国始终是世界和平的坚定维护者，倡导建立和平、安全、开放、合作的网络空间。基于这种一以贯之的国际法立场，习近平总书记提出将"维护和平安全"作为全球互联网治理的一项重要原则，指出"一个安全稳定繁荣的网络空间，对各国乃至世界都具有重大意义"，在战火硝烟仍未散去、恐怖主义阴霾难除、违法犯罪时有发生的现实世界，"网络空间，不应成为各国角力的战场，更不能成为违法犯罪的温床"。因此，为了国际社会的整体利益，有必要在全球互联网治理进程中明确适用"禁止在网络空间使用武力或以武力相威胁"这一国际法基本原则，具体而言，即要求各国都应遵守《联合国宪章》及其他公认的国际法和国际关系准则，不研究、不发展、不使用网络武器；不发起和参与网络战争；不利用通信信息技术对他国发起敌对行动以危害国际和平安全；②倡导网络军事领域共商共治，携手共创和平安全的网络环境。

三、和平解决互联网领域的国际争端原则

和平解决国际争端是现代国际法的基本原则之一，与禁止使用武力或以武力相威胁原则共同构成国际社会维护国际和平与安全的法律基础。早在 1899 年《国际争端和平解决公约》中，就规定"缔约各国应尽可能避免诉

---

① David J. Rothkopf. *Cyberpolitik*: *The Changing Nature of Power in the Information Age* [J]. Journal of International Affair, 1998, 51(2).

② 王孔祥. 运用国际法基本原则治理互联网[N]. 中国社会科学报,2015 – 01 – 16(A08).

诸武力；如果诉诸武力，在此之前如条件允许，应求助于斡旋等和平方法解决"。1919 年《国际联盟盟约》也指出国际联盟的成员国发生争端后的 3 个月内，"各缔约国，为增进国际间合作并保持和平起见，特允承受不从事战争之义务"。但是，在战争权仍属于国际法承认的国家权力的情况下，不可能做到仅用和平的方法解决争端。1928 年《巴黎非战公约》比较彻底地规定了缔约国用和平方法解决国际争端的义务：各缔约国承诺放弃战争权利，各国间的争端或冲突，不论性质如何，也不论因何发端，永远不得用和平以外的方法解决。1945 年《联合国宪章》第 2 条第 3 款规定"各会员国应以和平方法解决其国际争端，避免危及国际和平、安全及正义"；第 2 条第 4 款同时规定"各会员国在其国际关系上不得使用威胁或武力，或以与联合国宗旨不符之任何其他方法，侵害任何会员国或国家之领土完整或政治独立"。这两项原则均已构成国际法基本原则。在 60 余年的实践中，联合国丰富和发展了国际法上的和平解决国际争端制度，其和平解决争端制度包括谈判、调查、调停、和解、仲裁、司法解决、利用区域安排、维持和平行动以及联合国大会、安理会、秘书长介入争端解决等主要形式。

在国际法上，国际争端是指国家之间或者国际法主体之间发生的关于法律或事实上观点的分歧，或者是法律上的见解或利益的矛盾和对立；可以分为法律性质的争端和政治性质的争端。① 在现代国际法中，和平解决国际争端的方法主要有 3 大类②：一是"实力取向"方法或外交方法（包括没有第三方介入的谈判与协商和有第三方介入的调停）；二是"规则取向"方法或法律方法，即国际仲裁和国际司法；三是国际组织的解决途径，即联合国系统及其他各类国际组织所提供的解决各该组织内外的国际争端的机制。目前，和平解决国际争端呈现出从"实力取向"向"规则取向"发展，越来越重视国际组织特别是联合国在国际争端解决中的作用，以及争端解决机制的多样性与世界统一适用的国际法规范所要求的一致性相统一等新趋势。

随着互联网的应用向纵深发展，由于互联网本身的无界性和跨时空性，

---

① ［英］詹宁斯，瓦茨. 奥本海国际法（第八版）［M］. 王铁崖等译. 北京：中国大百科全书出版社,1995:273.

② 余敏友. 论解决争端的国际法原则和方法的百年发展——纪念第一次海牙和会一百周年［J］. 社会科学战线,1998(5).

与互联网有关的国际争端日益增多。这就需要将和平解决国际争端原则拓展适用于互联网领域，充分发挥联合国和各类国际组织、会议机制的作用，倡导通过平等协商对话而非诉诸武力来弥合分歧、解决问题，也即习近平总书记指出的："国际网络空间治理，应该坚持多边参与，由大家商量着办，发挥政府、国际组织、互联网企业、技术社群、民间机构、公民个人等各个主体作用，不搞单边主义，不搞一方主导或由几方凑在一起说了算"。与此同时，互联网的发展也为和平解决国际争端提供了更为丰富有效的方式和手段，表现在：各类多边会议机制、双边磋商进程、网络技术社群所制定的"软法"规则大量出现，并开始发挥越来越重要的作用；在线协商及调解、在线仲裁等新型纠纷解决机制不断涌现并得到丰富完善。例如，1999 年，互联网名称与数字地址分配机构（ICANN）通过《统一域名争议解决办法程序规则》，实施了《统一域名争议解决政策》，在解决域名纠纷等问题上已经运转多年，取得了较好的效果。再如，随着电子商务的发展，20 世纪 90 年代初，美国出现了网上争议解决（Online Disputes Resolution，ODR）的实践，"Square Trade"等在线协商及调解机制应运而生，成为电子商务争议处理机制的优秀实践。又如，2000 年中国国际经济贸易仲裁委员会（CIETAC）成立了域名争议解决中心，接受国内外域名管理机构的授权，以网上仲裁的方式解决相关域名争议；2001 年，又与香港国际仲裁中心（HKIAC）合作成立了"亚洲域名争议解决中心"（ADNDRC），并获得 ICANN 正式授权，成为世界上第四家、亚洲地区第一家国际通用顶级域名争议的解决机构。这些都是和平解决国际争端原则在互联网领域的有益尝试和具体体现，而且必将随着全球互联网治理的深入发展而进一步发挥重要作用。

四、在全球互联网治理中开展国际合作原则

根据《联合国宪章》的规定，"各国应该与其他国家合作，以维持国际和平与安全，即联合国会员国均有义务依照宪章的规定采取个别和共同行动与联合国合作"。1970 年《国际法原则宣言》指出："各国应不问政治、经济及社会制度上有何差异均有义务在国际关系之各方面彼此合作，以维护国际和平与安全，并增进国际经济安定与进步、各国之一般福利及促进各国在经济、社会、文化方面之发展。"1974 年《各国经济权利义务宪章》也规定：

"所有国家有义务个别地和集体地进行合作"。

网络空间治理与现实世界治理有着巨大的差别,互联网治理面临着各种复杂的问题与每个国家的利益息息相关,但又都不是某一个国家所能独立解决的,需要各国开展灵活、及时、有效的国际合作来共同应对,任何国家都无力"独善其身"。例如,网络空间作为非传统安全领域,①其所具有的虚拟性和跨国界性给犯罪行为人提供了具有隐蔽性和无界性的犯罪空间,给网络犯罪行为的惩治造成了一系列法律问题和国际合作问题。当网络犯罪行为发生在两个或者两个以上的国家或者地区,就会出现根据本国现有的法律规定,一国认定的网络犯罪行为在另一个国家就未必有相同的或者相似的适用法律规定。有鉴于此,在当前全球化和互联网高度融合发展的进程中,国际社会要实现对网络空间的有效治理,仅仅依靠个别国家采取加强法治、网络监管等举措是不可能达到有效治理目标的,在客观上必然要求国际社会在网络空间治理领域采取一致行动,加强国际合作,实现共享共治。

中国应倡导将开展国际友好合作这一国际法基本原则适用于网络空间,以此为指导,在联合国框架下建立一个各国广泛参与的、公正合理的全球互联网治理合作框架和运行机制;同时充分发挥各方主体的作用,通过多边努力而非单边控制,共同促进治理目标的顺利实现。在2012年10月匈牙利布达佩斯"网络空间国际会议"上,中国代表就提出,网络空间各国应共同遵守网络主权、平衡、和平利用、公平发展及国际合作五项原则,呼吁遵守《联合国宪章》以及公认的国际法和国际关系准则。习近平总书记在第二届世界互联网大会上也强调了国际合作在互联网治理方面的重要性,提出"促进开放合作"的重要原则,主张各国"坚持同舟共济、互信互利的理念,摈弃零和博弈、赢者通吃的旧观念","推进互联网领域开放合作,丰富开放内涵,提高开放水平,搭建更多沟通合作平台,创造更多利益契合点、合作增长点、共赢新亮点,推动彼此在网络空间优势互补、共同发展,让更多国家和人民搭乘信息时代的快车、共享互联网发展成果"。这充分表明了中国推动全球互联网治理领域国际合作的鲜明态度,也明确释放了中国愿与世界各国和国际组织携手共商全球互联网治理大计、共解全球互联网治理难题的开放

---

① 王秀梅.论非传统安全与国际合作原则[J].理论导刊,2005(7).

姿态与坚定信念。

五、基于国际法理的互联网治理"四项原则"

在全球互联网治理领域，国际法基本原则的具体应用形式也要不断发展和完善，以适应新形势，解决新问题。固有的国际法基本原则需要结合时代特点注入新的形式和内涵，并在继承的基础上进行理论创新，开拓全球互联网治理领域国际法基本原则的崭新理论特征。互联网时代，以《联合国宪章》《国际法原则宣言》及"和平共处五项原则"等为代表的国际法规则，所提出的国际法基本原则仍然适用。2015 年 12 月，在第二届世界互联网大会开幕式上，习近平总书记代表中国首先提出尊重网络主权、维护和平安全、促进开放合作、构建良好秩序的全球互联网治理体系"四项原则"。由此可以看出，这"四项原则"根植于《联合国宪章》宗旨和原则，与"和平共处五项原则"既一脉相承又具有时代特色，不但反映了互联网时代各国共同构建"网络空间命运共同体"的价值取向，而且也反映了互联网时代"安全与发展"作为"一体双翼"的发展主流，赢得了世界绝大多数国家的赞同，成为当前规范全球网络空间治理关系的、具有国际法意义的重要准则。

在这"四项原则"中，尊重网络主权、维护和平安全、促进开放合作这三项原则，其理论基础均直接来源于各国际法主体的长期实践，同时赋予有关国际法基本原则以网络时代的独有特征，彰显了国际法理论的创新精神。构建良好秩序原则，是前三项原则理论推演的必然结果，也是其国际实践的努力方向，它根植于 1974 年联合国大会特别会议所通过的《建立国际经济新秩序宣言》，该宣言提出要在尊重各国主权、领土完整和政治独立，互不侵犯、互不干涉内政、公平互利、和平共处的基础上"建立国际经济新秩序"。而在现实社会生活中，"秩序离不开法治"，网络空间也绝不能是"法外之地"，正如习近平总书记于 2015 年 9 月 22 日在接受美国《华尔街日报》书面采访时所强调的那样，"网络空间与现实社会一样，既要提倡自由，也要遵守秩序。自由是秩序的目的，秩序是自由的保障"。因此，从域内治理角度来看，各国要在充分尊重网民自由民主权利、保障网络民意充分表达的基础上,依法构建良好的互联网管理秩序,保障网络空间的"理性和阳光";①从全球治理角度看,各国要在国际法基本原则前提下,通过平等协商、交流沟通和对话合作解决存在的分歧和问题,构建体现绝大多数国家利益的"网络空间命运共同体",以"和平、安全、开放、合作"和"多边、民主、透明"为目标,构建全球互联网治理的新体系和新秩序。

---

① 谢新洲. 网络社会更需要理性和阳光[N]. 光明日报,2013 - 06 - 06(05).

第五章

全球互联网治理与国际法中的国家主权

从某种意义上讲,主权(Sovereignty)是国际法上最为重要、被讨论最多的概念之一,它与国家的定义紧密联系,是国家得以存在的基石。主权平等是国际法的一项基本原则,使得主权问题也成为处理国家间关系过程中首先需要考虑的重要因素。当今时代,经济全球化、区域一体化迅猛发展,互联网作为 20 世纪最伟大的发明之一,加剧了人类经济社会的变革进程,同时也给国家主权概念带来了新的机遇和挑战。正如有学者在描述战后国际秩序时谈到的那样,"主权概念从来没有像现在这样需要谨慎地重新思考"。① 传统的主权概念如何适用于网络时代、如何坚持和捍卫国家的网络主权,值得深入研究和探讨。

第一节　从三种治理方案之争审视网络时代的主权博弈

2005 年,联合国互联网治理工作组(the Working Group on Internet Governance, WGIG)出台报告,指出"国际域名系统"根区文件和系统"事实上处于美国政府单边控制之下"。由此开始,围绕网络主权观念,谋求巩固和试图变革现存全球互联网治理原则,具体也即以域名解析系统、根区文件和系统为代表的关键资源治理方式的国际博弈便从未消弭。

---

① 曾令良. 冷战后的国家主权[J]. 中国法学,1998(1).

一、美国的多利益攸关方私有化方案

美国在20世纪90年代推进互联网商业化进程中所采取的一种运作模式,将公司、个人、非政府组织以及国家都纳入其中,最高决策权归属于由少数专业人士组成的指导委员会(Board of Directors),相关公司、个人、非政府组织在下属的比较松散的区域或者专业问题委员会开展工作,政策制定采取所谓"自下而上"的模式,由下级支撑委员会向指导委员会提出建议和草案,而后指导委员会加以通过,其他主权国家的代表则被纳入政府咨询委员会(Government Advisory Committee),只具有对和公共政策以及国际法相关的活动或事项的建议权,而没有决策权,且其建议也不具有强制力。①

在这一方案中,围绕主权原则的争论主要体现在政府咨询委员会的地位和作用方面。对此,美国的态度十分清晰,即偏好于私有化方案,极力排斥政府咨询委员会的决策作用。同时,美国抵制由主权国家和政府间国际组织替代多利益攸关方模式、主导互联网关键资源分配。其秉持此种态度的核心在于,参与其中的私营机构多数属于美国的企业和社团,美国政府对于这些美国私营机构可以基于主权原则享有行政和司法管辖权,进而能够牢牢掌控网络空间的主导权。这在事实上体现了美国对网络主权原则所持的"双重标准",即维护和保障自身的网络主权,同时却否认和无视他国的网络主权。

二、巴西的圣保罗 Netmundial 方案

该方案的核心在于对美国控制的互联网名称与数字地址分配机构(ICANN)架构进行温和地适度调整。例如,要求有限度地提升 ICANN 内政府咨询委员会的立场;将 ICANN 制定网络治理政策的职能与直接管理配置根服务器权限的职能分离;明确局限要管辖的根服务器是由 Verisign 公司和 ICANN 管辖的3台顶级根服务器,不触及其他处于美国政府部门、高校管辖

---

① 沈逸. 网络主权与全球网络空间治理[A]. 复旦国际关系评论:网络安全与网络秩序[C].上海:上海人民出版社,2015.

下的根服务器。①

这一方案体现了以巴西为代表的一部分发展中国家的立场,这些国家没有能力也并不希望彻底改变美国"一家独大"掌握互联网关键资源的现状格局,进而重塑全新的全球互联网治理模式;而是试图通过提出"折中方案",在确认 ICANN 对其所管辖的有限服务器实行独立管辖的同时,促使美国对其所奉行的多利益攸关方治理模式作出有限改变和让步,实现某种意义上的"自律"和"自控",以此推动其他国家网络主权的有限实现。

三、印度的釜山会议"颠覆性"方案

该方案的核心诉求是要将美国通过 ICANN 对互联网关键资源的控制权,转移到作为联合国重要机构之一的国际电信联盟(ITU),这相较于美国所奉行的私有化和多利益攸关方模式,具有彻底的颠覆性。同时,印度提出,应当参考现有的国际长途电话的管理模式和运行机制,各国将数据资源置于本国的国境之内,然后通过类似于拨打国际长途电话的方式,在访问相关网络资源时,使用统一分配的国别网络识别码接入。②

印度方案体现了为数众多的、以广大发展中国家为代表的网络后发国家的主张。这种主张以国家网络主权观念为基础,尊重主权国家和以联合国为代表的政府间国际组织在全球互联网治理中的主导作用,也为中国、俄罗斯等大国所支持和赞同。但在意料之中的是,这种方案和主张遭到了美国等西方互联网发达国家的强烈抵制,称"绝不会将管理 ICANN 的权限交给一个或数个主权国家构成的管理机构",印度也因此被诬称"失去了继续推进网络空间新秩序建立所必需的声望"。因此可以预见,围绕网络主权原则的全球互联网治理模式之争还将继续下去,尊重和维护网络主权、破除美国"单一主权"的网络霸权,将成为未来一个时期广大发展中国家在全球互联网治理活动中的一项核心主张。

---

① 沈逸. 网络主权与全球网络空间治理[A]. 复旦国际关系评论:网络安全与网络秩序[C]. 上海:上海人民出版社,2015.
② 沈逸. 网络主权与全球网络空间治理[A]. 复旦国际关系评论:网络安全与网络秩序[C]. 上海:上海人民出版社,2015.

四、全球互联网治理中的国家主权问题

三种治理方案的博弈,事实上代表了各国对网络主权的争夺,在这一领域占得先机,便能够在法理和实践层面均掌握住互联网治理的主动权。国家主权平等原则作为在国际法基本原则中居于核心地位的内容,保证了各成员国在法律上的平等地位;与此同时,国家主权"对外独立"的内涵,也要求国家主权平等的国际法基本原则得到切实施行。从国际法理的角度来看,国际法基本原则与国家主权之间的这种密不可分的关系,正凸显了国家主权在国际法理论体系中的重要地位,进而在全球互联网治理的规则和问题系统中,网络主权也具有承上启下、贯穿始终的核心作用。

对于网络主权的探讨,首先应以国家主权概念的历史发展作为背景和出发点,其原因在于,国家主权的国际法内涵是随着时代发展而不断扩展变化的,互联网所具有的种种新的时代特征,必然会对国家主权的传统观念产生影响,从而使其生发出新的内容。这一理论推演的过程,能够促使网络主权的国际法理基础更加坚实、国际法律内涵更加明晰。以此为基础,能够形成尊重和维护国家网络主权的策略建议,重点在于站在以中国为代表的广大发展中国家的立场上,提出反对美国等西方国家网络霸权的国际法路径,同时为构建开放合作的全球互联网治理模式提供国际法理支撑。

第二节　国际法作为主要调整国家间关系的规则

传统的国际法理论认为,国家才是(而个人不是)国际法的主体——国际法律秩序所确立的义务、责任和权利的主体。[1] 因而国际法主要是调整国家间关系的法律规则,它为国家这一国际法上的主要主体确立了开展国际关系行为的准则和依据,并对国家违反国际法规则的行为划定了责任界限。

---

[1]　[美]汉斯·凯尔森. 国际法原理[M]. 王铁崖译. 北京:华夏出版社,1989:82.

一、国际法的主体理论概说

国际法主体(Subject)，是指能够享有国际权利与承担国际义务且具有为维护其权利而提起国际诉讼能力的实体，这一概念与国际法上的"国际人格者"概念是紧密联系的，①而正是各国通常所具有的权利、义务和权力合在一起，才被认为构成最完全的国际人格。国家并非一个自然人，而是一个所谓法人或称社团的存在，有鉴于此，作为法人的国家是构成一个法律共同体的一个法律秩序的人格化，并且是一种比较集中化的法律秩序或共同体。②

一般国际法理论认为，国家的存在应当具备4个基本条件。第一，应当有生活于其中的人民。人民是作为"个人集合体"而存在的，这个集合体中的个体虽然可能具有不同的种族、性别、文化背景、宗教信仰，但共同生活在一个社会文化背景之中。第二，必须有领土。也即人民定居于其上的土地，且有比较明确的边界划定。第三，应当有一个政府。政府以一种强迫性秩序、依据国内法律对人民进行统治。第四，应当具有主权。主权含有全面独立的意思，无论在国土以内或是在国土以外都是独立的。③ 主权是最高的权威，国际法没有一个在国家主权之上对这个秩序加以保证的政治权威，一切国家主体本身都是主权实体，而且作为主权实体，彼此都是处于平等地位的。

此外，并不是每一个构成法律共同体的法律秩序都是国家，一个国际人格者也不必具有国家所通常具备的一切权利、义务和权力，从而使它们成为有限范围内的国际法主体和国际人格者。例如，在法律上接近于国家的政治实体、共管区域、国际化领土、国际组织等。

---

① ［英］伊恩·布朗利. 国际公法原理［M］. 曾令良，余敏友译. 北京：法律出版社，2007：55.

② ［美］汉斯·凯尔森. 法律和国家的一般理论［M］. 沈宗灵译. 北京：中国大百科全书出版社，1996：303.

③ ［英］詹宁斯，瓦茨. 奥本海国际法(第八版)［M］. 王铁崖等译. 北京：中国大百科全书出版社，1995：92.

二、国家主权概念及其发展

从国家存在的基本条件可知,国家的领土、领空、领海等,以及其境内的主权政府和定居人民,构成了其作为国际法律人格者的物质和社会特征。而国家对其领土的能力,通常可以用"主权"进行描述。主权是一种历史的逻辑,看待主权的概念,必须将其置身于历史关系中,观察其与国际经济、政治和社会变化之间的密切联系。正如有学者指出的那样,主权可能是一个最能主导我们认识国家与国际社会的概念,它的历史与现代国家的演变相对应。……它是一种谈论世界的方式,是一种在世界上如何行事的方式。[1]因此,将主权置于历史发展的大背景和时代赋予的新形势下加以审视,才能够洞悉网络时代主权的概念和要件是否依然完整,是否需要拓展新的内涵和创制新的保障方式。

一般认为,法国学者让·博丹最早提出了国家主权的概念,确立了近代主权理论发展的起点,他将主权的性质表述为国家不可分割、统一的、持久的、凌驾于法律之上的权力,认为主权具有绝对性、永恒性和不可分割性。"现代国际法之父"格劳秀斯在其著作《战争与和平法》中,将主权从国内政治引入国际关系领域,认为"凡行为不从属于其他人的权力的限制,从而不因其他人意志的行使而使之无效的权力,就是主权",简言之,就是表明了国家主权的两重性,即"对内的最高权和对外的独立权"。1648 年《威斯特伐利亚和约》吸收了博丹和格劳秀斯的思想,确立了领土主权、主权平等、主权不可分割的原则,使国家逐渐成为国际舞台和国际关系中最重要的主体。在这之后,主权理论历经霍布斯的契约君主主权、洛克的议会主权、卢梭的人民主权等发展,内涵和外延不断丰富和拓展,形成了绝对主权观、相对主权观两种主要主权观念,但即便是持绝对主权观的学者也不得不指出,主权的行使至少不得违背自然法和神法的基本原则,也要受到一定的制约。《奥本海国际法》将主权定义为最高权威,不从属于任何世俗的法律权威,且在国土以内和国土以外都是独立的。因此,主权可分为对内主权和对外主权,

---

[1] [澳]约瑟夫·A. 凯米莱里、吉米·富莱克. 主权的终结——日趋"缩小"、"碎片化"的世界政治[M]. 李东燕译. 杭州:浙江人民出版社,2001:13.

前者即最高权力，是国家对其境内的最高管辖权，这种权威仅受限于国际法规范；后者即独立权，表明主权国家之间相互平等，一国不得干涉他国的主权行使。

近代以来，特别是"二战"后国际格局和秩序的深刻变化，使主权的概念受到前所未有的冲击和挑战。全球化进程不断加快、国际组织和非营利组织日益活跃，以及国际环境问题、恐怖主义威胁等现象，使主权消亡论、主权弱化论不断被提出和讨论。而在信息技术日新月异、互联网迅猛发展的今天，人类活动空间已从传统国际法规范的陆地、天空、海洋、太空拓展到虚拟的网络空间，人们只要轻触鼠标即可"环游世界"，地球上任何角落的人流、物流、信息流都被互联网紧紧地网罗在一起。在表面意义上，没有一个实体（如国家、公司和个人）能够完全控制整个网络，①网络所具有的虚拟性、开放性、国际性特征，以及其所联结而成的网络社会的无界性、非中心化特质，与国家主权的权威性、独立性、封闭性似乎产生了严重的对立和冲突。正确看待这一问题，应当认识到，主权自始并非绝对的概念，也正是由于它的包容性和相对性，才使得主权的含义得以随着时代发展不断扩充并延续至今，这种考量主权的思路理应被运用于网络时代，指导人们探索网络主权的范畴和意义；同时也应看到，主权概念的发展是有其原则和限制的，国际法实践至今尚未突破"主权至高"的基本观念，以合作为特征的调整对象的拓展（如电子媒介等）尚不能动摇国家的主权，②由于互联网的发展而摆脱国家治理、摒弃国家主权的"无政府主义"立场既没有现实基础，也没有理论支撑，与主权绝对的论断一样是站不住脚的。

三、国际法效力的依据理论

国际法的效力即国际法何以具有法律属性并实际上发挥着作用。微观论学者和权力政治的崇拜者一般将国际法的效力范围限制在既定的视觉理由之内，即国际法作为国际法律主体之间的、具有法律属性的秩序已经得到

---

① Sean Selin. *Governing Cyberspace: the Need for an International Solution* [J], 32 Gonz. L. Rev. 365. 1996.

② ［德］W. G. 魏智通. 国际法（第五版）［M］. 吴越，毛晓飞译. 北京：法律出版社，2012：14 - 15.

了广泛认同。但这种论断并未给出具体的理由和说明。对于国际法效力的依据,比较有代表性和说服力的解释主要有"自然法说"和"意愿说"两种,它们分别代表着自然法学派和实在法学派在这一问题上的不同见解。持"自然法说"的自然法学派学者普遍认为,国际法规范不是来自造法组织,而是来自超凡的原则和事实并约束着国家的行动,最终将人类理性作为法的根据及强制力的基础。① 而持"意愿说"的实在法学派学者一般认为,主权国家意愿构成了国际法的有效性基础,即国家只受其认可的规则的约束,国际法也因此需要数个国家达成共识,才能对有关国家产生法律上的强制力和约束力。

事实上,"自然法说"和"意愿说"这两种观念都有其存在的依据,也都有其偏颇之处,应当从主客观相统一的角度看待这一问题。从主观方面看,国家是一国统治阶级利益的代言者,处于不同经济条件和社会制度之下的各国统治阶级,其利益必然迥然相异,因此国际法的效力依据便是各国统治阶级的"协调意志"。互联网时代,发达国家和发展中国家之间、发达国家与发展中国家内部就存在着种种利益诉求的差异,它们之间通过彼此让渡一定主权而形成公约、条约等全球互联网治理的国际法规则,并对缔约方具有法律约束力,就体现了国家意志在互联网领域的相互协调与妥协,也是国际法倡导对话合作的重要写照。从客观方面看,国际法作为国家之间的"共同意志",也是国际秩序特别是国际安全秩序的必然要求,它发轫于人类谋求和平与发展的基本理性。正是源于网络时代人类社会共同面临的诸多问题,以及全球互联网治理中的种种不均衡、不平等现象,国家之间才有了谋求磋商、协作进而订立国际法规则的动因,才有了变革旧有国际法规则和传统国际秩序以适应网络时代新发展、新变化的动因。在这个意义上,理解全球互联网治理中国际法规则的效力依据,无疑是更为全面、更为符合国际社会客观实践规律的。

---

① ［韩］柳炳华. 国际法［M］. 马呈元等译. 北京:中国政法大学出版社,1997:39.

第三节　网络时代国家主权的机遇与挑战

人类社会传播媒介的每一次历史变革，都曾被视为对国家主权概念的冲击和挑战。印刷术革命带来的出版物时代，使封建王权感受到巨大威胁，进而催生了一系列国家管制出版领域的法律和禁令。之后出现的电话、电报、广播、电视等传播媒介，更是以其传播的速率、频次、广度等方面的优势，对国家主权和政府权威形成制约。如今，互联网这一科技进步和社会发展的新引擎，极大地突破了物理范围的政府管制，超越了以往任何传播媒介，使国家主权面临前所未有的挑战，同时也迎来了创新发展的难得机遇。

一、互联网的特征与国家主权的矛盾

正如麦克卢汉所言，一切技术都具有点金术的性质，都倾向于创造一个新的人类环境。① 作为一种社会形态，网络社会以信息技术作为物质基础，具有自身鲜明的特点。在信息时代的条件下，网络建构了我们社会的新社会形态，网络化逻辑的扩散实质地改变了生产、经验、权力与文化过程中的操作和结果……新信息技术范式为其渗透扩张遍及整个社会结构提供了物质基础。而在这种条件下，流动的权力优于权力的流动。②

有论者指出，"互联网天生是无国界的"。从某种意义上看，网络空间所具有的独特属性与国家主权之间似乎存在着不可调和的矛盾。在这种观点的众多持论者中，国际非营利性组织电子前哨基金会（Electronic Frontier Foundation）创始人（之一）和主席约翰·佩里·巴洛（John Perry Barlow）所提出的主张具有代表性，他于 1996 年发表的文章《网络/赛博空间独立宣言》（A Declaration of the Independence of Cyberspace）是其中较为极端化思想的反映。

---

① ［加］埃里克·麦克卢汉，弗兰克·秦格龙. 麦克卢汉精粹［M］. 何道宽译. 南京：南京大学出版社，2000：363.
② ［美］曼纽尔·卡斯特. 网络社会的崛起［M］. 夏铸九等译. 北京：社会科学文献出版社，2001：569.

【《网络独立宣言》,瑞士达沃斯,1996 年 2 月 8 日】

工业世界的政府们,你们这些令人生厌的铁血巨人,我来自网络世界——一个崭新的心灵家园。作为未来的代言人,我代表未来,要求过去的你们别管我们。在我们这里,你们并不受欢迎。在我们聚集的地方,你们没有主权。

我们没有选举产生的政府,也不可能有这样的政府。所以,我们并无多于自由的权威对你发话。我们宣布,我们正在建造的全球社会空间,将自然独立于你们试图强加给我们的专制。你们没有道德上的权力来统治我们,你们也没有任何强制措施令我们有真正的理由感到恐惧。

政府的正当权利来自被统治者的同意。你们既未征求我们的同意,也未得到我们的同意。我们不会邀请你们。你们不了解我们,也不了解我们的世界。网络世界并不处于你们的领地之内。不要把它想成一个公共建设项目,认为你们可以建造它。你们不能!它是一个自然之举,于我们集体的行动中成长。

你们没有参加我们的大型聚会对话,也没有在我们的市场中创造财富。你们不了解我们的文化和我们的伦理,或我们的不成文的"法典"(编码),与你们的任何强制性法律相比,它们能够使得我们的社会更加有序。

你们宣称我们这里有些问题需要你们解决。你们用这样借口来侵犯我们的世界。你们所宣称的许多问题并不存在。哪里确有冲突,哪里有不法行为,我们会发现它们,并以我们自己的方式来解决。我们正在达成我们自己的社会契约。这样的管理将依照我们的世界——而不是你们的世界——的情境而形成。我们的世界与你们的世界截然不同。

网络世界由信息传输、关系互动和思想本身组成,排列而成我们通信网络中的一个驻波(驻波:物理学概念,指原地振荡而不向前传播的运动状态——译者注)。我们的世界既无所不在,又虚无缥缈,但它绝不是实体所存的世界。

我们正在创造一个世界:在那里,所有的人都可加入,不存在因种族、经济实力、武力或出生地点生产的特权或偏见。

我们正在创造一个世界,在那里,任何人,在任何地方,都可以表达他们的信仰而不用害怕被强迫保持沉默或顺从,不论这种信仰是多么地奇特。

你们关于财产、表达、身份、迁徙的法律概念及其情境对我们均不适用。所有的这些概念都基于物质实体，而我们这里并不存在物质实体。

我们的成员没有躯体，因此，与你们不同，我们不能通过物质强制来获得秩序。我们相信，我们的治理将生成于伦理、开明的利己以及共同福利。我们的成员可能分布各地，跨越你们的不同司法管辖区域。我们内部的文化世界所共同认可的唯一法律就是"黄金规则"。我们希望能够在此基础上构建我们独特的解决办法。但是我们绝不接受你们试图强加给我们的解决办法。

在美国，你们现在已经炮制了一部法律，名曰《电信改革法》。它违背了你们自己的宪法，也玷污了杰弗逊、华盛顿、密尔、麦迪逊、德·托克维尔和布兰代斯的梦想。这些梦想现在一定会在我们这里重获新生。

你们惧怕自己的产儿，因为在他们是本地人的世界里，你们永远是移民。因为你们惧怕他们，你们把自己为人父母的责任托付给了官僚机构，而你们自己如此胆怯，不敢直接面对他们。在我们的世界，所有人性的情感与表达，无论是低贱的卑微的还是高贵的纯洁的，都是一个不可分割的整体即全球范围的传送对话的组成部分。我们无法将翅膀借以拍击的空气与产生阻力的空气分离开来。

在德国、法国、俄罗斯、新加坡、意大利以及美国，你们正试图通过建立网络边境哨卡来阻止自由主义的病毒。这在短期内或许可以防止传染，但对一个很快就被传送媒体所覆盖的世界而言，这将不再有效。

在美国和其他地方，你们日渐衰落的信息工业靠着推行那些在全世界鼓噪的法律而苟延残喘。那些法律竟宣称思想是另一种工业产品，而并不比生铁更高贵。而在我们的世界里，人类思想所创造的一切都毫无限制且毫无成本地复制和传播。思想的全球传播不再依赖你们的工厂来实现。

那些热爱自由和主张自决的前辈们曾经反对外来的权威，与日俱增的敌视和殖民政策使我们成为他们的同道。我们必须声明，我们虚拟的自我并不受你们主权的干涉，虽然我们仍然允许你们统治我们的肉体。我们将跨越星球而传播，故无人能够禁锢我们的思想。

我们将在网络中创造一种心灵的文明。但愿她将比你们的政府此前所创造的世界更加人道和公正。①

1. 网络空间的开放性与无界化。开放性是互联网的一个基本理念,人们基于这种理念,可以将自身的认识视野和网络行为不受约束地拓展至全球范围,从互联网上任何国家和地区的网络上浏览信息内容,到互联网上的任何社区和论坛进行人际交往。这种跨越国界的信息传播,具有极强的"互动式社会"特征,并推动形成超越主权和意识形态的全球化理念。正如《网络独立宣言》中所称,"在我们的世界,所有人性的情感与表达……都是一个不可分割的整体即全球范围的传送对话的组成部分"。网络社会的这一特征,对信息垄断和舆论控制具有天然的排斥性,认为主权国家的政府"没有任何强制措施令我们有真正的理由感到恐惧",并使言论自由和表达自由成为社会必需。因此国家主权对互联网的任何干预和控制,就极易招致网络社群的不满和抵制。

2. 网络空间的技术性与非中心化。网络的基础技术架构由计算机、连接计算机的网线、网关、路由器等设备及其互联协议组成,在操作的层面上要求避免普遍的控制。② 技术并不按照人们所追求的目标发展,而是按照已有的发展可能性发展,③因此从原理上讲,要使网络成为一种普遍的资源,就必须使其毫无限制地发展;从技术上讲,如果有任何控制中心存在,它就立即成为限制网络发展的瓶颈。在这个意义上,《网络独立宣言》的持论者便认为,"网络世界由信息传输、关系互动和思想本身组成,排列而成我们通信网络中的一个驻波",它有其自身不成文的"法典"即编码,因而不应受制于主权国家政府的约束,而应依据网络空间"自己的世界情景"来管理。因此在这种分析逻辑的框架下,单一主权国家很难掌控互联网上的跨国界甚至是跨地域交流,分散化的网络管理主体强化了网络社会的非中心化特征。

3. 网络空间的自由性与国际化。互联网架构的开放性,使种类繁多的软件代码和数量巨大的信息内容成为不受控制的公共资源,而在这些自由

---

① [美]约翰·佩里·巴洛."网络独立宣言"[A]. 李旭,李小武译. 高鸿钧. 清华法治论衡(第四辑). 清华大学出版社,2004.

② [美]贝瑞·M. 雷纳等. 互联网简史[A]. 熊澄宇. 新媒介与创新思维[C]. 北京:清华大学出版社,2001:3.

③ 刘文海. 论技术的本质特征[J]. 自然辩证法研究,1994(6).

的软件和信息代码背后，则是人的思想和行为的自由。① 虚拟的网络环境不存在以某个主权国家为界限划定的网络空间，网络中的人和物也难以与现实社会中的人和物一一对应，这就打破了国际法中主权概念的物理分野。在这种形势下，通过网络所进行的信息传播活动，进入了一个拥有自己向度和规则的相对独立的世界，②就如《网络独立宣言》所称，主权国家政府建立网络边境哨卡的尝试"在短期内或许可以防止传染，但对一个很快就被传送媒体所覆盖的世界而言，这将不再有效"。因此，意识形态的斗争在这一空间内体现得更加剧烈，网络自组织的结构性力量也对国家主权的稳定和秩序构成隐性威胁。

二、主权弱化说与主权强化说

在网络时代，人们对国家主权的认识有几种不尽相同的看法。这些看法基于对网络与主权关系的不同认识，具有自身独有的理论背景。

1. 主权弱化说。这一学说发端于国际政治中的现实主义观点，认为国家是现实政治中最为基本的行为主体，并通过自身的合理行为实现主权最大化。国家对一定疆域内的排他性管辖权，是国家主权的基本前提和首要表征，这与国际法中领土主权的概念有共通之处。而对这种管辖权的任何限制，就意味着对主权的不合法的缩减，也即领土所有权、领土管辖权和领土主权不容侵犯。互联网的出现使国家对其领土范围内人和物的控制不断弱化，一方面，恐怖分子、持不同政见者等各种敌对势力可以轻易利用网络实现对主权国家的攻击，从而破坏主权的完整性和权威性；另一方面，国家基于传统主权观念对其域内的人和物具有最高的管辖权，但互联网无界化、国际化的信息传播方式，使国家主权的行使不仅是"对内的"，也是"对外的"，既针对本国国民，也面向全球网民，二者难以分开。根据管辖权的领土原则（the Territoriality Principle），国家有对穿越其边界的信息传播以及在其领域范围内个体对信息进行利用的管辖权；根据管辖权的效果原则（the Effects Principle），国家有权将国内法适用于域外的互联网行为，因此在行使

---

① 张瑜. 理解网络技术：信息时代思想政治教育工作的新要求[J]. 学校党建与思想教育，2007(7).

② 齐爱民，刘颖. 网络法研究[M]. 北京：法律出版社，2003：6.

主权的过程中必须顾及国际法上"不干涉他国内政"的原则,这就对原有的排他性管辖权形成了一定的制约。其次,互联网还削弱了主权国家的国际法地位。网络的技术性打破了主权国家垄断信息的特权,催生了以虚拟社区等为代表的大量新的非国家行为体。世界上不同国度、不同肤色、不同观念的人们通过互联网实现不受限制地交互沟通,逐渐形成思想意识、行为方式的认同,进而削弱了他们对于传统民族国家和主权观念的认识;网络用户还充分利用互联网的匿名性、虚拟性特征,创制了一系列新规则,试图摆脱主权国家行政管理的控制和束缚,[1]甚至可能出现个人运用互联网挑战国家主权权威的现象。而随着网络时代传统权力结构逐渐向以信息、知识为主导的方向转移,掌握知识经济领域生产和分配权的各种跨国公司、非政府组织等主体会在国际舞台上扮演越来越重要的角色,形成与主权国家并驾齐驱的经济和政治力量。再次,互联网对国家的经济和法律主权形成冲击。旧有的国家管理经济的方式方法在网络时代显得越来越力不从心,国家对互联网上域外行为人的税收征管就使"政府税收管辖权和管制能力受到极大侵蚀",[2]互联网上出现的跨国欺诈犯罪行为给消费者权益保护制度带来挑战。而在法律上,不同于传统的领土管辖权,互联网地址与现实物理空间不相对应,造成了网络空间的虚拟性与法律关系的真实性、互联网的非中心化与国家管理的相对集中性、互联网的全球性与法律的地域性、互联网的高度性与法律规则的薄弱化之间的矛盾。[3] 最后,互联网对文化主权的影响也不容忽视。网络不良信息对国家的主流价值观念构成极大威胁,色情、暴力、极端主义等内容危害青少年身心健康。各主权国家都对此予以高度重视,制定法律法规予以坚决打击和管控,如德国制定的第一部网络成文法《信息与通讯服务法》等。同时互联网的发展要求主权国家接受外来网络信息,形成多元化的文化格局,但西方发达国家利用互联网技术和基础设施先发优势,对发展中国家进行意识形态渗透并输出"颜色革命",以英语为主要形态的网络信息更加剧了西方文化霸权主义的扩张,从而在世界范围内出

---

① 周光辉,周笑梅. 互联网对国家的冲击与国家的回应[J]. 政治学研究,2001(2).

② Water B. Wriston. *Bits*, *Bytes*, *and Diplomacy*[J]. Foreign Affairs, Sep/Oct 1997, Vol. 76 Issue 5,p. 177.

③ 何其生. 电子商务的国际私法问题研究[M]. 北京:法律出版社,2004:11 - 21.

现了争夺互联网文化阵地主导权的激烈斗争。

　　需要指出的是,顺着"主权弱化说"的理论逻辑向前拓展,又可以引申出两种理论。一种是"主权消亡说"理论。[①] 该理论认为,互联网时代,国家之间的物理界限已经被完全打破,构成主权的主要规范性要素——领土管辖和政府管理已经失去了存在的必要,进而使国家主权和物理边界成为制约网络经济、社会活动的障碍,迟滞了人类的发展进步,国家主权的对内和对外效力都将随之走向尽头。这一论说是"主权弱化说"的一种极端形态,是其理论逻辑延展的结果,因而从理论上可以与"主权弱化说"归为一类。另一种是"网络自治说"理论。该理论也认为国家主权不能妥善处理网络时代的种种问题,如国家对互联网领域行使领土管辖权是不合法的,因为主权国家的管辖权是建立在领土之上的,而网络空间则切断了在线行为同物理位置的联系;如国家对互联网领域行使非多边管辖是不合法的,因为这会造成国家之间的主权冲突和管辖权困境。在这一背景下,论者主张创制形成网络空间独特的法律和规则,使虚拟社区可以发展出一种网络自治体制。[②] 更有甚者,如约翰·佩里·巴洛等,认为网络空间本身就构成一个主权,国家主权没有介入互联网运行和管理的任何正当性。这一论说不仅是对"主权弱化说"的延伸,更采行了一种抛弃国家主权的"无政府主义"态度来看待互联网治理问题,也是"主权弱化说"的一种极端表现形式。

　　2. 主权强化说。这一学说的核心观点基于自由主义的主张,否定现实主义的主权观念所呈现的一元特点,因此,同人类历史上出现的其他种类的信息技术一样,互联网能够被民主自由政府充分运用于加强民主自由的统治,互联网时代国家主权非但没有被弱化,反而得到前所未有的强化。亨利·佩里特是这一学说的创始人,他在文章中对互联网时代传统的"主权弱化说"提出挑战,批判"主权弱化说"论者采用抽象主权观念并将其适用于所有国家和国际关系的做法,"仿佛要把主权及其传统标志统统扔到历史的垃圾堆里"。具体而言,即认为"主权弱化说"中的主权观念是绝对的、专制主义的主权,是对公民进行管制的"独裁"统治,因而互联网可以被看作对国家

---

① 郭玉军. 网络社会的国际法律问题研究[M]. 武汉:武汉大学出版社,2010:25 - 26.

② David R. Johnson, David Post. *Law and Borders: the Rise of Law in Cyberspace*[J], 48 Stan. L. Rev. 1367,2006.

主权的威胁和挑战;"主权强化说"中的主权观念是相对的、自由主义的主权,是对公民的民主法治化治理,因而互联网可以用于促进民主自由政府的治理能力和治理体系现代化,因此增强而非损害了国家主权。"主权强化说"论者主要是从国内和国际两个层面对自身观点加以论证的,从国内视角看,民主自由的主权国家政府可以有效利用互联网向社会公众提供信息,如通过网络信息公开、网上政民互动等途径向公民传递政府决策和运行细节,促进公民的政治参与和公权力"在阳光下运行",进而使相关公共政策更加科学合理、法律规则更加公平公正。从国际视角看,互联网对主权国家之间的国际交流与合作具有极强的推动作用,如使国际法的规则和运用更加科学化、民主化,使主权国家之间的经济依赖性不断增强,使非政府组织、非营利组织、跨国公司等非国家行为体具有处理全球事务的更强能力,使全球安全机制得到有效改善和革新等。① 总而言之,"主权强化说"阐明了互联网对国家主权的积极正面影响,但这种观点将其理论置于西方"民主自由"的前提下,未免具有意识形态的偏颇,限制了该理论在全球互联网治理中的应用范围。

三、互联网与国家主权的辩证统一关系

互联网开放无边的属性,固然使传统国际法上的主权观念受到冲击;网络逻辑代码所支撑的逻辑空间,也与现实生活中的主权概念所划定的物理世界,形成彼此接近但仍然有实质性距离隔阂的状态。② 因而,在网络空间中比照现实社会的做法建立主权模式,便成为世界各国面临的共同问题和竞争领域。在这一进程中,必须认识到互联网与国家主权之间的辩证统一关系:一方面,网络在当下的发展并没有、也不可能从根本上动摇国家主权在国际法上的地位;另一方面,传统的主权观念也应随着网络时代的发展而做出相应的调整和更新。

---

① Henry H. Perritt. *The Internet as a Threat to Sovereignty? Thoughts on the Internet's Role in Strengthening National and Global Governance*[J], Indiana Journal of Global Legal Studies, 1998, 5(2):423－442.

② 沈逸. 网络主权与全球网络空间治理[A]. 复旦国际关系评论:网络安全与网络秩序[C]. 上海:上海人民出版社,2015(17):23.

1. 互联网并未从根本上动摇国家主权。虽然一些学者指出,网络空间是难以被准确感知并管理的逻辑空间,但可以肯定地说,网络空间自始至终都没有脱离现实的、物理的空间而独立存在。从这个意义上讲,互联网虽然对国家主权提出了挑战,但尚未动摇其固有的国际法地位。事实上,国家主权所具有的这种国际法地位,是由国内法和国际社会的基本结构所决定的。从国内角度看,国家主权意味着对内的"最高权",这一权力一旦被动摇,各国国内社会即失去了稳定和发展的基本前提,随之就将陷入混乱与纷争;从国际角度看,国家主权意味着对外的"独立权",各国之间没有"更高的"权威,只有相互平等独立,这一状态一旦被动摇,国际社会和平发展的前提就不复存在。

互联网作为一种技术,抑或是人类认识世界、改造世界的媒介和工具,始终在现实世界的物理空间内存在和发展。一方面,在现实世界的秩序中,国家依旧是国际法中最重要的主体,无论是国际组织、跨国公司,还是非政府组织、非营利组织,抑或是个人,虽然依托互联网的发展增强和提升了自身的实力,但仍旧无法取代主权国家的地位。可以预见,国家作为国际法上最重要主体发挥作用的事实状态在很长一段时期内是不会改变的,正如有学者指出的那样,我们正处于一个相互交叉和重叠的世界,即使是领土也不能独立和精确地划分的世界,这个世界并没有取代国家实体,它只是改变了政治和经济实体的关系,我们同它之间的关系以及这些实体之间的关系。①另一方面,互联网对国家主权的挑战并未根本颠覆主权概念的核心,即对内的"最高权"和对外的"独立权"。具体来看,国家可以充分利用互联网发展自身经济、推进法治建设、强化军事力量、宣传民族文化、拓展国际合作,进而从经济、政治、文化、外交等多层面进一步强化国家主权力量;国家可以采取多种措施对互联网进行管理,事实上这也是互联网健康发展所必需的,各国通过制定国内法解决网络自身无法处理的网络犯罪、网络侵权、网络纠纷等问题,同时通过国际组织和国际合作对新产生的全球互联网治理问题进行规范,让渡自身的一部分主权,谋求全球互联网的共享共治。因此,虽然

---

① Keith Aoki. *Considering Multiple and overlapping Sovereignties*: *Liberalism*, *Libertarianism*, *National Sovereignty*, *Global Intellectual Property*, *and the Internet* [J], Siberian Mathematical Journal,1997, 5(2):443 - 473.

网络时代的到来对国家主权构成了冲击与挑战,但国家和主权决不会因为互联网的发展而消亡,那些持"主权弱化说""主权消亡说""网络自治说"的论调都是不符合客观实际的,是站不住脚的。

2. 互联网推动国家主权观念的新变革。虽然互联网的发展不能动摇国家主权在国际法上的重要地位、无法撼动主权国家作为最重要的国际法主体的客观现实,但主权自始就不是固化不变的观念,而是历史的、演进的和动态发展的概念范畴。随着互联网技术的普及和网络社会的兴起,全球范围内的各主权国家日益被互联网紧密地联系起来,全球化进程因之骤然提速,这使得传统主权概念所针对的国际社会和国际环境发生了巨大变化,亟待契合新的形势加以更新。一方面从主权的内在含义来看,互联网突破了国与国之间的物理边界,网络空间已经成为陆地、海洋、天空、太空等空间以外的"新维度空间",这就使传统主权概念中包含的领土主权、领海主权、领空主权进一步拓展到网络主权,为主权注入了新的内容,使主权日益成为一个多维度、多层次的概念范畴。另一方面,从主权的外部效力来看,互联网时代的主权行使受到越来越多的限制,由于网络的无界化和国际化特征,国家对网络主体和网络行为进行管制,即便符合传统的属人主义、属地主义等管辖规则,也难免发生公权力外溢造成的与他国的管辖权冲突问题,甚至侵害他国的主权。这就要求世界各国在互联网时代加强彼此间的磋商与协调,使国际合作成为处理网络争端的必由之路;而在国际合作过程中订立的任何国际条约、形成的国际惯例等国际法规则,又都是基于国际社会或国家间的共同利益而让渡一定的国家主权,从而形成了对国家主权的限制。因此在互联网时代,传统的不受限制的主权观念既是不现实的,也是不可能存在的。

第四节　维护中国网络主权的国际法策略

2010 年 6 月,中国国务院新闻办公室发表的首份《中国互联网状况》白皮书中就提出,中国境内的互联网属于中国主权管辖范围,中国的互联网主权应受到尊重和维护。党的十八大以来,习近平总书记在巴西国会的演讲、在接受《华尔街日报》采访、在三届世界互联网大会上的讲话等多个场合，集中强调了中国关于网络主权的主张，网络主权观已经成为中国对于当前全球互联网治理的基本立场和核心思想。这就迫切需要结合国际法上的主权观念，提出维护中国网络主权、提升中国网络话语权的理论框架和可行性方案，并在尊重各国网络主权的前提下倡导全球互联网治理过程中的国际合作，积极推动建立多边、民主、透明的全球互联网治理体系。

一、明确网络主权的国际法理基础

习近平总书记在 2015 年 12 月 16 日第二届世界互联网大会开幕式上的讲话中强调"尊重网络主权"的主张，指出"《联合国宪章》确立的主权平等原则是当代国际关系的基本准则，覆盖国与国交往各个领域，其原则和精神也应该适用于网络空间"。这深刻地表明，国际法上的主权观念在互联网时代具有重要的理论适用性，网络主权的概念是深深根植于现代国际法理的，无论网络怎样创新发展，国家主权都必须得到尊重。

1. 网络主权根植于国际法理。网络主权是现代国家主权观念在网络空间的延伸、投射、发展与实践，是信息时代国际体系面临的历史任务。一方面，自 1648 年《威斯特伐利亚和约》签订，到 1945 年《联合国宪章》的问世和联合国的成立，直至网络时代的今天，主权原则始终构成支撑、保障国家间关系顺利发展和国际社会正常运行的根本基石，它标志着一国内政外交的自主以及独立承担国际权利义务的资格，是国际法中最重要的基本原则之一。另一方面，主权也是人类现代法治的基本前提条件，只有在主权平等独立的前提下，国家才能独立开展立法、行政执法与司法管辖活动，从而建立自由与秩序；只有在主权平等独立的前提下，世界各国才能独立自主地开展外交活动、进行国际合作、共享发展成果，从而构建公正合理的国际关系。当今时代，随着人类生存空间的拓展和对生活世界认识的深化，互联网日益成为创新驱动发展的先导力量，融入社会生活的方方面面，深刻改变了人们的生产和生活方式，有力推动着社会发展，它让世界真正变成了"地球村"，让国际社会越来越成为"你中有我、我中有你"的命运共同体，继陆、海、空、天之后,网络空间已经成为人类生产生活的第五疆域。① 而今天的主权也已经随之从领陆延伸到领海和领空,从政治延伸到文化和经济,进而拓展到网络空间,不断丰富着新的内涵。正如有学者指出的那样,互联网的飞速发展,使国家主权自然延伸到网络空间,如同海权挑战陆权、空权挑战海权和陆权一样,网络主权后来居上,已经超越实体空间主权的传统价值,成为国家主权的全新制高点,维护网络主权成为客观发展的必然。②

从国际法理上讲,领土是国家行使主权的空间,一国的网络理所当然属于本国领土。这具体可以从以下 3 个角度来理解。其一,将网络看作一国的"网络物理设施"。从国际法上看,一个国家的物理基础设施自然是该国领土的组成部分之一,网络物理设施概莫能外,因此一国当然可以对其本国的网络物理设施行使国家主权。其二,将网络看作一国基于网络物理设施所形成的空间。从这个角度来讲,网络空间与航空器、船舶等所形成的国际法上的"拟制领土"概念相仿。由于一国在他国领空、领水或公海内的航空器、船舶等都属于其领土,那么基于本国网络物理设施所形成的网络空间,自然应属于国家领土。因此,本国对网络空间自然可以行使国家主权。其三,可以从技术与社会的连接层面来把握和理解。有学者指出,网络空间可以被视为 3 种社会属性的空间融合,即客体性的技术空间、主体性的体验空间和主体间的交往空间。从这个意义上讲,网络空间下的国家主权包含了互联网所催生的新的主权议题以及国家主权延伸进入网络空间,支撑网络空间的物理基础设施及其标准、信息与观念都能与国家主权发生一定联系,使主权权利与主权实践发生新的变化。有鉴于此,网络空间虽然没有国界,但网络基础设施有国界,网民有祖国,网络公司或网络中介组织往往具有国家属性。因此,一国领土范围的网络设施,在一国境内注册备案的网络服务商和网站,一国的网民也属该国主权管辖范围,他国无权干涉。③ 正源于网络主权观念在国际法理上的自治性和维护网络主权的必要性、紧迫性,

① 支振锋. 网络主权植根于现代法理[N]. 光明日报,2015 - 12 - 17(04).
② 卢佳. "没有网络安全就没有国家安全,没有信息化就没有现代化"——解读习近平关于网络安全和信息化的重要论述[J]. 党的文献,2016(3).
③ 方滨兴. 网络主权:一个不容回避的议题(权威论坛)[N]. 人民日报,2016 - 06 - 23(23).

习近平总书记在 2016 年 10 月 9 日主持中共中央政治局就实施网络强国战略进行的第三十六次集体学习时指出，要理直气壮地维护我国网络空间主权，明确宣示我们的主张，加快提升我国对网络空间的国际话语权和规则制定权。由此观之，中国强调尊重国家的网络主权，既是中国作为联合国安理会常任理事国和负责任的大国，践行《联合国宪章》和国际法宗旨、维护世界和平与安全的重要体现；又是适应当代互联网发展新形势和主权观念拓展新要求，维护中国自身国家主权、提升中国在全球互联网治理中的参与权和话语权的必然选择。

2. 网络主权是国内法治与国际法治的有机统一。习近平总书记在 2015 年 9 月 22 日接受《华尔街日报》的书面采访中指出，"（互联网）这块'新疆域'不是'法外之地'，同样要讲法治，同样要维护国家主权、安全、发展利益。"这就表明，网络绝非"法外之地"，是要受到法律规则调整、法治方式管理的。鉴于国际法上主权观念具有"对内最高"和"对外独立"两个层面的含义，用于调整规制网络的"法律"理应包括国内法和国际法两个方面。一方面，网络主权确立了网络国内法治的权力基础。在网络法治不甚健全的状态下，利用网络危害国家安全和社会公益的行为有之，具体表现在侵蚀主流思想、散布分裂言论、破坏民族团结、煽动群体事件、传播邪教和宗教极端思想等；利用网络从事犯罪活动和侵犯人身财产权利的有之，具体表现在网络诈骗、网络传销、网络赌博、网络色情、网络谣言、网络暴力等，不一而足。有鉴于此，网络管理必须成为国家治理体系和治理能力建设中的重要环节，理应成为运用法治思维和法治方式治国理政的重要内容。党的十八大报告提出："加强网络社会管理，推进网络依法规范有序运行"；党的十八届四中全会《决定》进一步提出："加强互联网领域立法，完善网络信息服务、网络安全保护、网络社会管理等方面的法律法规，依法规范网络行为"；2016 年 11 月 7 日《网络安全法》正式颁布，这些政策法律文件为网络空间的法治化奠定了政治和制度基础。而在法理上，一国对本国网络空间制定法律、进行管制的权力就来源于国家的网络主权，网络设施有国界、广大网民有祖国、网络公司亦有国家属性，一国有权对于本国范围内的网络进行管理，这是本国主权的应有之义,也是必须提出和坚持的基本立场。① 从这个意义上讲,网络主权观,为国内网络的法治化铸就了根本的理论和逻辑起点,是域内互联网治理的法理根基;国家依据网络主权依法开展域内互联网治理,则成为网络主权的具体实践表现形式。

另一方面,网络主权划定了网络国际法治的权利界限。互联网是全世界人民的共同财富,网络发展所带来的经济、社会、文化成果理应由全世界各国人民所共享。但在"信息鸿沟"依旧存在的现实状态下,本应造福全人类的网络却屡屡成为少数国家推行霸权主义的工具,网络监控、网络黑客、网络攻击、网络战争等,不仅对各国的网络安全造成损害,也给国际关系的健康发展和国际秩序的合理构建带来负面影响。正如习近平总书记2014年7月16日在巴西国会演讲时所提出的那样,"虽然互联网具有高度全球化的特征,但每一个国家在信息领域的主权权益都不应受到侵犯,互联网技术再发展也不能侵犯他国的信息主权。在信息领域没有双重标准,各国都有权维护自己的信息安全,不能一个国家安全而其他国家不安全,一部分国家安全而另一部分国家不安全,更不能牺牲别国安全谋求自身所谓绝对安全。"有鉴于此,全球互联网治理既要符合全球化发展的大趋势,坚持开放共享、互利共赢、共享共治的理念;又必须尊重各国独立自主管理本国网络事物、平等自由参与全球互联网治理合作的主权权利,即"尊重各国自主选择网络发展道路、网络管理模式、互联网公共政策和平等参与国际网络空间治理的权利,不搞网络霸权,不干涉他国内政,不从事、纵容或支持危害他国国家安全的网络活动。"正如一些学者所提出的,网络主权观念充分表明,互联网是由全世界人民共享的共同成果,不属于某一个或几个国家,不应当通过互联网对他国进行干预、颠覆活动;解决互联网发展面临的很多问题,要在平等的基础上进行,而不是靠霸权。② 这就为全球互联网治理规则的制定奠定了坚实的理论基石,也为世界各国在全球互联网治理中的权利划定了基本界限。

---

① 于志刚.网络主权观与法治理论的创新[N].光明日报,2016 – 09 – 11(01).

② 潘婧瑶,陈孟.解读习近平乌镇讲话:以互联网治理推动全球治理.人民网时政频道[EB/OL].http://politics.people.com.cn/n1/2015/1216/c1001 – 27937787.html,2016 – 12 – 16/2017 – 01 – 02.

3. 网络主权运用于国际法律实践。网络主权是国家主权在网络空间这一虚拟空间符合逻辑的延伸和映射，无论是最下方的"物理层"，还是处于中间位置的"逻辑代码层"，抑或是最上方的内容层，都属于网络主权的管辖范畴。因此网络空间能够互联互通，但不能排斥网络管理的共享共治；网络信息可以跨越国界，但不能无视国家主权的最高权威。而事实上，网络主权已经成为国际社会在全球互联网治理活动中的客观实践。一是在联合国层面，联合国曾于 2004—2005 年、2009—2010 年、2012—2013 年三度成立信息安全政府专家组，持续研究信息安全领域的现存和潜在威胁以及为应对这些威胁可能采取的合作措施，达成了和平利用网络空间、网络空间国家主权原则等重要共识。2013 年 6 月 24 日，第六次联合国大会发布了 A/68/98 文件，通过了联合国"从国际安全的角度来看信息和电信领域发展政府专家组"所形成的决议。决议第 20 条内容是："国家主权和源自主权的国际规范和原则适用于国家进行的信息通信技术活动，以及国家在其领土内对信息通信技术基础设施的管辖权。"2015 年 6 月，专家组向联合国大会提交的工作报告中明确指出，"《联合国宪章》和主权原则的重要性，它们是加强各国使用通信技术安全性的基础"，"各国拥有采取与国际法相符并得到《宪章》承认的措施的固有权利"。这表明网络主权观念已被联合国所认可和接受，国家主权在网络行为领域是行之有效的。二是在国际组织和多边议程层面，2003 年信息社会世界峰会第一阶段会议通过的《日内瓦原则宣言》以及 2005 年第二阶段会议通过的《信息社会突尼斯日程》中，都有类似"网络主权"的表述。三是在学术研究层面，以《塔林手册》为代表，欧美部分研究者对包括主权原则在内的传统国际法重要原则进行了系统梳理，其主要观点是：主权原则适用于网络空间，"一国在其主权领土范围内可以践行对网络基础设施和活动的控制"。具体而言，对于主权的界定：依据 1928 年帕尔玛斯岛的国际法裁决，强调一国内部不受他国干扰独立行使；与网络相关的主权则被表述为：位于一国领土、领空、领水、领海（含海床和底土）的网络基础设施；因此，网络基础设施无论其具体所有者或者用途，均置于主权国司法与行政管辖之下，受主权保护。

二、构建网络主权的国际法律内涵

中国《国家安全法》第 25 条规定："维护国家网络空间主权、安全和发展

利益",在法律规范层面第一次明确提出网络主权的概念。《网络安全法》第
1 条规定："维护网络空间主权和国家安全",并将适用范围明确为我国境内
网络以及网络安全的监督管理。《国家网络空间安全战略》的第 1 项原则即
为"尊重维护网络空间主权",具体表述为:网络空间主权不容侵犯,尊重各
国自主选择发展道路、网络管理模式、互联网公共政策和平等参与国际网络
空间治理的权利。各国主权范围内的网络事务由各国人民自己做主,各国
有权根据本国国情,借鉴国际经验,制定有关网络空间的法律法规,依法采
取必要措施,管理本国信息系统及本国疆域上的网络活动;保护本国信息系
统和信息资源免受侵入、干扰、攻击和破坏,保障公民在网络空间的合法权
益;防范、阻止和惩治危害国家安全和利益的有害信息在本国网络传播,维
护网络空间秩序。任何国家都不搞网络霸权、不搞双重标准,不利用网络干
涉他国内政,不从事、纵容或支持危害他国国家安全的网络活动。同时在
"战略任务"部分提出"坚定捍卫网络空间主权",即根据宪法和法律法规管
理我国主权范围内的网络活动,保护我国信息设施和信息资源安全,采取包
括经济、行政、科技、法律、外交、军事等一切措施,坚定不移地维护我国网络
空间主权。坚决反对通过网络颠覆我国国家政权、破坏我国国家主权的一
切行为。

根据国际法关于主权权能的一般理论,结合有关法律规则的制定实践,
网络主权主要应包括独立权、平等权、自卫权、管辖权 4 项基本权力。具体
而言,网络相关法律制定与政策出台、政府管理与行政执法、司法管辖与争
议解决、全球治理与国际合作等,都是网络主权的行使方式。①

1. 独立权。指本国的网络可以独立运行、独立管理,应排除外来干涉,
无须受制于他国的权力。长期以来,对于国家主权观念在网络空间的适用
性,国际社会主要存在两种截然对立的观点:一种观点认为,网络空间属于
国际法上"全球公域"的范畴,与公海的法律地位类似,不能为任何单个国家
所支配,因而不承认网络主权观念的合法性;另一种观点则认为,各国境内
的互联网是该国重要的物理基础设施或"拟制领土",网络空间应根据其领

---

① 方滨兴等. 网络主权:一个不容回避的议题(权威论坛)[N]. 人民日报,2016 - 06 - 23
(23).

土边界范围而置于各国主权的管辖之下，而非"法外之地"，国家对于网络主权的诉求既是正当的、也是必要的。前一种观点基于互联网所具有的全球性特征，各国网络相互依存，否定网络的国际性、开放性就意味着否定网络最本质的互联互通特质。但这一观点的片面性在于，网络的"非独立"并不意味着网络主权的"非独立"，无论从国际法理的角度还是从各国的普遍实践来看都是如此，一国网络除了应遵守该国认可的统一技术标准和国际规则外，不应受制于个别国家的支配，也即各国政府和人民有权自主决定本国互联网发展的各项事务，自主选择发展道路，自主制定管理规则，牢牢掌握本国的网络主权。

2. 平等权。指网络之间的互联互通是以各方平等协商的方式进行，不受任何单方管辖和制约的权力，基于这一前提，世界各国可以平等地参与全球互联网治理活动。首先，平等权要求各国网络之间的互联互通必须是平等进行的，而非采用"单方受惠"的建构模式，从而避免拥有技术优势的相关方滥用自身优势地位，限制处于劣势地位的国家和地区接入和发展互联网事业。其次，平等权要确保各国对网络系统的管理权是相互平等的，以保证一国对本国域内网络管理的外溢效应不会伤及其他国家，防止滥用网络管理权力侵害他国利益。最后，平等权还包括国家在其领网范围内的豁免权，这是主权对内"最高权"的体现。

3. 自卫权。指主权国家对本国网络所受到的任何外来攻击都应具有自我防御和保卫的权力。首先，自卫权要确保本国网络系统处于自我能力保护之下，这种保护不依赖于他国，且不应发生因境外系统被攻击而致使本国网络瘫痪的情况。针对根域名系统被攻击、重定向导致分布式拒绝服务攻击、境外言论导致社会不稳定等事件，应有积极的自我保护措施。其次，自卫权要确保本国具备独立自主设置自身网域疆界、隔离境外攻击、抵抗与反击网络攻击的能力，同时具有运用经济、科技、行政、法律、外交、军事等多种综合措施保障国家网络主权安全的权力和能力。

4. 管辖权。指主权国家对本国的网络可以实施有效管理的权力，包括国家在领网范围内的立法管辖权、司法管辖权和行政管辖权。管辖权要确保拥有对本国网络系统建设、运营、维护和使用进行监督管理的权力和管理能力。例如，有权基于本国情况制定自己的网络法律和政策，并以国家强制力保障实施;有权制定实施本国网络准入机制,包括非授权子网不允许接入本国网络,并拥有发现非授权接入网络的能力,对于不服从管理的业务有权停止其服务,以"保护本国信息系统和信息资源免受侵入、干扰、攻击和破坏";有权对网络诈骗、网络谣言等非法信息传播和其他各类网络违法犯罪行为进行管制处罚,并行使行政和司法管辖权等。

三、旗帜鲜明地反对网络霸权主义

当前全球互联网治理所面临的核心问题,就是互联网领域发展不平衡、规则不健全、秩序不合理,不同国家和地区信息鸿沟不断拉大,现有网络空间治理规则难以反映大多数国家的意愿和利益。导致这些问题的根本原因之一,就是以美国为首的西方发达国家长期奉行网络霸权主义的政策,以单边主义代替多边协商,以代表自身利益的所谓"多利益攸关方"的主张为依据,把控互联网运行规则,对整个网络空间实施"全层霸权",漠视广大发展中国家的诉求。从网络主权的各个权能角度看,尽管美国在政策话语和公开声明中极少提及网络主权,也始终拒绝承认其他国家基于网络主权原则的政策主张、制度设计和战略选择,但其自身却始终在全球网络空间内进行着扩展主权管辖范围的实践。美国的这种网络霸权主义的行径突出表现在:以主权框架下的国家安全需求来论证网络监控行动的合法性、谋求最大限度的网络行动自由、保持对互联网名称与数字地址分配机构的控制权等,可以具体分两个层次进行探讨。

1. 根服务器控制、网络接入歧视侵蚀独立权和平等权。全球 13 台域名根服务器中的 10 台(包括 1 台主根服务器)都在美国境内,由于现有根域名解析管理体制,美国拥有全球独一无二的网络控制权,从根本上致使各国网络无法独立存在。2005 年 6 月,美国商务部发表声明,宣布"对互联网进行永久监管,成为域名的主人"。① 借此,美国可以轻易地将任何它看不顺眼的国家从网络空间中抹去,如 2003 年美国攻打伊拉克期间,伊拉克顶级域名 . iq 的申请和解析工作就被美国终止,以 . iq 为后缀的网站全部瘫痪,伊

---

① Kenneth Neil Cukier. *Who Will Control the Internet?* [J]. Foreign Affairs, Vol. 84, Issue 6 (11/12, 2005),pp. 7 – 13.

拉克在网络空间消失。① 虽然美国商务部的下属机构国家电信和信息管理局(NTIA)已于 2014 年 3 月 14 日宣布将放弃对互联网名称与数字地址分配机构下属的互联网数字分配机构的监管权,称将会把监管职能移交给经改革成为全球"多方利益攸关方"的 ICANN,并已于 2016 年 10 月 1 日进行了移交工作且两者(指美国商务部与 ICANN)之间的授权管理合同在 10 月 1 日自然失效、不再续签;但事实上,这次移交只是将美国政府的行政监管变成了司法监管,并未触及所有权意义上的变化,且移交的模式是"私有化",ICANN 和 IANA 仍由美国事实上占据压倒性优势的行业协会、技术社群和产业力量起主导作用。因此,只要美国的公司在"多方利益攸关方"模式中占据优势,美国政府就可以顺理成章地继续用美国国内法管控根服务器,继续其网络霸权。与此同时,由于在网络技术上存在明显的先发优势,美国控制着全球互联网的核心技术,如素有"八大金刚"之称的美国信息企业思科(Cisco)、国际商业机器公司(IBM)、谷歌(Google)、高通(Qualcomm)、英特尔(Intel)、苹果(Apple)、甲骨文(Oracle)、微软(Microsoft)8 家公司几乎主宰了全球互联网领域的硬件设备、数据平台、搜索引擎、操作系统、个人终端和软件服务的主要市场份额。② 美国还控制着全球互联网的主干线,世界上其他国家和地区之间的通信都要依赖美国,互联网国际接入受制于大的国际运营商,如美国斯普林特公司就凭借其在国际上的重要地位,致使互联网规模小的国家在接入国际互联网时受到不平等待遇。凭借在信息产业中的主导地位,美国在国际标准方面也一直主导着通用的标准规则。这些都严重损害了其他国家特别是广大发展中国家网络主权的独立和平等权能,加剧了全球互联网发展的不合理、不均衡状态。

2. 网络监控攻击、网络政经对抗威胁防卫权和管辖权。2013 年,美国中央情报局前雇员斯诺登披露美国国家安全局的"棱镜"项目,以无法否认的证据证实美国如何在全球网络空间实现高度进攻性的全面监控。也是从该年开始,美国以披露所谓中国网络商业窃密的方式,系统制造网络时代的考克斯报告,将中国经济高速成长归因于对美国实施系统的网络商业窃密,

---

① 奕文莉.中美在网络空间的分歧与合作路径[J].现代国际关系,2012(7).
② 檀有志,吕思思.中美两国在网络空间中的竞争焦点与合作支点[A].复旦国际关系评论:网络安全与网络秩序[C].上海:上海人民出版社,2015(17):65.

并以此为依据,展开对中国的反制措施,不仅起诉中国军官,威胁制裁中国企业,还努力试图扩大《瓦森纳尔协定》的禁运目录,阻止中国获得提升网络空间防御能力的软硬件和相关技术。美国政府在2015年5月颁布的国防部网络行动战略中,将攻击和瘫痪主要竞争对手的关键信息基础设施作为一种战略选项,纳入其网军建设目标。① 除此之外,美国所奉行的"互联网自由"网络外交战略,成为"阿拉伯之春""奥林匹亚行动"等导致地区局势紧张恶化行动的导因;美国通过技术、资金等方式公开支持网络科技公司、反华势力和民族分裂势力开发用于突破中国网络防火墙的所谓"破网"软件提供给中国用户,试图通过互联网输出西方民主自由思想、影响中国社会公众舆论、放大中国社会矛盾、挑拨中国民族关系,②进而左右中国的国内政治进程、冲击中国政治稳定。这些都显示了无视网络主权、滥用技术优势和网络霸权的巨大负面影响。

习近平总书记在第二届世界互联网大会开幕式上的讲话中强调:"尊重网络主权。……不搞网络霸权,不干涉他国内政,不从事、纵容或支持危害他国国家安全的网络活动。"正是对以美国为首的西方发达国家长期奉行网络霸权主义的严正回应,同时也充分表明了中国在全球互联网治理中尊重网络主权、反对网络霸权的坚定立场。从国际法理的角度审视,主要应突出以下两个层面。

1. 反对网络霸权是符合国际法精神的正确主张。自1648年威斯特伐利亚和会确立国家主权原则以来,坚持主权、反对霸权就是国际体系实践的重要内容之一,是具有深厚理论依据、现实基础并为国际社会所公认的一项国际法原则。中国在确立这一原则的历史进程中发挥了十分重要的作用,从1972年《中美联合公报》开始,中国率先同日本、喀麦隆、墨西哥、法国等多个国家签订了包含反对霸权主义内容的双边协议、声明或条约。1973年9月,不结盟国家和政府首脑会议通过的文件中宣布反对霸权主义,拒绝任何形式的奴役和依附、干涉和压力,不管它们是政治的、经济的还是军事的,

---

① 沈逸. 网络主权:全球网络空间新秩序的中国主张[EB/OL]. 光明网理论频道理论专稿栏目. http://theory. gmw. cn/2015－12/19/content_18163410. htm,2015－12－19/2017－01－07.

② 唐小松,王茜. 美国对华网络外交的策略及影响[J]. 现代国际关系,2011(11).

概括地阐明了反对霸权主义的主要内容。1974 年 12 月，第 29 届联合国大会通过的《各国经济权利和义务宪章》提出，"不谋求霸权及势力范围"的原则，把反霸权同尊重主权领土完整、政治独立等原则共同作为各国经济、政治和其他关系的准则，明确肯定了反霸权原则作为国际法基本原则的地位。1979 年 12 月，第 34 届联合国大会通过反霸权主义决议指出，"霸权主义是一个国家或国家集团谋求在政治、经济、思想或军事上统治和压制其他国家、人民或地区；其表现形式是对别国内政施加压力，使用或威胁使用武力，直接或间接侵略、占领，公开或隐蔽地干预和干涉，建立势力范围。进一步阐明了反霸权原则及其所反对的各种霸权主义的表现形式"。① 结合这些国际法的历史和制度渊源，可以清晰地看出，当今美国等西方发达国家对整个互联网进行"全层"控制，利用技术优势和信息鸿沟限制广大发展中国家的网络发展，极力拓展自身在网络空间的主权管辖范围却同时排斥和否定广大发展中国家的主权诉求，频繁开展网络监控、网络攻击并利用网络向他国输出"颜色革命"的种种行为，完全符合霸权主义的特征。有鉴于此，以中国为代表的广大发展中国家倡导维护自身网络主权、反对西方网络霸权的行动，是具有坚实的国际法理依据和制度基础的。

2. 反对网络霸权是建立全球网络新秩序的必要前提。有论者指出，当今世界，已经不是几个国家凑在一起就能决定世界大事的时代了，世界上的事情越来越需要各国商量着办。当前一些无视他国网络主权的行为，本质上是现实世界霸权主义行径在网络空间的投射与反映，是冷战思维的新变种，已经成为全球互联网治理体系变革的最大障碍。这一论述是符合客观实际的，而欲构建起一套符合大多数国家利益的全球互联网治理体系，也就必须以反对网络霸权主义为前提。事实上，反霸权原则与其他国际法基本原则是紧密联系的，在国际法和国际实践中，一个国家是独立自主，还是受别国控制，是维护主权、抵制霸权，还是放弃主权、屈从霸权，代表了两种截然不同的国际法状态，具体实践中也并无回旋和选择余地。同样，由于历史原因形成的国与国之间的不平等状态，以及滥用霸权所形成的新的不平等现实，使得取消霸权就意味着取消不平等关系。有鉴于此，国际法上的主权

---

① 盛愉. 论国际法与反霸权原则[J]. 法学研究,1982(5).

原则、平等原则与反霸权原则是一脉相承的,只有广大发展中国家加强相互间的协同与合作,充分利用反对网络霸权的国际法武器,坚持不懈地与西方网络霸权开展坚决斗争,才能共同保障网络主权,在未来互联网的发展进程中获得生存空间和宝贵机遇,才能切实推进全球互联网治理体系朝着更加公正合理的方向变革。

四、坚持开放合作的网络治理方针

中国始终以建设性的姿态积极推动全球互联网治理规则的制定,主张将网络空间的资源分配和规则协调置于以联合国为代表的政府间国际组织之下,凸显了尊重网络主权与坚持开放合作的辩证统一关系。2016 年 11 月16 日,习近平总书记在第三届世界互联网大会开幕式上的视频讲话中指出:"互联网发展是无国界、无边界的,利用好、发展好、治理好互联网必须深化网络空间国际合作,携手构建网络空间命运共同体。"这一论断再次重申了互联网的特征,及其所决定的在这一领域开展国际合作的重要意义。而在互联网领域开展深入广泛的国际合作,前提是必须尊重国家的网络主权,具体地可以分为以下 3 个层面。

1. 尊重网络主权是开展真正意义上的互联网国际合作的前提。这是国家主权平等原则的必然要求,在互联网领域的国际交往与合作中,每个国家无论大小强弱,也无论其选择的经济制度、政治体制、发展道路如何,都应当相互尊重网络主权,开展平等交往,谋求合作共识。只有各国特别是西方发达国家摒弃零和博弈、赢者通吃的旧观念,坚持同舟共济、互信互利的新理念,才能创造出更多的利益契合点、合作增长点、共赢新亮点。例如,2011 年9 月,中国联合俄罗斯、乌兹别克斯坦、塔吉克斯坦,4 国共同向联合国递交了《信息安全国际行为准则》,成为目前国际上首份较为全面系统的关于建立网络空间规则的文件,强调"主权国家是有效实施国际信息和网络空间治理的主体",主张"充分尊重各利益攸关方在信息和网络空间的权利和自由",呼吁"加强各国的协调和合作打击非法滥用信息技术"。①

---

① 王群. 携手构建和平、安全、公正的信息和网络空间(2011 年 10 月 20 日,纽约)[EB/OL].
中华人民共和国中央人民政府网站. http://www.gov.cn/jrzg/2011 - 10/21/content_
1974586. htm,2011 - 10 - 20/2017 - 01 - 08.

2. 主权的干预是互联网国际合作中国家利益的重要保障。在互联网助推经济全球化进一步发展的今天,广大发展中国家所面临的不利因素只能依靠国家主权进行调整和防控。"主权是发展中国家的最后一道屏障"①的描述,在网络时代显得更贴切。在开展互联网国际合作的过程中,需要国家主权的力量来判断和寻求自身国家利益与互联网发展的最佳契合点以制定宏观战略,需要国家主权的权威来防范各种损害自身国家利益和社会公共利益的网络思潮与行动。因此,任何忽视或放弃国家主权的互联网国际合作都是不可能成功的。中国和有关国家为此做出了许多努力,例如,在2013年第22届联合国预防犯罪和刑事司法委员会上,中国与巴西、俄罗斯、印度、南非5个"金砖国家"首次就网络问题采取联合行动,向联合国大会提交《加强国际合作,打击网络犯罪》的决议草案,呼吁相关机构进一步加强对网络犯罪问题的研究和应对。

3. 互联网国际合作中对主权的限制是国家独立自主让渡的结果。互联网让世界真正变成了"地球村",在这一时代背景下,正如习近平总书记所说,"中国开放的大门不能关上,也不会关上",主权国家的发展越来越取决于全球的发展进步。因此,在深化互联网国际合作的过程中,为了国际社会的和平与安全,就有可能也有必要对国家主权进行一定程度的限制,以达成各方互利共赢的国际规则。但必须引起注意的是,在国际法主权原则之下,限制主权的恰恰是主权国家本身,②未经主权国家同意,任何主体都不能转让(或迫使其转让)任何主权权利。在互联网国际合作中,由主权国家独立自主决定的对自身网络主权所作出的限制是较为普遍的现象,这非但不会妨害其主权的本质属性,反而是使国家主权得到更好保障的重要途径和方式。

① 杨成绪.主权是发展中国家的最后一道屏障[J].国际问题研究,2001(02).
② 曾令良.论冷战后时代的国家主权[J].中国法学,1998(1).

第六章

全球互联网治理中的三类国际组织例析

全球治理(Global Governance)的概念较早可以追溯到 1972 年罗马俱乐部的《增长的极限》报告,后由时任国际发展委员会主席勃兰特于 1990 年在德国系统提出。它超越了历史上曾经出现过的国家治理及国际治理模式,是在全球层面上各国携手解决共同面临难题的一种国际机制。2009 年,中国政府公开肯定全球经济治理所具有的积极意义;党的十八大后,党和政府更加重视参与全球治理活动,习近平总书记于 2015 年提出了"共商、共建、共享"的全球治理新理念,在全球治理活动中更多地体现中国价值、中国精神和中国力量。

第一节　国际组织参与全球互联网治理的国际法理依据

在当今时代的全球治理机制中,主权国家垄断权力的机制已经发生变化,国家要与各类国际组织,及全球公民组织、非政府组织、跨国公司等主体一道,形成多主体协商机制,并在其中深入、广泛地开展合作。该机制的治理主体是多元的、开放的,既包括主权国家,也包括政府间的国际组织,还包括非政府组织等非正式的全球性公民社会组织;多元主体之间通过协商互动,逐步达成共识,进而形成多元的、多层次的合作治理体系。

一、从内涵特征看国际组织参与治理的法理基础

工业革命以来,特别是第二次世界大战后确立新的国际秩序以来,国际交往变得日益频繁。国际合作的形式从临时性的国际会议逐渐被常设性的

国际组织所取代。国际组织突飞猛进地发展,不仅改变了国际社会的力量体系,也对每个生活和参与其中的社会个体产生了巨大影响。作为回应,国际组织法(International Institutional Law)开始作为国际法的一个分支迅速发展起来。

从国际法理内涵而言,两个或两个以上的国家、国家内的法人以及非法人团体以及国家内的个人为了特定的目的,并依据一定形式的协议而成立的常设的组织都可以被称为国际组织。国际组织法律人格的标准有以下3点:第一,由各国组成的具有合法目的、配备了各种机构的常设组织;第二,国际组织与成员国在法律权力和宗旨方面有所区别;第三,存在于国际层面而非仅限于一个或一个以上的国家国内制度的可行使的法律权力。① 在类别划分上,国际组织按照成员组成可分为政府间国际组织和非政府间国际组织,按照地理范围可分为世界性国际组织和区域性国际组织,按照职能设置可分为一般性国际组织和专门性国际组织。

从国际法理特征来看,在国际实践中,非政府间国际组织尽管数量庞大、专业宽泛且非常活跃,但其国际法意义不及政府间国际组织。政府间国际组织主要有以下4个方面的特征。第一,主要是架构在主权国家基础上。国际组织不具有超国家的性质,不凌驾于国家主权之上,可以随着国家主权的行使而丧失存在的基础。第二,它存在的基础是成员间的基本文件。国际组织的基本文件又称"组成条约",是指国际组织赖以建立和运行的法律文件,也是国际组织开展职能活动的法律基础,它一般是一项多边国际条约,规定该国际组织的宗旨、原则、法律地位、组织机构、职权范围、议事程序、成员权利和义务等。第三,具有常设性和稳定性。这是国际组织区别于国际会议之处,国际组织的任务具有较强的连贯性,为了解决某一领域持续出现的问题,需要有一个能承担稳定职能的常设机构来运作,以便随时可以发挥该国际组织的职能。第四,法律人格独立。国际组织具有独立的法律人格,可以独立参与国际法律关系,一旦成员之间通过基本文件的形式设立了某个国际组织,该国际组织的具体运行就只能依据基本文件进行,成员非

---

① [英]伊恩·布朗利. 国际公法原理[M]. 曾令良,余敏友译. 北京:法律出版社,2007:602.

依据基本文件不得任意干预其运行过程。

由此可见,国际组织在全球互联网治理中发挥作用,是与主权国家的治理活动并行不悖的,二者能够起到互相补充、相得益彰的治理效果。首先,国际组织参与全球互联网治理活动,并不妨碍国家网络主权的行使。以联合国等政府间国际组织为例,其建构于主权国家的基础之上,并不因自身作用的发挥而替代和凌驾作为其成员的主权国家的治理权利。其次,国际组织在参与全球互联网治理活动的过程中,总是以一定的国际法律文件为行动基础。在政府间国际组织的范畴,这些法律文件是国际组织成员依托其自身主权权能所缔结的,因而具有合法性、约束性和稳定性。最后,国际组织能够以其独立的法律人格参与全球互联网治理活动。这依然缘于其组织成员的共同授权,且一经授权并形成国际组织的基本文件,国际组织即可依其独立行使法律权利、承担法律义务。从这些方面进行审视,国际组织与主权国家在全球互联网治理活动中均有其重要价值,均应在有关国际法理的研究中受到高度关注。

二、从行为能力看国际组织参与治理的法律依据

国际组织在其基本文件的范围内享有国际法律人格,这是国际组织取得国际法律行为能力的必要前提,[①]同时也是各类国际组织参与全球互联网治理活动的基本法律依据。国际组织在治理活动中,必须依托其自身国际法律人格,方能缔结条约、享受豁免、诉求责任、对外交往,以此在网络空间事务中获得相应的地位和话语权,并形成一定的治理贡献。一般来说,国际组织的行为能力主要包括以下 5 个方面的内容:

第一,具有缔约能力。缔约能力并不依赖于国际组织法律人格的存在,而是源于其自身章程的规定与授权,具体是指该国际组织有与其他国际法主体缔结国际条约的能力和资格。1986 年 3 月 21 日在维也纳签订的《关于国家和国际组织间或国际组织相互间条约法的维也纳公约》第 6 条规定,"国际组织缔结条约的能力依照该组织的规则",这是首次以条约的形式承认国际组织具有缔约能力,该公约也向任何有缔约能力的国际组织开放以

---

① 王雨. 现代国际组织国际法律人格研究[J]. 人大研究,2007(9).

便其加入。

第二,享受特权与豁免。为了有效行使职责,国际组织需要某种最低程度的自由和对其财产、总部、其他设施、人员及向其派遣的各成员国代表提供法律安全。《联合国宪章》第105条规定"本组织得在每一个成员国境内享有达成其宗旨所必要的特权与豁免",而且"联合国成员国代表和联合国组织官员同样应享有独立行使与联合国有关的职能所必要的特权与豁免"。1975年通过的《关于国家在同普遍性国际组织关系中的代表权的维也纳公约》不仅适用于向有关国际组织派遣的派遣国常驻使团,而且适用于向该国际组织的某一机构或所召开的某一次会议派遣的代表团。

第三,国际求偿与国际责任。当国际组织的权利受到其他国际法主体的侵害时,该国际组织有权要求赔偿,但进行求偿的能力依赖于两个因素:一是法律人格的存在,二是根据特定国际组织的宗旨与职能对组织章程进行解释。① 同时当国际组织侵害了其他国际法主体,甚至是国内法主体的合法利益时,同样需要承担国际责任。在很大程度上,这遵循的是国际法院在"赔偿案"中的推理。

第四,对外交往的权利。国际组织的组织章程可以明确规定或默许国际组织向国家和其他国际组织派遣官方代表,国际组织的成员、非成员都可以向国际组织派遣常驻的或临时的代表团。但是,国际组织的对外交往权只能限定在其职责范围内的特定领域,而不像主权国家那样是"全能的"。

第五,承认与被承认权。国际组织具有被承认的权利,其成员之间通过基本协议创设国际组织时,就天然表明了对该国际组织的承认;而非成员无论其是否与国际组织发生交往,并不妨碍该国际组织被承认的权利。另外,国际组织还有承认的权利。国际组织通过接纳某个成员的形式就表明承认了该成员。但当两个政府实体同时主张对国际组织中某个国家的代表资格时,国际组织只能承认其中某个政府实体,不能进行双重承认。

三、从作用发挥看国际组织参与治理的重要价值

国际组织作为国际社会和国际法意义上的重要行为主体,在全球互联

---

① Sorensen (ed). *Manual of Public International Law*[M]. London: Macmillan Publishers Limited,1968:139.

网治理方面发挥着不可替代的重要作用:一是加强互联网治理国际合作。国际组织可以在移动通信、云计算、大数据、物联网等关键技术和前沿领域,制定通用的国际规则;同时协调其成员共同遵守互联网治理的准则,维护互联网秩序。同时,努力消除数字鸿沟,打破网络霸权,逐步提高发展中国家在全球互联网治理中的地位,推动建立多边、民主、透明的国际互联网治理体系。二是促进形成全球互联网治理共识。国际组织为其成员展开各种层次的国际对话与合作提供平台,各个国家、私营机构、民间团体等利益相关方都可以自由平等地表达自己的立场和观点,针对全球互联网治理的相关问题开展充分讨论,从而形成一致的意见和行动计划。三是协调解决全球互联网领域争端。国际争端的和平解决是现代国际法的一项基本原则,也是国际组织的一项重要职责。不论是政治性质的争端还是法律性质的争端,国际组织都可以利用规章制度所规定的争端解决机制进行斡旋、协调。联合国是最重要的解决国际争端的国际组织,根据《联合国宪章》规定的原则和有关规则,通过联合国大会和联合国安理会开展工作。

四、从规范层面看国际组织法的内容和主要渊源

1. 国际组织法的定义。国际组织法是指用以调整国际组织的创立、法律地位、内外活动以及有关法律问题的所有法律原则、规则和制度的总称。

2. 国际组织法的内容。一般来说,国际组织法可以分为外部法和内部法两部分:外部法指的是调整国际组织同成员、非成员以及其他国际组织之间关系的法律;内部法则是指某个国际组织内部制定的调整该国际组织内部关系的规章制度。一般情况下,内部法也被认为是国际法的一部分,因为它们的基础是形成该国际组织的基本文件。

3. 国际组织法的主要渊源。国际组织的法律渊源,是指那些对国际组织的成立、运行和消灭具有法律拘束力的法律表现形式。一般来说,主要有:(1)一般国际法,包括《国际法院规约》第38条规定的"国际条约、国际习惯、一般法律原则以及其他辅助渊源";(2)国际组织的基本文件;(3)国际组织依据其基本文件制定的有关组织内部议事、财政、人事等各方面的规章制度;(4)国际组织依据其基本文件作出的某些决议。

第二节　中国和全球互联网治理中的三类国际组织例说

根据信息社会世界峰会（WSIS）的定义：互联网治理是"通过政府、私营部门和市民社会各尽所能，来发展和应用共同的原则、守则、规则、决策程序和项目，进而影响互联网的进化和应用"。① 国际组织在参与全球互联网治理中发挥着十分重要的作用，目前最具影响力的两套机制是互联网名称与数字地址分配机构（ICANN）和联合国系统下的3个机构——国际电信联盟（ITU）、信息社会世界峰会和互联网治理论坛（IGF）。中国也积极参与到通过国际组织开展全球互联网治理的活动中。如 2003 年和 2005 年，中国政府及民间互联网组织全程参与了信息世界峰会，并同时参加了历届全球互联网治理论坛；高度重视与互联网名称与数字地址分配机构以及亚太互联网信息中心（APNIC）、互联网协会（ISOC）、互联网架构委员会（IAB）等国际互联网行业组织的交往合作。特别是自党的十八大以来，中国积极开展双边、多边国际交流合作，谋求世界各国共同应对网络安全的威胁和挑战，共同维护网络空间的公平与正义，共同分享全球信息革命的机遇和成果，在联合国（UN）、二十国集团（G20）、金砖国家（BRICKS）、亚太经济合作组织（APEC）、上海合作组织（SCO）等国际框架和多边机制内加强协调配合与沟通磋商，推动形成网络信息化领域国际互信对话机制，构建和平、安全、开放、合作的网络空间，建立多边、民主、透明的全球互联网治理体系。

一、以 ICANN 例说全球性非政府间国际组织

【ICANN 概况】1997 年美国政府发布"白皮书"规定，"互联网名称与数字地址分配机构"（the Internet Corporation for Assigned Names and Numbers，ICANN）根据美国商务部（USDC）下属的国家电信和信息管理局（NTIA）的外包合同履行域名管理功能。1998 年 9 月，ICANN 成立；10 月，美国商务部

---

① 信息社会世界峰会. 信息社会世界高峰会议突尼斯阶段报告[E]. 信息社会世界高峰会议文件 WSIS－05/TUNIS/DOC/9（Rev. 1－C）. 2006－01－26.

授权 ICANN 负责域名和互联网相关技术问题的国际管理,核心是管理互联网根服务器。这样,最初由互联网数字分配机构(IANA)和其他单位通过与美国政府签署合同来行使的功能,交由 ICANN 通过美国政府的合同授权行使,IANA 成为 ICANN 的一个核心组成部门。ICANN 负责维护域名系统中最为核心的根区文件,分配域名、IP 地址、AS 号码、协议端口和参数并制定相关政策,整体协调 DNS 根域名服务器系统。

ICANN 宣称是非营利性的私营公司,而事实上它是全球互联网的最高管理机构,负责在全球范围内对互联网唯一标识符系统及其安全稳定地运营进行协调。它的运行以其董事会为核心,在地址支持组织(ASO)、基因性名称支持组织(GNSO)、国家和地区代码支持组织(CCNSO)这三大组织以及政府咨询委员会、安全性与稳定性咨询委员会、根服务器系统咨询委员会、一般会员咨询委员会这四大委员会的支持下,负责 IP 地址分配、通用顶级域名和国家代码顶级域名以及根服务器系统管理等任务。它有一定的执法权力,可以把某些网址从互联网中取消,还可以出售并登记域名。①

从国际组织的分类来看,ICANN 属于非政府间国际组织的类别,是非政府间国际组织进行全球互联网治理的有益尝试,然而其实际上却是受美国商务部单方面控制的全球互联网重要管理机构。

1. ICANN 是非政府间国际组织开展全球互联网治理的一种尝试。有学者认为,ICANN 是互联网正在改变公众和政府之间关系的最显著、最重要的表现形式之一。② ICANN 是一个基于全球的公众—私人—伙伴关系基础上建立的一个非政府间国际组织,它的组织和决策程序应尽可能体现一个由政府相关技术部门、主要用户和市民社会构成的一个多边利益攸关方程序,尤其是这个私营组织又被授予了可对全球互联网标识符体系核心产生影响的政策制定权。从这个意义上讲,ICANN 的最初制度设计背离了全球治理的方法,大幅削弱了主权国家政府和现存的有关通信和信息政策政府间组织的权力,在全球层面行使职能的合法性和可靠性存在争议。

2. 美国通过制度设计单独控制 ICANN 的主导权。ICANN 被单一主权

---

① ICANN 官方网站,https://www.icann.org/。

② [美]弥尔顿·L. 穆勒. 网络与国家:互联网治理的全球政治学[M]. 周程等译. 上海:上海交通大学出版社,2015:72.

国家,也是世界上唯一的超级大国——美国所监管,无论在合约规定还是在主权管辖上都需要对美国政府负责。因此可以说,ICANN 的实质是一个国家政府(美国政府)对于一个私营主体具有直接的、形式上不受限制的控制权的组织。按照 ICANN 架构,政府代表组成的政府咨询委员会(Government Advisory Committee)只能向 ICANN 理事会提供咨询意见,但不具有约束力,政府咨询委员会主席兼任 ICANN 理事会成员,但不具有投票权;这就从规则和程序上进一步确保了美国政府对 ICANN 的绝对控制,同时排除了其他主权国家在 ICANN 中的话语权和对互联网核心资源分配的参与权,在本质上是一种网络单边主义和强权政治的表现。

3. ICANN 成为美国实际控制全球互联网的重要工具。美国对 ICANN 的单边控制体现在以下 4 个方面:首先,根据《ICANN 的主要协定和相关报告》,它的权力来自 1998 年 11 月 25 日通过、经 2006 年 9 月 29 日修改的《联合项目协定》(Joint Project Agreement),其须从美国商务部通信管理局获得合同,才能在其管理下对网络域名实施管理。其次,美国政府与 ICANN 之间存在互联网数字地址分配局(IANA)合同,授权 ICANN 执行 IANA 的技术职能,包括分配 IP 地址资源、编辑根区文件及协调唯一协议号码的分配。再次,美国商务部与威瑞信公司(VeriSign)之间也签有一份合约,要求其执行经 ICANN 流程所通过的全部技术协调决策,并且负责对权威根区文件的运行进行监督,有权责令威瑞信公司根据美国商务部与其之间的合作协议对权威根区文件做出修改。最后,当 ICANN 收到某个国家有关其国家顶级域名的申请时,只有在获得美国商务部的批准之后才能对根服务器的文件做出修改,因此在这个意义上,美国可以随意将一个国家从互联网上"抹去",如 2003 年美国就曾终止伊拉克顶级域名(".iq")的申请和解析,从而使得伊拉克在虚拟世界中消失。

【ICANN 移交】ICANN 及其对 IANA 的职能管理权向全球多利益攸关方移交,是实现互联网全球共治的一个关键节点。作为 ICANN 工作的核心职能和内设部门,IANA 是域名系统的最高权威机构(其下设有 3 个分支机构分别负责欧洲、亚太地区、美国与其他地区的 IP 地址资源分配与管理),掌握着域名系统的设计、维护及地址资源分配等方面的绝对权力。ICANN 根据美国商务部(USDC)下属的国家电信和信息管理局(NTIA)的合同授权,执行 IANA 的各项技术职能,实际上始终受到美国政府的严密管理和绝对控制。

2013 年 6 月,美国秘密实施的"棱镜计划"(PRISM)被曝光,大规模的网络监视和情报活动严重侵犯了网民隐私和他国主权,使得国际社会对于改变美国互联网霸权、建立更加公平公正的互联网秩序的呼声越来越高。迫于压力,2014 年 3 月 14 日,美国政府宣布将 IANA 职能的管理权移交给作为全球互联网社群并由全球多利益攸关方管理的 ICANN,也即终止原有的通过合同授权对 ICANN 及其 IANA 的控制行为,使 ICANN 由单边控制走向更加"开放、透明"的全球多利益攸关方管理模式。据此,美国政府需要移交的职责主要包括:针对域名系统(DNS)管理变更事宜的程序上的职责,批准授权根域文件(包含所有顶级域名的名称清单和地址的数据库),作为管理域名、IP 地址和协议参数的唯一标识符注册局的监管人。

美国政府对 ICANN 的移交设置了严格的限制条件。其在移交声明中明确宣称:"由 ICANN 领导层组织讨论有关其向多利益攸关方的移交接受问题,明确拒绝由联合国或其他政府间国际组织接管,并且不讨论有关域名解析服务器控制权的移交。"2016 年 3 月 17 日,ICANN 向 NTIA 提交了移交计划,该方案分两个部分:一是《IANA 管理权移交方案》,二是《加强 ICANN 问责制的建议》(用以保证在美国政府不再监管 ICANN 的情况下,ICANN 继续保持独立、透明和负责);这两个部分的文件分别由"IANA 管理权移交协调小组"和"加强 ICANN 问责制跨社群工作小组"负责起草。8 月 10 日,ICANN 向美国加利福尼亚州政府递交了建立"移交后的 IANA"机构的申请文件,新机构命名为"公共技术性识别符"(PTI)。在管理权移交完成后,PTI 根据与 ICANN 之间的协议,将取代 IANA 并运行其所有的功能。9 月 30 日,ICANN 官方网站的最新资讯称"ICANN 很高兴地宣布本报告中确定的所有实施任务现均已完成"。①

有鉴于此,尽管美国政府表面上进行了 ICANN 及其对 IANA 职能管理权的移交,但实际上并未放弃对它的控制权。然而,世界上越来越多的主权国家,尤其是发展中国家,也在努力推动 ICANN 朝着符合世界上绝大多数

---

① ICANN 官方网站,https://www.icann.org/.

国家利益的方向改革和发展。这一进程主要体现在以下 3 个方面。

1. 美国为其他主权国家和政府间国际组织参与 ICANN 设置障碍。ICANN 被美国移交给"全球多利益攸关方社群"，同时明确拒绝移交给以联合国为代表的各类政府间国际组织。这种做法被美国在名义上称为"为了避免交权后被其他政府或某个第三方控制，以损害互联网自由"，但其实质并非为了建立更加自由和透明的全球互联网治理新秩序，而是防止一些主权国家联合起来重新建立一个与 ICANN 平起平坐的组织，并遏制这些国家推动实施数据本土化政策的潮流。另外，ICANN 移交从机制上制约其他国家的网络主权和治理参与权。在 ICANN 管理权移交与问责制度的改革中，美国以私有化方案作为移交方案的基础，将移交方案讨论的焦点，从如何更加有效地实现对根服务器、根区文件系统的国际化管辖，转移成对 ICANN 工作流程透明度和有限监督的讨论。通过这种讨论，ICANN 理事会的权力受到很大限制与约束，而由 142 个国家政府代表组成的政府咨询委员会在现行制度下的权力与地位也将受到极大遏制，从而使 ICANN 的权力更加分散，同时严厉打击 ICANN 高层改善与美国之外国家（特别是中国）关系的举动。这些做法，不仅体现了美国对网络主权所一贯采行的"双重标准"和对他国网络主权的漠视，而且将对本来就处于网络发展弱势地位的广大发展中国家参与 ICANN 政策制定和全球互联网治理形成更大制约。

2. 美国力量仍然主导"移交"后的 ICANN。"全球多利益攸关方"在很大程度上受到美国的主权管辖和国内法规制，使 ICANN 根本无法摆脱美国的实质控制。在移交过程中，虽然美国政府并未以任何直接的方式干预相应工作机构开展工作，但是美国的企业界、域名业界、学者、民间智库等凭借其在国际互联网领域的重要作用和领先地位发挥了极大的作用，产生了左右全局的影响力。而更为重要的是，在全球互联网领域发展极不平衡、美国"一家独大"的背景下，这些美国业界力量实际上构成了所谓"全球多利益攸关方"的主体，它们受美国国家主权和国内法的约束，代表美国国家利益对 ICANN 进行管理和决策，使 ICANN 的控制权仍旧牢牢掌握在美国手中。

3. 发展中国家试图在 ICANN 改革中争取自身正当权益。在 ICANN 改革的过程中，巴西曾提出要求有限度地提升 ICANN 内政府咨询委员会的立场等温和改革方案，印度则试图推动将全球网络空间治理的主要职能转交给联合国下属机构的国际电信联盟（ITU），但都未取得最终成功。作为世界上最大的发展中国家，中国也力图通过参与 ICANN 的改革，推动全球互联网治理实现从单边管理向多边共治的积极转变，促成国际社会各方普遍接受的全球互联网治理新规则的逐步建立。中国互联网络信息中心（CNNIC）主任李晓东作为 IANA 职能管理权移交协调工作组唯一的中国代表参与其中，他表示："IANA 职能管理权移交意味着互联网从单边政府管理向全球社群多方参与转变，转移成果将进一步体现互联网的开放与包容精神。"但是，"互联网仍由美国控制"的既有格局并未得到根本性转变，在这一背景下，对中国而言，一方面，要从自身国家利益出发，加强对全球互联网治理国际形势和规则体系的分析研判，通过多边、双边对话机制阐明自身立场，凝聚国际共识，形成具有广泛代表性和认同度的全球互联网治理的"中国方案"，特别着眼于支持联合国等政府间国际组织发挥作用，不断提升自身谈判能力和国际话语权；另一方面，要进一步加强国内互联网产业界、网络传播研究学界、网络技术界在国际社会的影响力，推动其进入全球互联网精英社群，成为"全球多利益攸关方"中的重要成员，从而在现有治理环境下确保有充足的、能代表中国利益的有效意见输入和发声。

二、以联合国三个机构机制例说全球性政府间国际组织

联合国作为当今世界上最重要的政府间国际组织，下设 6 大机构、15 个规划署和 70 多个专门机构，涉及国际关系各领域。在全球互联网治理领域，以国际电信联盟、信息社会世界峰会、互联网治理工作组和互联网治理论坛等为代表的联合国机构和机制也在不断探索发展，在制定全球技术规范、搭建沟通交流平台、形成常态工作机制等方面发挥重要作用。

1. 制定全球技术规范：以国际电信联盟（ITU）为例

国际电信联盟（International Telecommunication Union，ITU）是联合国的一个重要的专门机构，也是联合国机构中历史最长的一个国际组织。1865年 5 月 17 日，法、德、俄、意等 20 个欧洲国家的代表在法国巴黎签订了《国际电报公约》，国际电报联盟（International Telegraph Union）宣告成立，随着电话与无线电的应用发展，其职权不断扩大。1906 年，德、英、法、美等 27 个国家的代表在德国柏林签订了《国际无线电报公约》。1932 年，70 多个国家的代表在西班牙马德里召开会议,将《国际电报公约》与《国际无线电报公约》合并,制定《国际电信公约》,并决定自 1934 年 1 月 1 日起正式改称为国际电信联盟。作为联合国的一个特殊机构,国际电信联盟是全球电信通信的权威中心,除多个国家会员外,还拥有数千个企业会员。中国于 1920 年加入国际电联,1932 年首次派代表参加了在西班牙马德里召开的全权代表大会,签署了马德里《国际电信公约》。1947 年在美国大西洋城召开的全权代表大会上,中国第一次被选为行政理事会的理事国。1972 年 5 月,国际电联行政理事会第 27 届会议通过决议恢复新中国的合法席位。此后,中国一直积极参与国际电联各项活动并发挥重要作用。2014 年,在国际电信联盟第 19 次全权代表大会上,赵厚麟高票当选为新一任秘书长,成为国际电信联盟 150 年历史上的首位中国籍秘书长。①

根据联合国大会第 56/183 号决议,信息社会世界峰会分两个阶段召开,即 2003 年 12 月 10 日至 12 日的日内瓦阶段会议和 2005 年 11 月 16 日至 18 日的突尼斯阶段会议。国际电信联盟得到授权,不仅在整个会议的筹备工作中发挥了主导作用,还与其他相关组织和伙伴开展合作,对会议成果的形成做出了十分重要的贡献。此外,在 WSIS《行动计划》的实施过程中,国际电信联盟承担了多项重要任务,主要涉及互联网管理的技术方面问题和互联网公共管理的政策问题。

从 2006 年起,国际电信联盟逐渐成为联合国层面开展网络空间信息安全治理的主要平台,其成员也一直呼吁通过各种决议、项目,对全球互联网治理发挥更大的作用,具体有以下 3 点。

(1)制定战略。国际电信联盟认为,制定网络安全战略是各国所负的首要任务,其自身也先后制定了《ITU 2008—2011 年战略目标及措施概述》《全球网络安全议程》《ITU 国家网络安全战略指南》等文件,用以指导各国政府应对网络安全问题。

(2)建立标准。2007 年 6 月,国际电信联盟在其官方网站上设置了名为"信息与通信技术安全标准路线图"(ICT Security Standards Roadmap)的互联网安全标准在线指南,可通过互动方式向服务商、研发人员和公众提供有关

---

① 国际电信联盟官方网站,http://www.itu.int/。

网络安全标准方面的信息,试图为互联网加上一道坚固的防线。此外,针对发展中国家面临的巨大数字鸿沟以及在网络安全方面防范能力更为薄弱的状况,国际电信联盟还制定《发展中国家网络安全指南(2006)》等更有针对性的指导文件。

(3)加强合作。由于互联网具有全球性特点,开展国际合作就显得尤为重要。2009 年 2 月,国际电信联盟与欧盟共同举办"加强网络安全日"(Safer Internet Day),旨在加强在线儿童保护;2011 年 5 月,在信息社会世界峰会上,国际电信联盟与联合国毒品和犯罪问题办事处(UNODC)签署一项谅解备忘录,帮助成员国减轻网络犯罪所带来的风险;国际电信联盟还强化与国际打击网络威胁多边伙伴关系(IMPACT)之间的合作,并于 2011 年 12 月举行了世界上首次国际组织和联合国专门机构的联合跨境网络演习,以评估柬埔寨、老挝、缅甸和越南 4 国网络安全应急准备情况,以及消除和打击网络攻击事件的响应能力。

2. 搭建沟通交流平台:以信息社会世界峰会与联合国互联网治理工作组(WGIG)为例

【信息社会世界峰会】1998 年,国际电信联盟全权代表会议通过提议召开信息社会世界峰会的决议。由联合国经社理事会、教科文组织和联合国信息通信技术顾问组参与,筹备时间长达 5 年,来自 176 个国家和地区的一万名代表参会,其中包括各国政府、国际组织、联合国相关机构、非政府组织和私营企业。这次峰会议程从 2002 年开始,到 2005 年 11 月结束,由于瑞士和突尼斯都想主办第一次峰会,因此被分为了两个阶段。WSIS 宣称自己的目的是"构建关于全球信息社会的共同愿景,增进对全球信息社会的理解",并且"利用知识和技术的潜能来促进《联合国千年宣言》发展目标的实现"。①②

(1)日内瓦会议。第一阶段"日内瓦会议"于 2003 年 12 月 10 日至 12 日在日内瓦举行,来自 176 个国家、50 个国际组织、50 个联合国的组织和机构以及 98 个商业实体和 481 个非政府组织在内,共 11000 多人参加了此次

---

① 联合国大会决议 56/183,2001 - 12 - 21.

② 信息社会世界峰会官方网站,http://wsis. itu. int/。

峰会,这是全球互联网治理问题在联合国层面进行的第一次深入、全面的讨论。这次峰会确立了"信息社会"的理念,并在12月12日举行的第五次全体会议上,通过并发布了题为"建设信息社会:新千年的全球性挑战"的《原则宣言》(the Declaration of Principles)和《行动计划》(the Plan of Action)两个纲领性文件。

《原则宣言》提出了人类对信息社会的期望以及建设包容性信息社会的重要原则:"确保人人从信息通信技术所带来的机遇中获益是我们的坚定追求";"各国政府以及私营部门、民间团体和联合国及其他国际组织在信息社会的发展和决策过程中发挥着重要作用,肩负着重要责任。建设以人为本的信息社会是一项共同事业,需要所有利益相关方加强合作并建立伙伴关系"[①],并宣告"向知识共享的全民信息社会迈进"这一目标。《行动计划》将《原则宣言》中的共同展望和指导原则化作具体的行动方针,以通过更广泛地利用基于信息通信技术的产品、网络、服务和应用,实现达成国际共识的发展目标,同时帮助各国跨越数字鸿沟。《行动计划》的目的是,"建设一个包容性社会;将知识和信息通信技术的潜力用于发展;促进知识和信息的使用,以便达成国际共识的发展目标,其中包括《联合国千年宣言》中的目标;在国家、区域和国际层面应对信息社会的新挑战。应利用信息社会世界峰会第二阶段会议评价和评估在弥合数字鸿沟方面取得的进展"[②],同时为构建信息社会的具体指标提出了参照指标并且制定了实现信息社会目标的具体行动方针。

此次会议是第一次在联合国框架内专门以网络为主题的国际会议,也是在各国政府、非政府组织、民间机构和社会团体等利益相关方的共同努力下得以召开的。民间团体在此次会议中发挥了重要作用,2003年12月8日,信息社会世界峰会民间团体会议一致通过了《"建设人类需要的信息社会"——民间团体致信息社会世界高峰会议的宣言》。这次会议还提请时任联合国秘书长安南组织一个互联网治理工作组(the Working Group on Inter-

---

①　信息社会世界峰会. 原则宣言　建设信息社会:新千年的全球性挑战[E]. 信息社会世界高峰会议文件 WSIS－03/GENEVA/DOC－4C,2003－12－12.

②　信息社会世界峰会. 行动计划[E]. 信息社会世界高峰会议文件 WSIS－03/GENEVA/DOC－5C,2003－12－12.

net Governance，WGIG），要求该工作组在开放性和包容性的进程中，在确保无论是发展中国家还是发达国家的各国政府、私营单位、民间团体都能充分参与的情况下进行调查，并在2005年之前就互联网治理这一问题提出行动方案。然而，美国在此次会议上针对《原则宣言》和《行动计划》向执行秘书处递交了10条《解释性声明》并要求将其纳入书面记录，该声明巧妙地规避了国际义务，以保护知识产权与其所界定的"良政"为幌子，淡化信息社会世界峰会的精神和原则，使得会议并不能从实质上解决问题，也使得建设崭新信息社会的理想成为空谈。

（2）突尼斯会议。第二阶段"突尼斯会议"于2005年11月16日至18日在突尼斯举行。该阶段峰会通过了著名的《突尼斯承诺》（the Tunis Commitment）和《突尼斯信息社会议程》（the Tunis Agenda for the Information Society），呼吁各国政府、私营部门、民间团体和国际组织齐心协力，落实日内瓦《原则宣言》和《行动计划》所做出的承诺。《突尼斯信息社会议程》分别从"应对信息通信技术促发展挑战的融资机制""互联网治理"和"实施和跟进"这3个部分重申了日内瓦第一阶段会议上所做出的承诺，并将其加以拓展，其中特别强调"重申互联网的管理包含技术和公共政策两个方面的问题，并应有所有利益相关方和相关政府间和国际组织的参与"；"互联网的国际管理必须是在政府、私营部门、民间团体和国际组织的充分参与下的多边的、透明的和民主的管理，这种国际惯例应确保资源的公平分配、促进普遍接入并保证互联网的稳定和安全运行、语言的多样性"。①

突尼斯阶段会议审议并高度赞同和评价了互联网治理工作组的报告，还责成联合国秘书长2006年第二季度前召集一个多利益攸关方政策对话的新论坛会议，即全球互联网治理论坛（the Internet Governance Forum，IGF）。这次峰会呼吁联合国大会宣布5月17日为世界信息社会日，2006年3月，第60届联合国大会以通过第60/252号决议的形式正式批准了这个建议。然而，这一阶段的峰会没有通过具有约束力的条约或公约，原因是没有足够强有力的新机构来执行它们；围绕缩小"数字鸿沟"和互联网管理等问

---

① 信息社会世界峰会. 信息社会高峰会议突尼斯阶段报告［E］. 信息社会世界高峰会议文件 WSIS - 05/TUNIS/DOC/9（Rev. 1 - C）. 2006 - 01 - 26.

题的分歧并没有得到真正解决,"数字互助基金"及时到位也有一定难度。此外,"美国不会轻易放弃互联网的管理权",同日内瓦会议一样,它又提交了9条解释性说明,以保护其在互联网资源方面的核心利益和垄断优势,限制了发展中国家信息化的发展,阻碍了信息社会全球化发展的进程。

(3)信息社会世界峰会的意义。信息社会世界峰会第一次明确讨论了国家在互联网治理中的角色问题。它把互联网治理分为两个部分:一方面将"技术管理"或"日常运营"领域留给私营部门及公民社会,另一方面将"公共政策制定"领域认定为应由政府管理的范畴。不论是民主的还是非民主的政府,都感觉到有必要坚持他们的主张,即政府有权力管理与互联网有关的公共政策议题。① 与此同时,信息社会世界峰会还给予发展中国家和欧洲一个机会,可以公开挑战 ICANN 的合法性问题。在这个意义上,信息社会世界峰会在很大程度上影响了全球互联网治理的思维方式,它促使国家政府、国际组织和其他利益相关者从整体上考虑互联网政策和治理问题,这种全新的治理理念和模式的推行,使得单一的、零星的、孤立的治理互联网的尝试受到挤压和制约。

【联合国治理工作组】2003 年 12 月在日内瓦召开的第一阶段信息社会世界峰会提请时任联合国秘书长安南组织一个互联网治理工作组,并要求该工作组"在开放和具有包容性的过程中,在确保发展中国家和发达国家各国政府、私营部门和民间团体以及相关政府间组织和国际组织与论坛充分和积极参与的机制下,于 2005 年之前就互联网管理问题开展研究,并视情况提出行动建议"。② 同时规定了工作组着重研究的问题:制定有关互联网管理切实可行的工作定义,"确定与互联网有关的公共政策问题","就各国政府、现有国际组织、其他论坛以及发展中国家和发达国家私营部门和民间团体各自的作用和责任形成共识"以及"起草一份报告,提交将于 2005 年在突尼斯召开的信息社会世界峰会第二阶段会议审议,并采取适当行动"。③

---

① 信息社会世界峰会. 信息社会世界高峰会议突尼斯议程第 35 款[E]. 信息社会世界高峰会议文件 WSIS-05/TUNIS/DOC/6(Rev. 1-C),2005-11-16.

② 信息社会世界峰会. 行动计划[E]. 信息社会世界高峰会议文件 WSIS-03/GENEVA/DOC-5C,2003-12-12.

③ 信息社会世界峰会. 行动计划[E]. 信息社会世界高峰会议文件 WSIS-03/GENEVA/DOC-5C,2003-12-12.

2004 年 11 月 11 日,互联网治理工作组成立,信息社会世界峰会特别顾问尼廷·德赛担任主席。该工作组的秘书处共有 51 人,其中设主席 1 名,成员 39 名,秘书 11 名。中国科协副主席、中国互联网协会理事长、中国工程院院士胡启恒女士作为成员参与其中。互联网治理工作组分别于 2004 年 11 月 23 日至 25 日,2005 年 2 月 14 日至 18 日,2005 年 4 月 18 日至 20 日,以及 2005 年 6 月 14 日至 17 日在日内瓦召开了 4 次会议,并于 2005 年 6 月完成了《互联网治理工作组报告》。①

(1)《互联网治理工作组报告》的主要内容。《互联网治理工作组报告》对日内瓦会议通过的《行动计划》中提出的需要着重研究的问题,逐一进行了回应。《互联网治理工作组报告》中将"互联网治理"定义为"政府、私营部门和民间社会根据各自的作用制定和实施旨在规范互联网发展和使用的共同原则、准则、规则、决策程序和方案"。这一定义明确列出了参与互联网治理的主体,被视为"多利益相关方"(Multi – Stakeholderism)治理模式的理论起源。

《互联网治理工作组报告》在实际调查的基础上,确定了公共政策的四大领域并提出了各国政府、现有国际组织、其他论坛以及发展中国家和发达国家私营部门和民间团体各自的作用和责任。最为重要的是,《互联网治理工作组报告》中提出了为实现互联网治理职能的 4 种组织模式:②①成立一个全球互联网理事会,其成员包括能够妥当代表每一区域的政府成员,并且有其他利益相关者参加。理事会将承担美国政府商务部目前行使的国际互联网治理职能。理事会还将取代互联网名称与数字地址分配机构政府咨询委员会。②不需要成立具体的监督组织。ICANN 政府咨询委员会的作用可能需要加强,以消除一些政府对具体问题的担忧。成立由所有利益相关者充分平等参与的论坛,为参与论坛的利益相关者发挥协调职能,并就某些问题进行分析,提出建议。③对于涉及国家利益的政策问题,鉴于任何一国政府都不应在国际互联网治理方面享有主导地位,可成立一个国际互联网理事会,由其行使相应的职能,尤其是互联网名称与数字地址分配机构/互联网数字分配机构工作的职能。国际互联网理事会的政府部分将发挥主导作

---

① 信息社会世界峰会官方网站,http://wsis.itu.int/。

② 互联网治理工作组.因特网治理工作组的报告[R].博塞堡,2005 – 06.

用,私营部门和民间社会则提供咨询意见。④把互联网政策治理、监督和全球协调3个彼此相关领域综合起来加以处理:由政府领导,针对涉及国际互联网的公共政策问题拟定公共政策并作出决策;由私营部门主导,对全球一级负责互联网技术和业务运作的机构进行监督;政府、私营部门和民间社会之间平等开展对话,对互联网的发展进行全球协调。

（2）对互联网治理工作组的评价。自联合国互联网治理工作组成立以来,一直坚守使命,不断开展调研和研究,进行了卓有成效的工作。《互联网治理工作组报告》中形成了许多富有建设性的结论和意见,所提出的实现互联网治理职能的4种组织模式,是对全球互联网治理所做的有益理论探索,提供了新的思路和方式,在国际社会引起了关于互联网治理活动的广泛关注和讨论。然而,互联网治理工作组只是一个调查研究机构,仅仅具有建议权,执行权的欠缺使得其得出的结论和设想并不能直接应用到现行的全球互联网治理活动中,大多停留在文字和设想层面,难以得到真正实施。

3. 形成常态工作机制:以互联网治理论坛(Internet Governance Forum, IGF)为例

在2005年的信息社会世界峰会上,联合国形成了自己的工作机制,即互联网治理论坛,这被认为是峰会中最切实可行的结果。互联网治理论坛致力于将来自不同利益相关者团体的人们聚集在一起,共同参与互联网有关公共政策问题的讨论。论坛中虽然没有最终谈判结果,但它对于公共和私营部门中的决策者都有重要影响。在互联网治理论坛年会上,代表们讨论、交流信息并分享良好做法,有助于对如何最大限度地利用互联网机会并解决出现的风险与挑战达成共识。《突尼斯议程》中详细叙述了对互联网治理论坛的授权:"讨论与互联网治理中的关键因素有关的公共政策问题";促进处理不同的互联网国际公共政策问题的机构间的对话,所讨论的主题不与任何现存组织机构所涉及的重复;与相应的政府间组织以及其他机构就其权限内的事务进行沟通;促进信息与最佳实践交流;识别正在出现的问题,确保它们得到相关团体和公众的注意,在合适条件下也给出解决问题的

建议。①②

（1）互联网治理论坛意义。互联网治理论坛被认为是多种利益相关者参与互联网治理的唯一真正具有全球性和民主性的论坛，通过为多边利益相关方提供讨论的空间，它使政府、私营部门、市民社会、科技界和学术界就与互联网有关的新兴公共政策问题获得了一个独一无二的、自下而上的制定政策的机会。互联网治理论坛本身吸收了互联网开放、包容、合作、跨越国界的特性，因此成为一种新的国际合作模式，提供了一个宽松的讨论环境和沟通平台。世界各地的代表以及各类利益相关者能够聚集在一起，以开放、非正式的形式进行讨论，而不必承受必须得出谈判结果的压力。互联网治理论坛 11 次会议的成功举办，表明它已经获得国际社会和利益相关方的广泛支持与认同。

（2）历届互联网治理论坛概况。2006 年以来，联合国先后在希腊雅典、巴西里约热内卢、印度海德拉巴、埃及沙姆沙伊赫、立陶宛维尔纽斯、肯尼亚内罗毕、阿塞拜疆巴库、印度尼西亚巴厘岛等地召开了 11 次一年一度的互联网治理论坛会议。中国派代表团参加了历届互联网治理论坛，提出并阐释中国关于全球互联网治理的诉求和主张，为论坛开展建设性对话发挥了重要作用，有关情况简要总结在以下"历届互联网治理论坛简表"中。

---

① 信息社会世界峰会. 信息社会突尼斯议程第 72a,72b,72d,72g 款［E］. 信息社会世界高峰会议文件 WSIS－05/TUNIS/DOC/6（Rev. 1－C）,2005－11－16.

② 互联网治理论坛官方网站,http:// www. intgovforum. org/。

历届互联网治理论坛简表

	时间	地点	主题	主要内容和中国参与情况
1	2006.10	希腊雅典	以互联网治理促发展	会议讨论了四大主题,即互联网的公开性:言论自由,信息、理念以及知识流通自由;互联网的安全性:通过协作来保护用户不受垃圾邮件、病毒和网上仿冒的骚扰,以及保护用户隐私;互联网的多样性:鼓励多语种发展,包括国际化域名的多语种化和本地网页内容的多语种化;互联网的易用性:包括互联网的普遍提供和费用的降低。中国科协派团参加
2	2007.11	巴西里约热内卢	互联网治理促发展:关键性互联网资源	会议除了讨论雅典会议所确定的互联网的公开性、安全性、多样性和易用性四个主题外,还讨论了互联网关键资源。中国向大会提交了书面建议:(1)在互联网的关键资源具体管理中应包含能力培训,(2)所有的利益相关方,尤其是各国政府,应充分利用这次会议来探讨如何对互联网关键资源进行管理的公共政策问题,(3)应该在本论坛的框架内探讨互联网地址的分配问题
3	2008.12	印度海德拉巴	人人共享的互联网	中国互联网协会参加了此次大会并与联合国教科文组织、中国通信标准化协会等单位共同主办"信息无障碍"研讨会,介绍中国信息无障碍工作的相关情况,并与国外相关方面进行了友好交流。中国互联网协会副理事长高新民作为主讲嘉宾向与会人员介绍了中国互联网产业的发展、信息无障碍工作在中国的开展等相关情况
4	2009.11	埃及沙姆沙伊赫	互联网治理:为所有人创造机遇	会议主要就网络安全、云计算、隐私保护、语言多样性以及社交网站等互联网前沿话题达成广泛共识。中国科协派团参加

续表

	时间	地点	主题	主要内容和中国参与情况
5	2010.9	立陶宛维尔纽斯	2010年互联网治理论坛:共创未来	中国互联网协会派代表出席了此次论坛,并在论坛大会期间申办主题为"树立'云'信任——探讨发达国家及发展中国家在云计算运用中的安全与隐私保护问题"的分论坛。中国互联网协会还在会议现场搭建了展示台,向国际社会介绍中国互联网的发展现状、协会在行业自律等方面所开展的工作以及协会会员单位的情况
6	2011.9	肯尼亚内罗毕	互联网作为变革的催化剂:接入、发展、自由和创新	中国互联网协会委派以高新民副理事长为团长的代表团出席,并在大会期间举办题为"加强电子商务活动中的诚信建设——挑战与创新"的边会,旨在介绍中国电子商务建设及发展方面的积极努力和有效实践,探讨电子商务诚信建设的挑战与创新
7	2012.11	阿塞拜疆巴库	互联网治理,促进人类、经济和社会的可持续发展	中国互联网协会委派以常务副理事长高新民为团长的代表团参会,并成功主办以"发展中国家知识开放建设"为主题的边会
8	2013.10	印度尼西亚巴厘岛	以网络安全促进经济社会发展	中国工业和信息化部电信研究院副院长刘多参加了高级别圆桌会议并发表主旨演讲。他呼吁各方应充分利用IGF平台加强交流合作,促进落实信息社会世界首脑会议制定的"多边、民主、透明"的互联网治理原则,推动政府在全球互联网治理机制中发挥更大作用,确保各国在互联网关键资源管理问题上拥有平等参与和话语权,共同推动全球互联网的持续发展,实现互联网促进世界和平、发展和进步的美好愿景

续表

	时间	地点	主题	主要内容和中国参与情况
9	2014.9	土耳其伊斯坦布尔	连接五大洲,增强互联网多方治理	中国科协党组成员、办公厅主任吴海鹰,中国互联网协会常务副理事长高新民、秘书长卢卫等参会。会上,中国互联网协会主办了"政策设计推动发展中国家宽带接入"的专题边会,中国科协联合国咨商信息技术工作委员会成功举办了"大数据时代的数据开放与数据出版监管"和"云计算与移动互联网:造福发展中国家"两个研讨会
10	2015.11	巴西若昂佩索阿	互联网治理的演变:赋权可持续发展	中国互联网络信息中心主任李晓东率领代表团参加。会议期间,代表团主办了"互联网＋驱动产业革新"专题研讨会,还与中国互联网协会和中国科学技术协会联合主办了"移动支付促进经济发展"专题研讨会
11	2016.12	墨西哥哈利斯科	促进包容和可持续增长	中国驻墨西哥大使邱小琪率团出席并在高级别会议代表中国政府发言。他指出要努力建立多边、民主、透明的全球互联网治理体系,构建和平、安全、开放、合作的网络空间,并提出坚持继承与创新并行、坚持发展与安全并重、坚持共治与合作并举三点建议

三、以欧盟、全球互联网治理联盟等例说区域性国际组织

在全球互联网治理活动中,除了全球性国际组织外,各种区域性国际组织也不断尝试在区域内分享治理网络空间的经验,并进行相关政策协调,形成了一些具有国际法渊源意义的重要规范和具有国际规则指导意义的"软法"。

1. 欧洲联盟(EU)。欧盟是根据 1992 年《欧洲联盟条约》签署成立的集政治实体和经济实体于一身、在全球范围内具有重要影响力的区域一体化

组织。据统计,2016 年,85% 的欧洲家庭可以接入互联网,71% 的人每天或几乎每天都使用互联网。① 欧盟自成立以来高度重视互联网治理工作,尤其是网络信息安全法律建设,主要围绕网络基础设施保障、公民隐私和保护、打击网络犯罪 3 个方面展开,其所制定的《网络犯罪公约》,是全球第一个关于防范和打击网络犯罪的国际公约。2004 年,欧盟在布鲁塞尔成立欧洲网络与信息安全局(ENISA),旨在保障欧盟成员国及利益团体对于网络与信息安全问题的防范、处理和响应能力;同时设有欧洲标准化委员会(ECS)、欧洲电工标准化委员会(ECES)、欧洲电信标准机构(ETSI),共同推动网络和通信技术标准化工作。

2. 北大西洋公约组织(NATO)。北约成立于 1949 年,是美国与西欧、北美主要发达国家为实现防卫协作而建立的一个国际军事集团组织,其宗旨是促进成员国在集体防务和维持和平与安全方面共同努力,促进北大西洋地区的稳定和福利。作为一个政治军事组织,北约在互联网治理领域的工作更偏重网络战。2002 年 11 月,北约在布拉格峰会上通过的“网络防御计划”,提出建立北约组织用于预防、检查和处置计算机事故的第一屏障,以达到强化防御网络攻击的能力。2005 年,北约计算机事故反应中心(NCIRC)成立,成为后来实施北约“2011 网络防御战略”的首要部门。2011 年 6 月,北约批准了修订版网络防御政策和加强防御的行动计划,将网络防御纳入正常规划进程,同时将北约网络防御管理局升级为北大西洋理事会第三机构,直接向北约副秘书长负责。2013 年 3 月,北约网络防御中心发布一份《塔林网络战国际法手册》,包含 95 条规则,详细说明了目前国际法如何应用于网络空间及任何潜在的网络冲突,充分表明以美国为首的北约试图制定全球“网络战争规则”的尝试。

3. 亚太经济合作组织(APEC)。APEC 是亚太地区最具影响的经济合作官方论坛。1989 年 11 月 5 日至 7 日,亚太经济合作会议首届部长级会议的举行标志着亚太经济合作会议的成立,1993 年 6 月改名为亚太经济合作组织。1991 年 11 月,中国以主权国家身份正式加入 APEC。目前,APEC 共

---

① 欧盟公布家庭和个人 ICT 使用调查结果:欧盟八成以上家庭接入宽带互联网[EB/OL]. 中国信息产业网,http://www.cnii.com.cn/internation/2017 – 01/04/content_1810542.htm, 2017 – 01 – 04/2017 – 01 – 31.

有 21 个成员。APEC 中管理互联网的主要机制为亚太经合组织电信和信息工作组。APEC 电信工作组成立于 1990 年,是 APEC 最早设立的专业工作组,其宗旨是围绕 APEC 总体目标,促进亚太地区信息通信领域贸易投资便利化和开展电信政策与技术应用的交流和合作。2010 年 10 月,在日本冲绳举行的 APEC 第八次电信部长会议通过了《冲绳宣言》(Okinawa Declaration)和《APEC 电信工作组 2010—2015 年战略行动计划》(APEC TEL Strategic Action Plan:2010 - 2015),呼吁将信息与通信技术(ICT)作为实现社会经济新增长的驱动力,实现经济体之间基础设施的高效共享。2015 年 3 月,APEC 第十次电信部长会议在马来西亚吉隆坡举行,主题为"信息通信技术:助力未来增长"。会议审议通过了《APEC 电信工作组 2015—2020 年战略行动计划》(APEC TEL Strategic Action Plan:2015 - 2020),概括了五大优先领域的实施措施,分别是信息通信技术创新、安全可信的信息通信技术环境、区域经济整合、数字经济、互联网经济、相互合作。

4. 经济合作与发展组织(OECD)。OECD 成立于 1961 年,总部设在法国巴黎,是由 34 个市场经济国家组成的政府间国际经济组织,旨在共同应对全球化带来的经济、社会和政府治理等方面的挑战,并把握全球化带来的机遇。经合组织下属信息、计算机和通信政策委员会(ICCP)及其工作组,专门负责推动有利于信息与通信技术(ICT)的政策和监管环境,旨在加强信息系统、网络安全和隐私保护的政策以及促进互联网经济发展和信息通信技术扩散,制定衡量信息社会的指标体系。OECD 针对互联网治理进行了许多有益探索,领域广泛,涉及信息安全文化、个人隐私保护、数字身份管理、儿童保护政策、网络攻击研究等。其在互联网管理领域的活动最早可以追溯到 1997 年,该组织应法国和比利时政府的请求,对各国管理方法、私人部门做法和其他国际组织在该领域的努力进行调查,发布了《关于互联网内容控制方法的报告》,对解决互联网内容问题的方法做出了非常全面的概括;1998 年,该组织发布《OECD 全球网络隐私权保障政治宣言》(OECD Ministerial Declaration on the Protection of Privacy on Global Networks),是全球第一个关于核心信息隐私原则的国际声明,一直具有重要影响力;2002 年,该组织发布《OECD 信息系统和网络安全准则:发展安全文化》(OECD Guidelines for the Security of Information Systems and Networks:Towards a Culture of Secu-

rity），将信息安全提升到文化的高度，强调每一个参与者都是保证网络安全的重要角色；2011 年，该组织又发布了《自然人数字身份管理：促进互联网经济创新与信任》（Digital Identity Management for Natural Persons：Enabling Innovation and Trust in the Internet Economy），是其信息安全与隐私工作小组历时 4 年的工作成果，旨在为政策制定者提供自然人数字身份管理国家战略发展的指导。

5. 上海合作组织（SCO）。SCO 成立于 1996 年，是由中国、俄罗斯、哈萨克斯坦、吉尔吉斯斯坦、塔吉克斯坦和乌兹别克斯坦 6 国所组成的一个国际组织，另有伊朗、巴基斯坦、阿富汗、蒙古和印度 5 个观察员国家。现有两个常设机构，分别是设在中国首都北京的秘书处和设在乌兹别克斯坦首都塔什干的反恐中心。上海合作组织是迄今为止唯一在中国境内成立、以中国城市命名、总部设在中国境内的区域性国际组织。自成立以来，形成了以"互信、互利、平等、协调、尊重多样文明、谋求共同发展"为核心内涵的"上海精神"，并确立了以安全、经济、人文合作为重点合作领域的"三个支柱"体系。因此，网络安全也是该组织重点关注的领域。2011 年 9 月，中国联合俄罗斯、乌兹别克斯坦、塔吉克斯坦 4 国向联合国递交了《信息安全国际行为准则》，这是目前国际上首份较为全面系统的关于建立网络空间规则的文件，明确提出全球互联网治理应当"遵守《联合国宪章》和公认的国际关系基本原则与准则，包括尊重各国主权、领土完整和政治独立，尊重人权和基本自由，尊重各国历史、文化、社会制度的多样性等"。2015 年 1 月，中国、哈萨克斯坦、吉尔吉斯斯坦、俄罗斯、塔吉克斯坦和乌兹别克斯坦常驻联合国代表联名致函时任联合国秘书长潘基文，请其将由上述国家共同提交的"信息安全国际行为准则"更新草案作为第 69 届联合国大会正式文件予以散发，呼吁各国在联合国框架内就互联网治理展开进一步讨论，尽早就规范各国在信息和网络空间行为的国际准则和规则方面达成共识。此次更新草案旨在"明确各国在信息空间的权利与责任，推动各国在信息空间采取建设性和负责任的行为，促进各国合作应对信息空间的共同威胁与挑战，以便构建一个和平、安全、开放、合作的信息空间"，提出了 13 条针对国际网络空间的行为准则，是中国参与全球互联网治理的一次重要外交行动。

此外，上海合作组织还于 2009 年共同签署了《保障信息安全政府间合作协定》;2015 年,中俄两国签订《关于在保障国际信息安全领域合作的协定》,以国际条约的形式就信息通信技术应用于促进社会和经济发展及人类福祉,促进国际和平、安全与稳定,国家主权原则适用于信息空间,保障各国参与国际互联网治理的平等权利等重要问题达成一致意见;就在互联网领域打击恐怖主义和犯罪活动、人才培养与科研、计算机应急响应等领域开展合作,以及加强在各类国际组织层面的国际合作进行约定,这为有关国家在国际信息安全领域深化合作提供了重要的、具有示范意义的国际法律和机制保障。

6. 海湾阿拉伯国家合作委员会(GCC)。GCC 是海湾地区最主要的政治经济组织,成立于 1981 年,成员国包括阿联酋、阿曼、巴林、卡塔尔、科威特和沙特阿拉伯 6 国。海湾合作委员会在网络空间的区域政策协调上历时最长,早在 1997 年就开始讨论互联网发展对国家安全与传统的宗教信仰和实践的挑战。在 2008 年卡塔尔信息安全国际论坛上,海湾合作委员会和阿拉伯国家联盟代表讨论了如何协调网络空间的国家安全政策应对并签署了《网络安全多哈宣言》,强调网络空间管控相互协调的重要性。此外,阿拉伯国家联盟还于 2010 年共同签订了《打击信息技术犯罪公约》。

7. 全球互联网治理联盟。全球互联网治理联盟是由 ICANN、巴西互联网指导委员会和世界经济论坛联合发起的。该联盟致力于建立开放的线上互联网治理解决方案讨论平台,方便全球社群讨论互联网治理问题、展示治理项目、研究互联网问题解决方案。其委员会计划用两年时间,最终实现"在全面协调的基础上促进未来多方利益相关者共同治理互联网"的目标。

第三节　中国参与国际组织的全球互联网治理策略

冷战的结束和全球化的迅猛发展带来了国际政治结构的深刻变革,推动了国际组织的迅猛发展,使之逐渐成为除国家之外最为重要的国际法主体。随着 20 世纪 70 年代新中国恢复在联合国的合法席位以及改革开放以来综合国力的日益提升,中国在全球各类国际组织中的地位和影响力也在不断增强。中国作为世界上网民数量最多的国家,是名副其实的网络大国;

作为联合国安理会常任理事国和世界上最大的发展中国家,也是具有全球影响和国际引领地位的大国,理应以更加积极、主动、富有建设性的姿态参与各类国际组织和国际会议机制有关互联网治理的事务中来,发出中国声音,提出中国方案,为构建更加公正合理的全球互联网治理规范贡献中国智慧和力量。具体而言,应当对以下 4 个方面的策略予以重点关注。

一、始终注重发挥联合国作用

当今时代的互联网治理实践越来越证明,依靠单边主义难以解决问题,只有通过多边共治、吸纳国际社会全体成员共同努力,才能真正实现治理目标,因此必然需要充分发挥联合国这一最为重要的政府间国际组织的作用。然而一直以来,美国所主导"多利益攸关方"治理模式,有意排斥其他主权国家和以联合国为代表的政府间国际组织参与互联网治理,这名义上是为了"保障互联网的自由环境",实质上则是美国在网络主权观念上持有"双重标准"、维护自身网络霸权和强权政治的具体体现,遭到了国际社会特别是广大发展中国家的普遍反对。中国应当旗帜鲜明地支持在全球互联网治理活动中发挥联合国的作用,主张各国在联合国框架下开展广泛的治理合作,共同制定相关国际法规则,通过协商沟通解决面临的网络治理难题。

倡导发挥联合国在全球互联网治理中的作用,主要基于以下 3 个方面的考虑。第一,联合国具有高度的权威性和广泛的代表性。联合国是当今世界上最具权威性、最具代表性、最高层级的政府间、全球性国际组织,它得到了 193 个成员方的全面授权,能够充分反映当今世界互联网发展形式的多样性、发展阶段的不均衡性,以及各国对于网络治理利益诉求的异质化、多元化特征,因而在全球互联网治理方面具有得天独厚的优势,也是制定各国普遍接受的全球性治理规则的最佳平台。第二,联合国所形成的国际法体系具有广泛的影响力和强制的约束力。其中,既有《联合国宪章》所确立的国际法基本原则等国际强行法规范,也有条约、公约等具有普遍约束力的国际法实体规则,还有众多具有广泛国际法指导意义的共同宣言、政策建议等文件,能够为全球互联网治理提供系统性、规范性的整体法律制度保障。第三,联合国拥有一套服务于全球治理的完整机构。其下设 6 大机构、15 个规划署和 70 多个专门机构,几乎涉及有关国际事务和人类生活的所有领域,是现今世界其他任何国际组织所无法比拟的。虽然目前联合国尚未成立专门的机构处理全球网络问题,但是其在现实社会中的重要影响已经扩散至虚拟空间,许多联合国原有机构也不断拓展职能,并在互联网领域发挥重要作用。例如,国际电信联盟在技术层面管理全球网络安全和促进信息标准化发展;经国际电信联盟决议,并由联合国经社理事会、教科文组织、联合国信息通信技术顾问组共同筹备召开信息社会世界峰会两个阶段的会议;联合国裁军研究所和反恐执行工作队分别从事网络军备和网络反恐工作等。

　　注重发挥联合国在全球互联网治理中的作用,中国不仅应当做坚定的倡导者,更应当做积极的实践者,主要体现在以下3个方面。第一,这符合中国一贯的国际法实践和外交主张。中国作为联合国5个常任理事国之一,既是联合国的创始会员国,也是第一个在《联合国宪章》上签字的国家。自加入联合国特别是恢复新中国在联合国的合法席位以来,中国始终坚定维护以《联合国宪章》宗旨和原则为核心的国际秩序,积极参与联合国事务,倡导各成员国维护联合国及其安理会的主导地位和权威性,大力促进联合国所主导的各领域国际合作,成为推进联合国事业发展的重要力量。① 第二,这符合中国的国家利益和尊重"网络主权"、构建网络空间命运共同体的主张。网络时代,国家主权的范围拓展到"信息边疆"的新领域,维护中国的网络主权,确保国家对领土内通信基础设施和通信活动的管辖权、确保独立自主地制定本国的互联网公共政策、确保不受其他国家的网络干涉等,是中国的根本国家利益所在。而这些目标的实现,有赖于以《联合国宪章》为核心的国际关系基本准则特别是国家主权原则在网络空间的拓展适用,有赖于在联合国框架内共同应对网络空间的非传统安全威胁,有赖于以联合国为中心开展更为广泛的全球互联网治理合作。第三,这符合中国参与全球互联网治理进程中的既有实践。近年来,中国积极参与联合国框架下的全球互联网治理进程,为网络空间国际规则的制定贡献力量。例如,2009年金砖国家第一次领导人会议联合声明宣布:"支持联合国在应对全球性威胁和挑战方面发挥中心作用。"2011年中俄等国向联合国递交的《信息安全国际

---

① 钟声. 为联合国事业贡献中国力量[N]. 人民日报,2016 – 10 – 25(03).

行为准则》中强调"加强双边、区域和国际合作。推动联合国在促进制定信息安全国际法律规范、和平解决相关争端、促进各国合作等方面发挥重要作用"。2013年金砖国家在第22届联合国预防犯罪和刑事司法委员会上就网络问题联合采取行动,向联合国大会提交了《加强国际合作　打击网络犯罪》决议草案,呼吁相关机构进一步加强对于网络犯罪问题的研究和应对。正如习近平总书记2014年2月在俄罗斯索契会见时任联合国秘书长潘基文时所指出的,"联合国应对全球性威胁和挑战的作用不可替代,是加强和完善全球治理的重要平台",中国应当在既有国际实践的基础上,一以贯之地坚持联合国在全球互联网治理中的重要地位,通过联合国等重要的政府间国际组织开展国际合作,制定治理规则,反对网络霸权,推动形成新的全球互联网治理秩序。

二、始终代表发展中国家利益

聚焦国际组织的全球互联网治理活动,作为发展中国家的一员和世界上最大的发展中国家,中国应当正视当今互联网领域发展不平衡、规则不健全、秩序不合理等突出问题,始终倡导和维护广大发展中国家的网络发展利益。探究其国际法理论与现实根源,主要体现在以下两个方面。

一方面,代表发展中国家的利益,是中国外交政策的基础。从1971年新中国在联合国恢复合法席位起,中国在联合国舞台上始终旗帜鲜明地支持发展中国家捍卫政治和经济独立的斗争,支持反对殖民主义、霸权主义和外来侵略与干涉的斗争,同时也向许多发展中国家提供不附加任何条件的物质援助。在新的全球形势下,中国倡导弘扬"万隆精神",积极深化亚非合作、拓展南南合作、推进南北合作,支持联合国对最不发达国家的经济发展援助,不断扩大对联合国维持和平行动的参与。习近平总书记在出席第70届联合国大会一般性辩论时发表讲话强调:"中国将继续同广大发展中国家站在一起,坚定支持增加发展中国家特别是非洲国家在国际治理体系中的代表性和发言权。中国在联合国的一票永远属于发展中国家。"[①]同样,在

---

① 杜尚泽,庄雪雅. 弘扬万隆精神,加强亚非合作　推动建设人类命运共同体[N]. 人民日报,2015－04－23(01).

出席亚非领导人会议时，习近平总书记再次发表重要讲话强调："无论发展到哪一步，无论国际风云如何变幻，中国都永远做发展中国家的可靠朋友和真诚伙伴。这是中国对外政策的基础，过去、现在、将来都不会改变。"这些论断，向全世界阐释了中国代表和维护发展中国家利益的坚定立场，这种国际主张与实践，必然适用于互联网治理领域，成为中国维护发展中国家网络发展权益、帮助发展中国家弥合信息鸿沟的国际法理基础。

另一方面，代表发展中国家的利益，是中国网络治理主张的必然选择。伴随着互联网在全球范围内的高速发展，其所产生的种种问题也日益显现，最为突出的当属各国之间的发展不平衡、规则不健全、秩序不合理问题。一是不同国家和地区间的信息鸿沟被不断拉大：发展中国家并没有因为互联网的出现而实现跨越式发展，而是进一步被边缘化，在现实世界中处于优势地位的发达国家在虚拟的网络空间仍占核心位置，并且由于技术等方面的优势而与发展中国家拉开更大差距，从而造成了发达国家主要提供基础设施与关键应用、发展中国家主要提供使用者这一"中心—外围"的显著不对称架构。二是现有的全球互联网治理规则尚不完善，难以反映世界各国特别是广大发展中国家的意愿和利益。三是由于经济、社会、技术等发展的滞后性，发展中国家的互联网治理面临更为复杂的情况、更加严峻的考验。有鉴于此，同属发展中国家的中国也同样面临严峻的威胁与挑战，这就要求中国在寻求全球互联网治理模式变革的过程中，必须站在发展中国家一边，与广大发展中国家共同应对、共谋发展。具体而言，要始终秉承合作、共享、开放的互联网精神，对广大发展中国家开展技术、资金等方面的援助和支持，致力于缩小数字鸿沟；要始终坚持联合国在全球互联网治理中的主导地位，充分发挥国际电信联盟等国际组织的重要作用，反对网络霸权主义和强权政治，为广大发展中国家谋求在全球互联网治理领域中的正当利益；要始终致力发挥金砖国家、上海合作组织、亚太经合组织、东盟等以发展中国家为主的国际组织，以及中国主导的世界互联网论坛等会议机制在全球互联网治理中的作用，主动设置议题，广泛凝聚共识，提出共同主张，增强发展中国家的话语权；要始终倡导建立针对网络欠发达国家的特殊沟通机制，充分听取发展中国家心声，使其更加便利和顺畅地参与到全球互联网治理进程中来。

三、始终坚持多方共治的原则

习近平总书记在巴西国会发表《弘扬传统友好　共谱合作新篇》的演讲时提出：要"构建和平、安全、开放、合作的网络空间，建立多边、民主、透明的国际互联网治理体系"，其后又在多个场合深入阐释这一全球互联网治理的"中国主张"，并提出"国际网络空间治理，应该坚持多边参与，由大家商量着办，发挥政府、国际组织、互联网企业、技术社群、民间机构、公民个人等各个主体作用，不搞单边主义，不搞一方主导或由几方凑在一起说了算"，构成全球互联网治理"五点主张"中"构建互联网治理体系，促进公平正义"的重要内容，体现了中国作为负责任的大国自觉努力完善全球治理的时代担当。然而需要特别指出的是，中国所倡导的多方共治和搭建全球互联网共享共治平台，与美国所一贯提倡的"多利益攸关方"治理模式，有着本质上的区别。

首先，美国模式弱化主权国家、国际组织的作用，而中国模式强调国家网络主权和以联合国为主导的国际组织的重要作用。美国的"多利益攸关方"是其在 20 世纪 90 年代推进互联网商业化的进程中所采取的一种运作模式，将公司、个人、非政府组织和主权国家都纳入其中，网络管理的最高决策权归属于少数专业人士组成的指导委员会（Board of Directors），而其他主权国家的代表只是被纳入政府咨询委员会（Government Advisory Committee），只具有建议权，而没有决策权，其咨询建议也不具有强制力。美国从这个意义上坚持主张网络空间属于全球公域，不应该存在"网络主权"，否认主权国家对于互联网治理的作用。而中国一直强调网络空间是有主权属性的，并在颁布实施的新《国家安全法》《网络安全法》以及《国家网络空间安全战略》中，将"网络空间主权"写入法律，上升为国家意志，强调"要理直气壮维护中国网络空间主权"，"互联网技术再发展也不能侵犯他国的信息主权"。因而中国所提倡的多方共治，是在充分尊重国家网络主权、充分发挥政府间国际组织重要作用前提下的多方共同协商治理，而绝不是以"共治"为名损害和侵蚀国家网络主权观念。

其次，美国模式以维护网络霸权为目的，而中国模式的目标是构建更加和平、安全、开放、合作的网络空间。美国实际控制着全球关键性的网络空间基础资源和通信主干线,主宰了全球互联网的主要市场份额,是全球互联网领域的唯一霸主,客观上对世界范围内信息的自由传播流通构成障碍。尽管其宣布放弃对ICANN的控制权,但始终拒绝将ICANN移交给联合国或其他政府间国际组织,依旧是在美国主导的所谓"全球多利益攸关方"的控制之下,此举只是针对日益增加的国际反对呼声而做出的表面让步姿态。中国从未谋求在网络空间主宰称霸,而是倡导多方主体发挥各自作用,共同协商.通过"多边参与、多方参与,大家商量着办"的方式,妥善解决全球互联网治理领域的矛盾和分歧,谋求多方共享共治和构建网络空间命运共同体。

最后,美国模式是力图将互联网治理置于其国内法管理体系中,而中国模式则主张在国际法基本原则框架下进行网络治理。作为美国"全球利益攸关方"模式典型代表的ICANN就是按照美国加州《公司法》成立的非营利性公司,需要遵守美国的法律以及与美国政府签署的协议,因此,ICANN的活动只能在美国国内法的框架内展开。此外,美国《爱国者法案》赋予其安全部门可以以反恐为由不经法院签发令状而监控互联网通信内容等权限;《将保护网络作为国家资产法案》赋予联邦政府在紧急状况下拥有绝对权力来关闭互联网。① 因此,美国推行的"全球利益攸关方"模式并未丝毫减弱其对互联网的控制,而是试图将其置于自身国家主权和国内法的管辖范围之内,是典型的网络主权"双重标准"和堂而皇之的网络霸权。而中国所提倡的多方共治,则是将互联网治理置于国际法框架之内,按照《联合国宪章》所确立的国际法基本原则、"和平共处五项原则"等国际公认的原则要求,以尊重各国网络主权为基本前提,在各主权国家和国际组织充分协商一致的基础上制定相关国际法规范,从而形成符合绝大多数国家利益的国际通行治理规则。

四、始终重视国际软法的功能

当前的全球互联网治理领域,虽然在国际条约制定方面已经出现了一些可喜成果,如目前已有欧盟《网络犯罪公约》(2001年)、上海合作组织《保障信息安全政府间合作协定》(2009年)、阿拉伯联盟《打击信息技术犯罪公

---

① 高婉妮. 霸权主义无处不在:美国互联网管理的双重标准[J]. 红旗文稿,2014(1).

约》(2010年)、中俄《关于在保障国际信息安全领域合作协定》(2015年)等，但到目前为止，还尚未形成具有普遍约束力的全球性公约。① 究其原因，世界各国特别是主要大国之间有关网络主权与安全等问题的认识分歧在短时间内难以弥合，是重要的制约因素。因此，那些曾在国际环境保护、国际金融贸易等领域扮演过重要角色的"软法"，就能够为既有问题的妥善解决提供便利，成为在现有条件下一种新的值得探索的替代办法。

相对于国际法正式渊源的"硬法"，"软法"具有非正式性、无约束力和较大的灵活性等特征。但与此同时，"软法"也是有关各方在平等谈判协商的基础上所达成的国际共识性文件，因而可以作为国际法渊源的补充资料，证明国际法既有规范的存在并促进新规则的创设。例如，联合国大会、上海合作组织、欧盟、金砖国家、ITU、WSIS、WGIG、IGF等一些国际组织和国际会议所通过的主要文件，包括最后宣言、行动计划、地区宣言、信任措施等在内，以及国家之间(如中美、中英、美俄之间)关于网络治理的双边磋商机制所达成的一致意见等，都具有一定软法规则的意义。互联网名称与数字地址分配机构、国际互联网结构委员会(IAB)和国际互联网工作任务组(IEIF)等机构所制定的网络技术规范，得到了包括各互联网服务提供商在内的相关公私主体的遵守，从而在事实上获得了软法的地位。联合国信息安全政府专家组、智库机构等非国家行为体就推动制定全球互联网治理规则而提出的报告、建议、说明等文件，也具有类似软法的性质。

从国际法发展规律的角度看，这些作为国际法辅助性渊源的软法规则具有重要的作用，主要体现在以下3个方面。一是软法具有示范效应。软法虽在制定主体(一般为非国家的人类共同体、超国家的和次国家的共同体)、强制效力(一般由国家承诺、诚信而非国际强制力保障实施)、争议解决方式(一般通过共同协商沟通等方式而非法院裁决解决争议)等方面，都有别于作为国际法正式渊源的硬法，但软法姓"法"，其与道德、习惯、潜规则、法理、政策和行政命令具有本质区别。② 因此，软法能够在现有国际背景下为各国际法主体开展全球互联网治理合作提供十分有益的规则引导，对国

---

① 徐峰. 网络空间国际法体系的新发展[J]. 信息安全与通信保密，2017(1).
② 姜明安. 软法的兴起与软法之治[J]. 中国法学，2006(2).

际行为体产生重要的示范作用。在国际法实践中，一些互联网治理领域的国际软法（如国际电子商务立法、ITU 出台的技术规则等）在制定之初，只有较少数量国家或机构参与，在这些国家的实践过程中展示了该软法的先进理念和适用效果，使得更多国家参与到软法实践之中。二是软法具有先行法作用。国际软法昭示着未来形成条约、公约等国际法主要渊源的方向，也即为新的硬法规则的创设和制定奠定了基础、准备了条件，与硬法形成功能上优势互补、规范上相互转化的关系。① 这符合国际法发展的一般规律，是互联网这一新兴领域国际法创设与发展的必经过程，也即从小规模的软法尝试开启立法序幕，进而在实践中循序渐进地不断"硬化"、起到硬法的先行法的作用，②最终确立具有国际法正式渊源意义的法律规则。三是软法具有补充作用。特别是在全球互联网治理这一新兴国际法领域，软法有助于弥补现行国际法对全球治理供给的不足，起到补充缺漏的作用。③ 与此同时，软法还有助于弥合现行有关互联网治理国际法律制度的分歧，通过具体化的规则形式使硬法更具有可操作性、更加细化，进而为硬法的解释和具体适用提供必要的辅助资料。④ 有鉴于此，应当尊重全球互联网治理领域国际法由软法到硬法、由不成熟向成熟发展的客观规律，正视软法的重要作用，积极推动和参与各类国际组织、国际会议等治理机制的实践，支持技术界、学术界及各类专业智库机构开展研究工作，搭建国际硬法前期软法订立的法律框架和谈判日程，充分协调各方利益诉求，平稳推进国际立法进程，积极促进网络空间治理软法向国际统一立法转化，为全球互联网治理国际法规则的有效确立做出努力。

---

① 罗豪才,宋功德. 认真对待软法——公域软法的一般理论及其中国实践[J]. 中国法学,2006(2).

② 何志鹏,尚杰. 国际软法作用探析[J]. 河北法学,2015(8).

③ Shelton,Dinah. Commitment and Compliance：*The Role of Non － Binding Norms in the International Legal System*[M]. Oxford：Oxford University Press, 2000：239, 36.

④ H. Nasser, Salem. *Sources and Norms of International Law：A Study of Soft Law*[J]. Galda & Wilch Verlag, 2008.

第七章

全球网络安全治理与国际法作用的发挥

当今时代,作为一项全新的世界性议题,互联网发展和安全的关系问题日益突出地呈现在世人面前。习近平总书记 2016 年 4 月 19 日在网络安全和信息化工作座谈会上的讲话中指出:"安全是发展的前提,发展是安全的保障,安全和发展要同步推进。我们一定要认识到,古往今来,很多技术都是'双刃剑',一方面可以造福社会、造福人民;另一方面也可以被一些人用来损害社会公共利益和民众利益。"诚然,网络信息技术的高速发展和全面普及,促使人类经济社会发展和思维方式发生深刻变化,人类的生产生活日益依赖互联网信息基础设施,诸如能源、食品、水源、交通等基础设施行业的服务提供能力日益受制于网络信息通信技术;同时,全球化时代世界各国思想文化的交流、交融、交锋越发依赖智能化的网络空间开展。① 但与此同时,与互联网发展所带来的技术创新、用户增长和经济繁荣形成鲜明对比的是,全球网络空间安全形势日趋复杂严峻,这不仅体现在博弈主体更加多元错综,包括主权国家、国际组织、非政府组织、企业乃至普通公众均涉及其中;更体现在风险边界不断拓展泛化,超越传统的技术风险范畴,对各国政治、经济、军事、文化等构成威胁,具有高度复杂的物理和逻辑互联的网络空间安全性问题日益凸显。

---

① 惠志斌. 全球网络空间信息安全战略研究[M]. 北京:中国出版集团世界图书出版公司,2015:44.

第一节　从"棱镜门"事件观察网络安全中的国际法理问题

有学者指出:"面对严峻形势,各国都开始从国家战略高度来审视与解决网络安全问题。"①信息网络环境下的国家安全是一个复杂的系统范畴,依靠单个国家或国际组织的力量很难控制和影响全球范围内的网络传播行为。从这个意义上讲,网络安全问题是关系国家命运和全球互联网治理行为的战略问题,因此有关网络空间安全的战略环境、战略规划、法律法规、组织机制,特别是国际法理论与实践层面的应对策略等,便成为需要重点予以关注的问题领域。肇始于 2013 年的"棱镜门"事件,再次给全球网络安全敲响了警钟,透过这一事件的发展脉络,能够更加深入准确地归纳出网络安全中所涉及的国际法理问题,从而为展开有关分析框架奠定理论基础。

【"棱镜门"事件,美国,2013 年】

2013 年 6 月,美国中情局(CIA)前职员爱德华·斯诺登将两份绝密资料交给英国《卫报》和美国《华盛顿邮报》。按照设定的计划,6 月 5 日,英国《卫报》先扔出了第一颗舆论炸弹:美国国家安全局有一项代号为"棱镜"(PRISM)的秘密项目,要求电信巨头威瑞森公司必须每天上交数百万用户的通话记录。《卫报》还报道称英国国家安全局也通过美国国家安全局建立的行动秘密地从相同的互联网公司收集情报。PRISM 似乎允许英国国家安全局规避正式法律程序来寻求个人资料,如来自该国境外的互联网公司的电子邮件、照片和视频。

6 月 6 日,美国《华盛顿邮报》披露称,过去 6 年间,美国国家安全局和联邦调查局通过进入微软、谷歌、苹果、雅虎等九大网络巨头的服务器,监控美国公民的电子邮件、聊天记录、视频及照片等秘密资料。《华盛顿邮报》获得的文件还显示,美国总统的日常简报内容部分来源于此项目,该工具被称作获得此类信息的最全面方式。一份文件同时指出,"国家安全局的报告越来

---

① 谢新洲. 网络空间治理须加强顶层设计[N]. 人民日报,2014－06－05(07).

越依赖'棱镜'项目,该项目是其原始材料的主要来源"。

"棱镜"窃听计划正式名号为"US-984XN",是自2007年小布什时期起开始实施的绝密电子监听计划,美国情报机构一直在九家美国互联网公司中进行数据挖掘工作,从音频、视频、图片、邮件、文档以及连接信息中分析个人的联系方式与行动。监控的类型有10类:信息电邮,即时消息,视频,照片,存储数据,语音聊天,文件传输,视频会议,登录时间,社交网络资料的细节,其中包括两个秘密监视项目:一是监视、监听民众电话的通话记录,二是监视民众的网络活动。

2013年6月7日,在加州圣何塞视察的美国总统奥巴马做出回应,公开承认该计划。他强调说,这一项目不针对美国公民或在美国的人,目的在于反恐和保障美国人安全,而且经过国会授权,并置于美国外国情报监视法庭的监管之下。

2013年7月31日,美国国家情报总监詹姆斯·克拉珀授权公开了与斯诺登泄露的"棱镜"网络监控计划及电话监听计划这两大秘密情报监控项目相关的三份文件,分别为两份2009年和2011年情报机构给国会的密函,一份美国外国情报监管法庭2013年签发的监控项目授权令。

就在美国政府公布上述三份文件之际,英国《卫报》又公开了斯诺登泄露的美国政府另外一项计划,该计划通过美国国安局所谓"X关键分"(XKeyscore)这一"触角最广"的系统,"几乎可以涵盖所有网上信息",可以"最大范围收集互联网数据",内容包括电子邮件、聊天记录及数百万网上用户的浏览经历等。①

震惊全球的"棱镜门"事件,使全世界的目光再次聚焦到网络安全这一互联网时代的重要话题上来。根据"棱镜"等项目所披露的细节,美国军方和国家安全部门通过其所控制的互联网巨头企业,获取由后者提供的网络数据、漏洞、后门等,对其他国家的机密信息进行窃取甚至开展网络攻击,这其中包括全网情报搜集、预留远程控制、漏洞提前利用等多种类型。在以美国为首的西方国家所制造的网络安全威胁环境中,中国成为主要的被攻击和威胁对象之一。由此,促使人们从国际法理的视角展开思考,主要涉及以

---

① 华盛顿时报 Washington Times 等新闻媒体。

下 3 个方面的内容。

一、网络安全与网络主权的关系问题

从国家网络主权观念出发，一国确保其自身"领网"安全，保护本国信息系统和信息资源免受侵入、干扰、攻击和破坏，防范、阻止和惩治危害国家安全和利益的有害信息在本国网络传播，是行使网络主权的重要体现。"棱镜门"及其他各类网络安全威胁，实际上是对国家网络主权的挑战和冲击；具体而言，通过网络技术手段窃取他国机密信息，利用网络干涉他国的国内事务，从事国际网络犯罪活动，更是对"独立权"这一网络主权核心权能的损害。因此，必须从网络安全与网络主权的关系角度，认识网络安全的现状与挑战，进而涉及在国际法理方面的应对问题。

二、网络安全威胁的制度性原因问题

事实上，"棱镜门"事件反映出世界各国特别是主要大国，在网络安全和网络主权问题上所持国际法立场的重大分歧。更进一步说，有关国家在网络安全领域所采取的不同态度和做法，事实上体现了其在网络主权观念上的不同认识。"棱镜门"事件充分暴露出在全球互联网治理中美国"一家独大"的现状格局及其重大缺陷，美国表面上反对中国、俄罗斯等国关于网络主权的主张，反对联合国等政府间国际组织主导下的全球互联网治理机制，但其实质上奉行网络主权的"双重标准"，利用自身网络优势地位推行网络霸权主义和强权政治，想方设法巩固和维护自身网络主权。

三、网络安全威胁的国际法应对问题

从"棱镜门"事件可以清晰地看出，美国在网络空间资源、技术、产业、人才、战略等方面均处于全面的优势地位。面对严峻的网络安全形势，中国必须寻求构建更加安全的网络空间的可行路径，从宏观顶层设计到微观机制实施，即国家安全立法、产业政策制定、技术研究开发等多个维度综合发力、迎头赶上，进而维护自身国家主权和国家利益。与此同时，中美在网络空间和网络安全领域既有竞争、更有合作，中国应在全球互联网治理领域寻求与美西方国家的利益契合点、共同兴趣点，以"中美新型大国关系"的外交战略架构,在求同存异的基础上,寻求中美在网络空间的全方位合作,争取合作共赢,避免战略误判,进而为构建全球网络安全治理新秩序奠定坚实基础。

第二节　当前全球网络安全威胁现状及其成因

从国际关系的视角看,国家安全是国家生存和发展的基石。自由主义的代表人物约瑟夫·奈认为,国家安全就是国家核心价值不存在任何威胁。① 现实主义的代表人物阿诺德·沃尔弗斯在《冲突与合作》中指出:"安全,在客观的意义上,表明对所获得价值不存在威胁,在主观意义上,表明不存在这样的价值会受到攻击的恐惧。"②因此,一般意义上的国家安全即一国社会的核心价值处于免受威胁的性质或状态。

一、发展视角下的全球网络安全

2014 年 2 月 27 日,习近平总书记在主持召开中央网络安全和信息化领导小组第一次会议时发表重要讲话指出:"网络安全和信息化是事关国家安全和国家发展、事关广大人民群众工作生活的重大战略问题",强调"没有网络安全就没有国家安全"。网络安全是引申于国家安全的一个综合性概念范畴,需要结合人类社会信息化的发展进程、网络高速发展条件下网络空间的多元属性等进行整体把握,主要应考量以下 3 个层面的内容。

1. 网络安全和信息化是相辅相成的。人类自有信息生产交流活动以来,就一直面临信息安全问题,古代发明的蜡封书信、暗语口令等就是信息安全实践的雏形。而随着数学、语言学等学科的不断发展,密码学(Cryptography)这一研究"如何在敌人存在的环境中通信"的技术将信息安全研究引入了科学轨道。总的来看,现代信息安全大致经历了通信保密、计算机安全和信息系统安全、信息保障 3 个主要阶段,不同阶段关于信息安全内涵理解的侧重点虽有不同,但大部分研究都将信息安全归结为信息和信息系统的

---

① Johan Eriksson, Giampiero Giacomello. *The Information Revolution, Security, and International Relations: (IR) Relevant Theory?* [J]. International Political Science Review, 27(3), 2006.

② 周小霞. 浅析互联网时代的国家安全[J]. 湖北社会科学,2005(1).

保密性（Confidentiality）、完整性（Integrity）、可用性（Availability）3 项基本安全属性（亦简称为信息安全的 CIA 属性）。① 根据 2002 年《美国联邦信息安全管理法案（FISMA）》的术语解释，信息安全指保护信息和信息系统，防止未经授权的访问、使用、泄露、中断、修改或破坏，提供（1）完整性，防止对信息进行不适当的修改或破坏，包括确保信息的不可否认性和真实性；（2）保密性，信息的访问和披露都要经过授权，包括保护个人隐私和专属信息的手段；（3）可用性，确保可以及时可靠地访问和使用信息。

2. 网络安全日益向多领域传导渗透。随着网络信息技术的飞速发展和深度普及，工业化融入信息化、信息化推动现代化已经成为当前全球发展的图景，全球网络空间兼具基础设施、媒体、社交、商业等多元属性，同时融合了现实社会的巨大利益，使网络空间与现实空间前所未有地交融在一起，也使网络安全威胁正成为各国综合性安全威胁的主要载体。正如习近平总书记所强调的，"从世界范围看，网络安全威胁和风险日益突出，并日益向政治、经济、文化、社会、生态、国防等领域传导渗透"。因而谋求网络安全优势，便成为各国巩固本国实力和拓展全球影响力的重要战略目标。目前，已有俄罗斯（2001 年《国家信息安全学说》）、美国（2003 年《网络空间安全国家战略》）、英国（2009 年和 2011 年《国家网络安全战略》）、法国（2011 年《信息系统防御和安全战略》）、德国（2011 年《国家网络安全战略》）、中国（2016 年《国家网络空间安全战略》）等 50 多个国家颁布网络空间的国家安全战略，仅美国就颁布了 40 多份与网络信息安全有关的文件。②

3. 从综合的视角把握网络安全内涵。实践表明，仅从技术层面理解网络安全，往往难以有效解释和系统涵盖网络空间向人类社会多领域传导渗透的发展趋势，因此，有必要将网络安全分为技术性安全（硬安全）和非技术性安全（软安全）两个维度进行分析理解。技术性安全主要是指维护网络空间的信息或信息系统免受各类威胁、干扰和破坏，核心是保障信息的保密性、可用性、完整性等基本安全属性；非技术性安全主要关系政治、经济、文化、社会、生态等领域，它受一国法律和文化环境的影响，以网络信息内容的

---

① 沈昌祥，左晓栋. 信息安全[M]. 杭州：浙江大学出版社，2007：4－5.

② 谢新洲. 网络空间治理须加强顶层设计[N]. 人民日报，2014－06－05（07）.

真实性、合法性、伦理性等主观指标作为网络安全的评判标志。从国家范围来看,信息保障、信息治理、信息对抗是实现网络安全的 3 种主要手段。其中,信息保障强调针对信息资源和信息系统的保护和防御,重视提高各类关键信息系统的入侵检测、系统的事件反应能力以及系统遭到入侵引起破坏后的快速恢复能力;信息治理主要指面向信息内容的安全管理,强调通过多元主体依据法律来共同引导和规范网络信息传播,打击网络犯罪和不良信息内容传播,消除社会安全隐患;信息对抗是为了应对网络霸权主义和网络恐怖主义威胁,主动提升网络信息空间的威慑和反击能力,体现积极防御的主动性特征。① 这 3 种手段各有侧重且相互支撑,共同构成了网络安全能力建设的基本方向。

二、全球网络安全面临多重威胁

网络安全威胁是指对网络空间国家信息安全稳定的状态构成现实影响或潜在威胁的各类实践的集合。同网络安全所具有的多元内涵一样,网络安全威胁也具有多种不同形态。例如,从威胁的对象性质来看,包括技术性威胁和非技术性威胁,前者又可以分为物理层、逻辑代码层、内容层漏洞所造成的安全威胁,后者又可以分为政治、经济、文化、社会、生态、国防等领域的安全威胁。从威胁的实施形式来看,有网络病毒、僵尸网络、拒绝服务攻击、旁路攻击、社会工程学攻击、身份窃取、高持续性威胁攻击(APT)等。从威胁的实施主体来看,有各类黑客攻击、恐怖分子攻击、民族国家发起的信息战、工业间谍和有组织犯罪集团的非法入侵、信息窃取和非法网络公关,以及相关利益主体的网络政治动员和网络舆论战等。可以结合有关实际案例,归纳为以下 6 个方面。

1. 关键信息基础设施面临威胁。关键信息基础设施主要包括国家信息基础设施、现代工业控制系统两类。国家信息基础设施,也即国家网络基础设施,以互联网、电信网、广播电视网等现代通信网络及其各类支撑系统(如域名系统等)为核心,既是一国信息化建设的基础,也是一国网络空间正常

---

① 惠志斌. 全球网络空间信息安全战略研究[M]. 北京:中国出版集团世界图书出版公司,2015:50.

运行的基石和信息安全保障的重中之重。这类设施面临着自然因素和人为因素的双重威胁。在自然因素方面，如2006年12月南海台湾海域发生强烈地震导致中美、亚欧、亚太1号、亚太2号、FLAG和FNAL海缆等多条国际海底通信光缆发生中断，造成世界范围内的大面积网络瘫痪，经济损失数以亿计。在人为因素方面，较为典型的是DNS（域名服务器）被劫持，导致网络连接中断、网络无法访问或跳转至错误页面，如因黑客攻击引起的2009年暴风门网络事故、2010年百度域名被黑事件、2014年中国互联网链接瘫痪事件等，均造成很大负面影响和经济损失。现代工业控制系统，是企业用于控制生产设备运行的信息系统的统称，广泛运用于金融、能源、军工、交通、水利、市政等关键基础设施中，是经济社会运行的神经中枢。随着信息化与工业化的深度融合，工业控制系统已由早期的内部封闭运行，发展为更多采用通用协议、通用软硬件并以多种方式与企业管理系统甚至公用互联网连接，因而日益面临黑客、病毒、木马等多种安全威胁。如美国针对伊朗核设施工业控制系统实施"奥林匹亚行动"、发动"震网"病毒攻击，扩散后使伊朗、印度、印度尼西亚等国的一些计算机用户受到攻击，部分工业系统安全也受到威胁，敲响了全球工业控制系统信息安全的警钟。

2. 国家间网络情报监控窃取威胁。网络监控作为一项普通网络技术，是一种经常被运用于网络管理的方法。但以美国为首的西方网络技术强国，利用其对国际互联网的控制地位，滥用网络监控技术，大规模地对包括其他国家领导人在内的各种国家活动和信息进行秘密监控，对国家网络安全构成了极大威胁。例如，在2013年由美国中央情报局（CIA）前雇员斯诺登披露而曝光的"棱镜门"事件，就使全球对美国利用其掌握的先进技术、网络资源并与巨头公司联手大肆监测和渗透全球各国网络以获取情报的行为感到震惊与愤慨。该项目是美国政府于2007年启动的一项绝密级网络监控项目，正式代号为"US－984XN"，由美国国家安全局（NSA）和联邦调查局（FBI）负责，并通过与微软、雅虎、谷歌、脸谱、PalTalk、Youtube、Skype、美国在线、苹果等9家网络公司合作，大规模收集并分析这些网络服务提供商的实时通信和服务端信息，范围涵盖美国及境外用户的各类网络个人信息。有媒体披露，"棱镜"已经成为美国国家安全局最重要的情报来源，仅2012年美国总统的《每日情报简报》中就引用了1477项来源于此的数据，作为美国盟友的英国也于 2010 年 6 月起被允许访问"棱镜"系统并利用有关情报信息。而事实上,"棱镜"只是美国等西方国家实施网络监控活动的"冰山一角",除此之外的类似活动还有很多,如联合 5 个国家实施的 XKeyScore 项目、与英国联合实施的"颞颥"项目和"星际风"项目,而美国国家安全局下属的绝密情报部门"获取特定情报行动办公室"(Office of Tailored Access Operations, TAO)早在 15 年前就已经成功渗透进中国的各类网络电信系统,获取诸多关键性情报信息。① 斯诺登还披露,美国国家安全局长期攻击中国的大学、商业及政府机构网站,攻击目标多达数百个。而据联合国裁军研究所 2013 年的调查结果显示,全球已有 46 个国家组建了网络信息战部队,各国为争夺网络信息的控制权、打赢信息条件下的现代战争,正在积极拓展在网络空间内的国防和军事存在,网络空间内国家间的对抗日趋激烈。

3. 网络政治动员与舆论传播威胁。网络政治动员(Internet Political Mobilization)是国家、利益集团以及其他动员主体为达到特定政治目的,利用网络和传播技术在网络空间有目的地传播具有针对性的信息,诱发意见倾向,以获得人们的支持和认同,进而号召和鼓动人们在现实社会进行特定政治行动的行为过程。从全球视野看,最常见的网络政治动员可分为 5 类:一是现实社会中的边缘群体和草根阶层进行公共抗议的网络政治动员;二是各阶层和相关利益集团试图影响政府公共政策倾向的网络动员;三是竞选政治中各层次候选人所进行的议题动员和投票动员;四是恐怖主义组织、分裂势力招募追随者和煽动恐怖袭击的网络政治动员;五是国家主流意识形态为实现政治目标主动进行的网络政治动员。② 从维护国家政治安全和社会稳定的角度,网络政治动员的负面效应具体表现在:其泛主体性特征易被反政府势力用于颠覆性动员,通过制造流言、散布不满情绪、组织群体抗议等行为威胁政局稳定;其群体认同性特征,可能削弱政府形象和国家权威;其随机触发性特征,会极大冲击社会稳定;其跨国性特征,改变了国家安全的内涵,给国际关系和全球治理带来新的变量和挑战。

4. 网络恐怖主义和分裂活动威胁。网络恐怖主义(Cyber Terrorism)是

① 方兴东,张笑容,胡怀亮. 棱镜门事件与全球网络空间安全战略研究[J]. 现代传播,2014(1).

② 俞晓秋. 全球信息网络安全动向与特点[J]. 现代国际关系,2002(2).

恐怖主义与互联网结合的产物，它利用现代信息通信技术对国家的关键基础设施等进行毁灭或破坏，以制造恐慌和社会不稳定，进而影响政府或社会实现其特定的政治、民族、宗教或意识形态目标的犯罪行为。当前，网络恐怖主义正显现出一些新的特征，如以新媒体技术为组织工具、组织规模不断缩小、协调应变能力持续增强等。例如，恐怖分子的各大"圣战论坛"号召开展"脸谱入侵"行动，"推特恐怖""优图恐怖"等屡见不鲜，2013年9月，肯尼亚首都内罗毕西门购物中心恐怖袭击事件的制造者就对袭击事件进行了"推特直播"。近年来，中国新疆在反分裂斗争中，就曾查获大量被"三股势力"植入煽动恐怖主义和民族分裂视频图像的手机和其他音像制品。① 达赖集团也组建了庞大的网站群，大肆向境内外传播民族分裂思想，推动"西藏问题"国际化，②妄图借此与中国政府进行"非对称斗争"，以较小的成本博得分裂活动的较大"成就"。网络恐怖主义和分裂活动是全球网络安全的新威胁，已经成为国际社会关注的重点之一。

5. 网络地下经济和犯罪活动威胁。网络地下经济是不法分子利用互联网黑客技术攫取利益的网络犯罪商业模式，网络地下经济的产业化趋势严重威胁国家经济社会的正常秩序。当前网络地下经济主要呈现以下特征：一是组织化和规模化，较为完整的有垃圾邮件产业链、黑客培训产业链、恶意软件产业链、恶意广告产业链、信息窃取产业链、敲诈勒索产业链、网络仿冒产业链等。每个黑色产业链背后都有一套完善的流水化作业流程，如"制造病毒—传播病毒—盗窃账户信息—第三方平台销赃—洗钱"等。二是公开化，病毒产业对网络财富的盗窃行为已经从"暗偷"转变为"明抢"，如木马网站的公开化交易、一些知名网站公然进行病毒买卖、数据黑市以及"黑客技术培训"等，甚至还提供个性化定制服务。三是低龄化，年龄在10—30岁的病毒行业从业者占据较高比例。四是转向对合法网站的攻击，网络犯罪分子利用人们对合法网站的信任，将攻击矛头转向信誉度较高的网站，使得"不要访问可疑网站"的避险途径被彻底颠覆。由于网络地下经济具有低门槛、高回报、低风险等特点，导致这类犯罪活动肆虐蔓延势头不减，对正常

---

① 阿班·毛力提汗. 认清宗教极端思想的实质和危害[J]. 红旗文稿,2014(14).
② 李希光,郭晓科,王晶. 达赖集团对西方网络宣传的文本研究[J]. 现代传播,2010(5).

社会经济秩序造成极大危害。例如,2014 年赛门铁克公司旗下诺顿公司发布的《诺顿网络安全调查报告》显示,在接受调研的 17 个国家,大约5.94 亿人曾在过去 1 年内遭受网络攻击,由网络犯罪导致的经济损失总共高达1500 亿美元。在新兴市场,中国是遭受网络犯罪攻击最严重的一个国家,2014 年大约2.4 亿的中国消费者成为网络犯罪的受害者,经济损失高达7000 亿元人民币。①

6. 国家秘密、商业机密和个人信息泄露威胁。互联网时代的到来,使国家秘密面临极大地泄露和传播风险,一国人口、文化、法人单位、空间地理、宏观经济等方面的国家基础性信息资源,也极易成为网络窃取的对象,较为典型的案例是"维基解密事件"。2010 年 7 月 25 日,维基解密网站(WikiLeaks)通过英国《卫报》、德国《明镜》和美国《纽约时报》公布了 92000份美军有关阿富汗战争的军事机密文件,其中最具破坏性的消息是北约联军在阿富汗杀死平民的事件;维基解密还公布了 40 万份伊拉克战争文件,称有 10.9 万人(其中 63% 是伊拉克平民)在伊战中丧命,是阿富汗战争的 5倍,并记载了多起美驻伊部队虐囚及滥杀平民事件。商业机密由于承载着巨大的商业价值,因而成为网络犯罪分子窃取的重点目标,如 2013 年,中国最大的信息科技解决方案与服务供应商东软集团被曝商业机密外泄,造成损失 4000 余万元。近年来,网络个人隐私日益成为商家可供挖掘的数据,特别是大数据、云计算等新技术的广泛应用,使公民的交易类数据(消费与金融活动等)、互动类数据(网络言论等)、关系类数据(社会网络等)、观测类数据(地理位置等)经过技术手段关联聚合后便能准确还原并预测个人的社会生活全貌,促使个人信息的价值急剧上升,由此引发的个人信息安全系统性风险全面爆发,围绕网络个人信息采集、加工、开发、销售的庞大犯罪产业链业已形成。例如,2013 年 10 月,为如家、汉庭等快捷酒店提供网络服务的浙江慧达驿站网络有限公司因系统漏洞,使近 2000 万条酒店客户入住信息被泄露并通过网络传播下载,引发社会广泛关注及针对酒店的司法诉讼;2014 年 8 月,首起在华外国人非法获取中国公民个人信息案开庭审理,被告人彼特·汉弗莱和虞英两人 2005—2013 年接受境内外客户委托对中国公

---

① 李国敏. 赛门铁克发布《诺顿网络安全调查报告》[N]. 科技日报,2015 - 12 - 02(11).

司或个人进行调查,非法收益 2000 余万元;2016 年 8 月,山东考生徐某某因个人高招网上报名信息泄露被电话诈骗学费 9900 元,伤心欲绝,最终导致心脏骤停离世,造成无可挽回的悲剧。

三、全球网络安全威胁的国际法原因

全球网络安全风险日趋上升的原因是多方面,既有网络开放匿名理念的客观因素,也有全球范围内各国争夺网络空间主导权的主观意图。从国际法上看,在现有国际秩序的框架内,各国出于自身不同国家利益的考量,在全球网络安全治理事务中产生了大量的政治、经济乃至军事博弈,由此导致国与国之间特别是在全球范围内具有重要影响力的大国与大国之间,在诸多层面产生了理念和行动上的广泛利益冲突。

1. 关于网络主权的观念认知不尽相同。以中美两国为例,这是两国在全球互联网治理中的核心竞争焦点之一,同时也反映了发展中国家与发达国家在网络安全治理领域的重要分歧所在。首先,以中国为代表的广大发展中国家认为网络空间是有主权属性的,而以美国为代表的发达国家则认为网络空间属于全球公域即不存在网络主权的说法。进而,这种关于网络主权的不同认知就带来了博弈双方对于全球互联网治理模式的不同认知,中国承认和尊重网络主权,因此认为网络空间的资源配置和规则协调理所应当地更多交由政府间国际组织处理,并在处理的过程中视互联网为“人类的共同财产”,倡导有关各国和利益主体进行“共享共治”;美国否认和拒绝网络主权,因此认为网络空间的资源配置和规则协调应当更多交由“多利益攸关方”来处理,虽然这种“多利益攸关方”包括主权国家、国际组织、国内机构团体和个人,但要严格限制政府和政府间组织发挥作用,政府权威仅限于其领土边界。以 ICANN 移交问题为例,美国始终坚持反对移交给政府间组织,认为这会加大对互联网的审查力度,干涉网络自由。①

但事实上,如前文所述,美国对网络主权所奉行的是一种“双重标准”,即只承认本国的网络主权,却否认他国的网络主权;只承认网络主权理论中能够继续维护其在网络空间霸权地位的部分,却对于网络主权理论中导致

---

① 洪延青. 互联网治理走向依旧不明[N]. 人民日报,2014 - 03 - 27(22).

美国不能继续在网络空间随心所欲的部分坚决拒绝承认,其目的就是要对互联网行使"先占者主权",独霸全球 IP 地址分配、域名注册、域名解析等网络基础性资源。还以 ICANN 移交问题为例,美国面对国际社会呼吁其交出管理权的要求,一直表示拒绝;2014 年虽然慑于"棱镜门"事件的影响而表示计划交出管理权,但在所谓的 ICANN"多利益攸关方"架构中,政府代表组成的咨询委员会只能向 ICANN 理事会提供咨询意见,而且这个意见不具有约束力;政府咨询委员会主席兼任 ICANN 理事会成员,但不具有投票权。①因此,ICANN 的主导权依旧掌握在"多利益攸关方"中占据优势的美国公司手中,美国也就可以运用其国内法律管理这些公司,进而在实质上继续保有对互联网的控制权。又如,美国在抨击中国等有关国家网络内容审查制度的同时,其自身却依据主权原则保有严格的网络审查法规:根据《爱国者法案》,美国政府可以随意查看任何人的电子邮件、进入个人网址。此外,围绕对网络主权所持的不同态度,以美国为首的西方发达国家凭借其对互联网的控制和网络技术优势,始终没有停止对以中国为代表的发展中国家的意识形态渗透,"震网"病毒攻击、网络"颜色革命"等严重危害了发展中国家的网络安全和国家安全;而中国在处理国际事务时一贯主张相互尊重国家主权和核心利益,提出"网络不是法外之地",并针对互联网传播内容建立了一系列相对严格的管理制度。

由于以美国为代表的西方国家的反对和阻挠,国际社会尚未在网络主权议题上达成一致意见,使得美国等西方大国在网络主权问题上坚持双重标准的行为对全球网络安全造成负面影响:一方面,忽视网络主权使得网络霸权得以存在,而基于网络霸权所进行网络监听、网络攻击,甚至滥用网络基础性资源和网络技术优势将一国从网络空间中"抹去"等行为,将继续严重威胁全球网络安全。另一方面,对网络主权的否认严重阻碍了国际社会关于网络主权理论共识的形成,破坏了世界各国在全球互联网治理活动中的平等权,使得各国无法就网络安全问题开展平等交流与对话,进而影响了网络安全合作平台建设和网络安全国际规则的制定,迟滞了国际网络安全

---

① 崔聪聪. 互联网国际治理的基本问题——以 ICANN 为视角[A]. 张志安. 网络空间法治化——互联网与国家治理年度报告(2015)[C]. 北京:商务印书馆,2015:20.

合作的历史进程。

2. 关于网络安全的国际合作尚不普遍。习近平总书记在第二届世界互联网大会开幕式上的讲话中指出："网络安全是全球性挑战，没有哪个国家能够置身事外、独善其身，维护网络安全是国际社会的共同责任。"网络信息所具有的跨国性、开放性、交互性、复合性、破坏性等特点，决定了网络安全不可能仅存于全球某一个国家或某一局部区域，网络安全问题引致的严重冲击已经使世界各国承受了巨大损失、已经对世界各国利益构成了重大挑战。① 网络安全作为一种亟须提供的全球公共产品，②其供给并非某一个国家的责任或依靠某一个国家一己之力所能完成，因而始终离不开国际合作，并使各国在某种程度上形成一种"网络命运共同体"，共同维护网络空间和平安全。

虽然网络安全领域的国际合作有其必要性和紧迫性，各类全球性、区域性国际组织也就网络安全议题展开过一些协调和讨论，但这种合作在国际交往实践中往往受制于国与国之间的总体关系状况，特别是国与国之间在现实国际秩序和国际法律环境中形成的结构性矛盾，致使合作的广泛性、普遍性受到较大影响。结构现实主义学派的代表人物肯尼思·沃尔兹认为，结构是系统中的一系列约束条件借由奖励一些行为、惩罚另一些行为而限制和塑造了行为体的政策选择。③ 因而，结构性矛盾即指由于历史积怨和现实发展所引起的长期积累且无法短期消除的矛盾，一系列不信任因素会长期、频繁地影响两国或多国关系。④ 以中美、俄美双边关系为例，在实体世界中长期角力形成的互信不足，催生了一种较强的结构性矛盾，这种矛盾映射到网络空间，使得双方在网络安全领域的合作受限，进而极有可能陷入安全困境。例如，虽然中美、俄美双方在打击网络犯罪上有着共同的利益诉求，但在网络攻击和网络间谍等问题上经常相互指责，使正常的商业或司法问题高度政治化。例如，2017 年 1 月 11 日，美国候任总统特朗普承认俄罗斯

---

① 张显龙. 中国网络空间战略[M]. 北京：中国工信出版集团电子工业出版社,2015：126.
② 杨峰. 全球互联网治理、公共产品与中国路径[J]. 教学与研究,2016(9).
③ Kenneth N. Waltz. *Theory of International Politics*[M]. New York：McGraw - Hill, Inc. , 1979.
④ 张新颖. 国际关系中的结构性矛盾及其转化[J]. 理论学习,2009(8).

黑客干预美国大选,并表示自己上任后不会再让类似的事故发生等。特别是国家间在网络技术方面的差距和网络军备竞赛的展开,更会阻碍正常的网络安全对话,使处于信息技术劣势地位的广大发展中国家被排斥在全球网络安全治理的话语体系之外,进一步压缩网络安全国际合作的实施空间,一方面会给各种网络犯罪活动以可乘之机,另一方面也助长了网络霸权主义对全球网络安全的持续危害。

3. 关于网络安全的国际法规则尚不完备。"互联网是全球化的中枢神经,而不是工具",①它广泛渗透、快速生长并作用于当代各个类型、层面、领域的国际博弈与合作。这种围绕全球互联网治理、网络安全维护的博弈与合作,从国内和国际两个层面而言,都不能缺少法律规则。就国内层面而言,网络法规是国家对主权范围内网络空间进行规制的法律依据,是主权"对内最高"权威的重要体现,也是实施维护网络安全措施的法律依据。就国际层面而言,网络安全国际法规是保障网络主权平等的基础,是主权"对外独立"特征的重要表现,也是实施网络安全国际治理的法律渊源。而"徒法不足以自行",可以说,没有具有约束力和执行力的国际法规范,解决网络安全问题也只能是一句空话。当前,国际法律制度的不健全、不合理问题,特别是有关互联网领域的统一国际法规则尚未形成的缺憾,在一定程度上阻碍了网络安全治理国际合作的广泛开展。

目前,与全球网络安全治理直接相关的、具有普遍性和代表性的国际法规范主要有两部,一是由欧洲理事会主持起草并于 2004 年 7 月 1 日正式生效的《网络犯罪公约》,这是世界上第一个专门处理互联网治理相关问题的国际条约,中国是该公约的观察员国;二是"国际互联网公约",即世界知识产权组织于 1996 年 12 月 20 日在瑞士日内瓦通过的《世界知识产权组织版权条约》和《世界知识产权组织表演和录音制品条约》的合称,2007 年 6 月 9 日在中国正式生效。前者的内容主要是关于网络犯罪方面的国家间合作,目的是打击网络犯罪;后者旨在防止未经许可在网络上获得和使用创造性作品的行为,是关于知识产权保护的公约。这两个公约都是针对特定领域的网络安全问题,涉及范围比较有限,不足以应对全球网络安全领域层出不

---

① 杨伯溆,刘瑛. 关于全球化与互联网的若干理论问题初探[J]. 新闻与传播研究,2001(4).

穷的大量问题。

除此之外，在国际条约的制定方面，目前也还只有上海合作组织《保障信息安全政府间合作协定》（2009 年）、阿拉伯联盟《打击信息技术犯罪公约》（2010 年）、中俄《关于在保障国际信息安全领域合作协定》（2015 年）等为数不多的多边和双边条约。在这一现实背景下，近年来，国际社会迫切希望着手制定规制互联网领域的统一国际法规则，中国等新兴国家和不少发展中国家也积极推动在联合国框架下制定打击网络犯罪的国际公约。国际电信联盟（ITU）长期致力于推动这项工作，虽然取得了一定进展，如由国际电信联盟召集、联合国组织召开的两个阶段信息社会世界峰会（WSIS）所形成的《日内瓦原则宣言》《日内瓦行动计划》和《突尼斯承诺》《突尼斯议程》，以及一些专业技术机构、技术社群制定的为各方所广泛接受的网络安全技术规则，一些智库等非国家行为体通过研究形成的网络安全报告、建议等，都具有国际法辅助渊源的"软法"性质。但由于各主要大国在条约的性质和实施上存有较多不同意见，全球性网络安全公约的订立工作总体进展缓慢，全球网络安全治理领域统一国际法规则的制定出台尚需较长的时日。

第三节　中国参与全球网络安全治理的法律对策

在互联网与全球化深度融合的当今时代，"一个国家的利益已经不仅仅限于自己的国境线之内，而是越来越多地表现在与外部世界的联系之中"①，任何一个国家都难以避免网络安全威胁，由于"国际行为体调整其行为以适应对方的实际或期望的倾向时，就会出现合作"，②因而解决这一问题的关键途径就在于实现网络安全治理的全球互动、共享共治。在这一过程中，世界各国、地区及国际区域组织关于网络安全的双边与多边合作经验，是推进网络安全合作共治的重要基础与模式借鉴。中国应在着手解决

---

① 李忠杰. 怎样认识和对待综合国力的竞争——"怎样认识和把握当今的国际战略形势" [J]. 瞭望新闻周刊，2002(29).

② Keohane. *International Institutions*：*Two Approaches*[J]. International Studies Quarterly, 1988 (32).

自身内部网络安全问题的同时,运用国际法基本原则和规范,构建科学高效的全球网络安全治理模式,真正实现从网络大国向网络强国的历史性转变。

一、顶层设计:要统筹谋划网络安全合作战略体系

有学者指出,当前我国在网络空间治理上与西方大国相比还存在较大差距,主要表现在网络信息技术发展先天不足,特别是涉及网络信息安全核心技术的软硬件可控能力较弱问题,以及作为全球网络攻击主要受害国所反映出来的"大而不强"问题。导致这些问题的一个重要原因在于,我国的网络空间治理缺乏国家布局和顶层设计,存在政出多门、职能交叉、权责不一、协调不畅、效率不高等弊端。① 因此,必须借鉴国际先进经验,以国家意志加强和优化顶层设计,统筹发展和安全等诸多问题,形成综合治理格局,实现跨越式发展。

1. 树立正确的网络安全合作观念。习近平总书记于 2016 年 4 月 19 日在网络安全和信息化工作座谈会上的讲话提出"树立正确的网络安全"的主张,指出"网络安全是整体的而不是割裂的。在信息时代,网络安全对国家安全牵一发而动全身,同许多其他方面的安全都有着密切关系"。网络安全不仅是网络信息技术和信息安全产业发展的问题,还关系到国家的政治安全、经济安全、文化安全、社会安全、国防安全等多个方面,事关国家总体发展战略,已经成为世界各国关注的焦点和实现国家总体战略目标的重要依托。而在全球网络安全治理中树立正确的网络安全观,要特别注重把握"网络安全是开放的而不是封闭的"这一突出特点。一方面要立足开放环境,加强对外交流。中国始终秉持和平发展理念、走合作发展道路,将自身定位为全球和地区网络安全的推动力与贡献者,倡导通过合作、互动等非零和博弈,促进先进技术的吸收,深化网络投资市场的开放,使世界各国提高网络安全水平,共享网络发展成果。另一方面要着眼共同利益,尊重主权诉求。中国始终主张网络安全是一种全球性挑战,维护网络安全是国际社会的共同责任,也是世界各国的共同利益所在,应在尊重网络主权的前提下推动制定各方普遍接受的网络安全治理国际规则,共同打击网络犯罪活动,不搞单

---

① 谢新洲. 网络空间治理须加强顶层设计[N]. 人民日报,2014 – 06 – 05(07).

边主义和双重标准,反对网络霸权和强权政治,抵制网络战争和网络军备竞赛,推动形成以合作共赢为核心的网络安全命运共同体意识,构建和平、安全、开放、合作的网络空间,建立多边、民主、透明的国际互联网治理体系。

2. 构建高效的网络安全合作体制。当前世界上有 50 多个颁布网络安全战略的国家,大多数都是西方发达国家。就中国而言,党的十八大以来,中共中央高度重视网络安全体制机制建设,特别是设立国家安全委员会和中央网络安全和信息化领导小组,由最高领导人亲自牵头抓总,包括网络安全在内的中央层面国家安全组织领导机构开始发挥重要作用,在战略形势研判分析、战略规划布局掌控、战略部署统一发布、战略目标实施反馈等方面具备了重要基础;还颁布了《国家网络空间安全战略》《国家安全法》《网络安全法》等法规文件,在法律规范层次确立了多项网络安全国际合作体制机制。在此基础上,还应重点考虑推进 3 项任务:一是完善体制架构。加快建立省(市、区)、地(市、州、盟)、县(市、区)各层级网络安全战略执行机构,依据中央精神和《国家网络空间安全战略》《国家安全法》《网络安全法》等法规政策明确工作职责权限,形成以中央网络安全和信息化领导小组为核心,中央有关部门和各级战略执行机构共同参与、协调有力、执行到位的立体化网络空间安全治理体系。二是建立协调机制。参考借鉴有关国际经验,由外交部牵头,联合中宣部、网信办、工信部、公安部、安全部、国防部等部委和军队有关部门,设立网络安全国际事务协调会议机制,依据《国家网络空间安全战略》协调各自分工职责,共同推进涉及国家网络安全的国际合作与协调事项,确保总体战略目标实现。三是发挥智库作用。鼓励国内综合性、专业性学术机构围绕全球网络安全治理课题,开展现实性研究、跨学科研究、国别比较研究,在为重大决策提供参考建议的同时,从理论上丰富完善并逐步形成具有中国特色的关于全球网络安全治理的理论体系。

3. 制定科学的网络安全合作战略。有学者认为,美国之所以能够在全球网络安全竞争和对抗中保持主导地位,除了拥有信息技术的绝对优势和强大稳固的经济实力外,一个根本性的原因就在于其构建了较为完整的国家网络安全领导体制,并以此为基础形成了集网络安全国家力量、民间网络安全力量、国家网络安全能力和国家网络安全行为机制为一体的网络空间战略体系。① 中国充分认识到网络安全合作战略的重要性,一方面,习近平总书记在多个场合系统阐述中国关于网络安全国际合作的主张,特别是有关维护和平安全、促进开放合作、构建治理体系等主张赢得了国际社会广泛认同,是国家网络安全合作的理论和行动遵循。另一方面,《国家网络空间安全战略》《网络安全法》等战略规划和法律规范的颁布,为保障网络安全、加强国际合作、打击网络犯罪奠定了制度基础。未来一个时期,应在既有工作的基础上重点考虑细化安全战略的内容。即依据《国家网络空间安全战略》中确定的各项目标原则和战略任务,针对当前国家网络安全面临的政治、经济、文化、社会、国防等全方位挑战,分别制定相应的二级战略规划,以法治思维和法治方式统筹协调涉及各领域的网络安全和信息化重大问题,形成立体纵深、相互协调、可操作性强的战略体系。其中,特别是要着手制定《国家网络空间安全国际合作战略》,一方面要把握网络空间国际竞争新趋势,以和平、安全、开放、合作、有序为目标,以尊重维护网络主权、和平利用网络空间为原则,合理设计制度框架;另一方面要通过开展国家网络关键基础设施和关键基础数据调研,认清网络安全发展的现状和困难挑战,进而从战略全局把握中国国家利益与全球网络空间新秩序之间的辩证关系,提出明确阐述中国主张、符合中国国家利益的战略文件。

4. 网络安全合作战略的实现路径。一方面,要在相互尊重网络主权的基础上加强网络安全对话合作。根据《国家网络空间安全战略》的要求,深化同各国的双边、多边网络安全对话交流和信息沟通,有效管控分歧;支持联合国发挥主导作用,积极参与全球和区域组织网络安全合作,推动制定各方普遍接受的网络空间国际规则、网络空间国际反恐公约,健全打击网络犯罪司法协助机制,深化在政策法律、技术创新、标准规范、应急响应、关键信息基础设施保护等领域的国际合作,推动全球网络安全治理体系变革,特别是互联网地址、根域名服务器等基础资源管理国际化。例如,可以依托中俄全面战略协作伙伴关系,在双边网络安全领域就变革全球网络安全治理体系、深化有关领域国际合作达成战略一致;在此基础上,协调整合金砖国家

---

① 蒋亚民等. 国家网络空间战略需要力量建设、领导体制、政策法规"三箭齐发"[J]. 中国信息安全,2014(8).

（BRICS）、上海合作组织（SCO）等"朋友圈"范围内的共同利益，形成多边网络安全领域的共同战略意向并对外进行阐释；进而依托"朋友圈"平台，将变革全球网络安全治理体系的建设性方案提交联合国框架下的联合国教科文组织（UNESCO）、国际电信联盟（ITU）等机构展开讨论；最后通过联合国向全球发出有关倡议并促成出台具有国际法效力的文件。另一方面，要通过搭建互联互通平台培育网络安全共同体意识。推动"一带一路"建设，通过与沿线国家共建共享"信息丝绸之路"，促进国际通信互联互通水平提升，增强网络经济活力和普惠性，进而逐步培育网络安全领域的共同主张、愿望与诉求；加强对发展中国家和落后地区互联网技术普及和基础设施建设的支持援助，通过弥合数字鸿沟、共享发展红利，增进发展中国家和落后地区对全球网络安全治理中国方案的认同和支持；搭建世界互联网大会等全球互联网共享共治平台，广泛凝聚全球网络安全共识，与世界各国一道共建多边、民主、透明的全球网络安全治理体系以及和平、安全、开放、合作、有序的网络空间。

二、聚同化异：要以新型大国关系谋求互利共赢支点

国家和其他国际人格者在国际上彼此之间的交往有各种各样的形式。① 而无论采取何种国际法上的具体形式，其实质都在于国家之间围绕自身国家利益而展开的博弈与合作。网络信息时代的到来，并没有从根本上动摇国家行为体的地位和优势，特别是对传统的大国和强国而言。有学者就指出，信息革命未将世界政治改造成完全复杂且相互依存的新世界政治的原因是，信息并不是在真空中流动，而是在已被各种传统力量占据的政治空间中流动。② 在这个意义上，网络时代现代国家权力表面上的衰落，只是因为还没有能够及时适应信息革命的挑战而已。③ 近年来，中美两国在全球互联网治理特别是网络安全管控问题上的交锋成为焦点和热点，这将对中国的

---

① ［英］詹宁斯，瓦茨. 奥本海国际法（第八版）［M］. 王铁崖等译. 北京：中国大百科全书出版社，1995：609.

② Robert O. Keohane and Joseph S. Nye Jr. *Power and Interdependence in the Information Age*［J］. Foreign Affairs, 1998, 77（5）.

③ 肖佳灵，唐贤兴. 大国外交——理论·决策·挑战［M］. 北京：时事出版社，2003：748.

总体安全形势和发展战略,以及中美双边关系乃至全球范围的国际安全秩序产生重大影响。因此,以中美建立新型大国关系为例切入,分析全球网络安全合作的互利共赢模式,具有较强的现实意义。

1. 中美在网络安全领域的竞争热点。一是中国网络安全核心技术受制于美国。谢新洲教授以"三个世界"理论,将全球网络空间权力版图分为网络霸权国家、网络独立国家、网络租客国家 3 类。① 处于网络租客地位的中国是美国这一唯一超级霸权国家信息网络产品的最大用户,造成中国网络安全防护水平较低②,且极大受制于美国。二是中国冲击美国在网络空间的单一主导地位。虽然美国依托互联网先发优势坐拥网络超级霸权,但中美网民规模和互联网公司市值对比却在发生显著变化,中美在网络空间的权力转移是大势所趋,③并可能逐渐形成中美两强并驾齐驱的格局,这将对美国的主导地位形成严重威胁。三是中美对网络主权理念、全球网络治理模式、网络空间价值观等方面的认知具有较大的差异。中国在尊重网络主权的基础上谋求建立网络空间领导力,希望发挥国家间国际组织的应有作用,推动网络资源由全人类共享共治;美国表面上拒绝承认网络主权原则,实际上则对网络主权奉行"双重标准",希望将互联网控制在由自己管辖的"多利益攸关方"手中,进而继续实行网络霸权和强权政治。这种态势是由中美两国在传统国际秩序中长期积累的结构性矛盾造成的,导致两国之间多次出现涉及网络窃听、黑客攻击、网络意识形态渗透等对抗事件,给全球网络安全带来较为严重的负面影响。

2. 中美在网络安全领域的合作需求。中美两国作为具有世界影响力的大国和联合国安理会常任理事国,一个是世界上最大的发展中国家和正在崛起的大国,另一个是世界上最大的发达国家和唯一的超级大国,虽然双方不可避免地存在许多结构性矛盾,但是结构性共同利益也正在增加,④这主要体现在以下 3 个方面。一是两国均为网络犯罪的受害国,都面临着网络

① 谢新洲. 网络空间治理须加强顶层设计[N]. 人民日报,2014 - 06 - 05(07).

② Shen D. *A Collaborative China – US Approach to Space Security*[J]. Asian Perspective, 2011, 35(4).

③ 方兴东,胡怀亮. 国际网络治理与中美新型大国关系:挑战与使命[A]. 张志安. 网络空间法治化——互联网与国家治理年度报告(2015)[C]. 北京:商务印书馆,2015:88 – 89.

④ 夏立平. 论中美共同利益与结构性矛盾[J]. 太平洋学报,2003(2).

诈骗、网络窃密、网络恐怖主义等网络安全威胁。中美两国遭受黑客攻击的频次高居全球前列,广大企业和网民因此深受其害;中美两国都是网络恐怖主义攻击的重要对象。① 二是两国都是网络经济的受益者,有着巨大的共同利益空间。网络经济是美国经济的第一支柱,其经济运行对网络的依赖度超过80%,中国则扮演其信息网络产业最大用户的角色;中国的网络经济发展十分迅猛,电子商务市场极度活跃,阿里巴巴、京东商城、聚美优品、途牛旅游网等多家公司在美国上市,这些都促使中美两国的网络经济依存度不断上升,双方因此也有共同的责任和需求采取联合措施保障网络安全、维护企业利益。三是两国都有管控网络危机的现实需求。中美两国虽然在网络主权观念、网络治理模式等方面存在较大分歧,在意识形态领域也存在根本差异,但"国际关系互动并不完全是零和游戏",②网络空间的全球性和世界各国共同面临的网络安全威胁,要求中美关系在网络空间积极发展,促使两国在互联网的各技术层面加强主动合作,在涉及互联网的重大行动上加强沟通协调,以"防止浮云遮眼,避免战略误判"。只有超越狭隘的本国利益,推动网络时代人类社会的发展与繁荣,积极致力于网络新文明的建设与普及,才能让两国乃至全世界共同受益于互联网的发展成果。

　　3. 中美新型大国关系与网络安全合作实践。2013 年 6 月,习近平总书记在与美国总统奥巴马会晤期间提出,中美应该构建以不冲突不对抗、相互尊重、合作共赢为核心的新型大国关系。2014 年 7 月,习近平总书记在第六轮中美战略与经济对话开幕式上的致辞中 9 次提及新型大国关系,并为新型大国关系注入新的内涵,即"增进互信,把握方向""相互尊重,聚同化异""平等互利,深化合作""着眼民众,加深友谊",集中体现了"尊重、平等、互信、共赢"的含义。2014 年 11 月,习近平总书记在同美国总统奥巴马会谈时,强调从加强高层沟通和交往增进战略互信、在相互尊重基础上处理两国关系、深化各领域交流合作、以建设性方式管控分歧和敏感问题、在亚太地区开展包容协作、共同应对各种地区和全球性挑战 6 个重点方向推进中美新型大国关系建设。这些论述在本质上是与《联合国宪章》所确立的国际法

① 丁红军,陈德俊. ISIS 网络恐怖主义活动对我国反恐形势的影响及应对措施[J]. 中国公共安全,2015(2).

② 申琰. 互联网与国际关系[M]. 北京:人民出版社,2012:39.

基本原则相一致的,是中国在国际交往中历来所主张的和平共处五项原则的具体应用和深化发展,得到了美方的赞同和认可。将其中所体现的国际法原则,运用于中美网络安全合作,是构建中美新型大国关系的题中之义,也是符合两国共同需求、回应两国共同关切、建立科学合理的全球网络安全治理格局的必然要求。

一是就网络安全问题建立或嵌入沟通机制。一方面,中美两国可以通过加强相关法律程序的制定和协调,新建应对网络安全这一地区和全球性挑战的沟通机制,推动网络安全领域务实合作的开展,践行中美新型大国关系的重点方向。具体而言,中美双方都表示要建立共同遵守的网络空间行为规范,因此可以双方已经达成基本共识的原则为突破口,进行警务安全部门之间的通力合作,共同打击日益猖獗的各类网络犯罪行为。同时还应继续发挥好中美互联网论坛、中美互联网对话机制等磋商机制的作用。① 另一方面,近年来,中美处理双边关系的机制安排不断增加,陆续建立的各种层级和形式的双边对话机制已达 90 多个,涉及经贸、防务、安全、人权等多个方面,两国还建立了 41 对友好省州和 202 对友好城市关系,充分体现了构建中美新型大国关系中"深化各领域交流合作"的精神内涵。而随着网络安全成为焦点和热点,应适时将这一议题嵌入更多双边对话机制之中,②通过多渠道的建设性对话,尽可能消除两国之间的战略猜忌,增进和强化战略互信。在这一方面,中美双方已经取得一定实践成果,如网络安全议题已被纳入中美战略与经济对话这一双边高层级对话机制当中,并在该对话框架下专门成立了网络安全工作组。

二是合理管控网络安全分歧并谋求"最大公约数"。由于中美两国的共同利益远大于矛盾分歧,因此应当共同遵循在构建新型大国关系过程中形

---

① 中美互联网论坛由中国互联网协会、美国微软公司联合主办,旨在促进中美两国互联网业界的交流与合作,始办于 2007 年,截至 2016 年年底已举办 8 届,2014 年以来的详细情况见本书第一章第二节。中美互联网对话机制是在美国知名智库东西方研究所提议下,经工业和信息化部、国务院新闻办推荐,由中国互联网协会牵头,就反垃圾邮件、黑客攻击等多个专题与其开展交流和沟通活动。中国互联网协会指定其网络与信息安全工作委员会(秘书处设在国家互联网应急中心)具体承办。2010 年 3 月 9 日和 18 日,6 月 8 日和 22 日,国家互联网应急中心先后组织召开该机制中方专家组第一次至第四次会议。

② 汪晓风. 中美关系中的网络安全问题[J]. 美国研究,2013(3).

成的"相互尊重，聚同化异"共识，在战略理性层面注重有效管控网络安全的矛盾冲突，针对共同威胁和利益重叠营造基本共识。① 例如，在关于网络主权的问题上，中美两国就有着截然不同的理解和看法，有鉴于此，双方可以事先预设共同接受的对话前提即"最大公约数"，如遵循《联合国宪章》和其他为国际社会所公认的国际法基本准则，在维护本国网络主权、安全和利益的基础上开展协同合作；如根据联合国、国际电信联盟（ITU）等国际组织已经达成的有关全球网络安全治理决议和有关国际公约精神，共同促进并主导完善网络安全管理制度和网络资源利用规则。而在需要解决共同面临的迫切问题时，可以在保留关于网络主权等方面原则分歧的前提下，先行磋商诸如网络空间资源开发、电子商务安全保护等方面的具体事项，并利用各种对话机制，共同引导其他国际行为体将全球网络安全治理问题提上实质议程。再如在关于网络价值观念的问题上，中美两国围绕民主自由观念传播和意识形态领域管理存在实质争议，因此，在处理涉及网络公共外交甚至网络攻击等方面的冲突时，双方都应本着"尊重、平等、互信、共赢"这一构建新型大国关系的重要意涵，及时开启相关层面的沟通协商机制，积极妥善地回应对方的合理关切，对自身行为目的与手段的适应性、比例性进行认真评估，妥善处置不合理言行所造成的负面影响，增强网络空间交谈的正能量，②维护总体战略互信关系。

三是强化网络安全技术合作等底层建设。中美两国以构建新型大国关系的国际法准则指导网络安全合作，体现了顶层设计的战略高度；而两国深化在网络安全技术、人才、资金等方面的合作，则使将这一顶层设计进一步落实到全球互联网治理的底部，更具有现实性和可操作性。例如，美国作为互联网的发源地，具有巨大的技术、人才、资金优势。而中国的互联网建设虽然起步较晚，但具有明显的后发优势，20 多年来在一些关键领域也取得了重大突破，如中国的高性能超级计算机技术已经处于世界领先地位，中国的华为公司有望超越美国思科公司成为全球第一大通信设备商，在世界互联

① 檀有志，吕思思. 中美两国在网络空间中的竞争焦点与合作支点[A]. 复旦国际关系评论：网络安全与网络秩序[C]. 上海：上海人民出版社，2015(17):68.

② Lye K, Wing J M. *Game Strategies in Network Security*[J]. International Journal of Information Security, 2005, 4(1–2).

网企业前 10 强里中国占有 4 席等。在这一背景下,中美两国在有关领域产生冲突不可避免,但双方都应当摒弃零和博弈的思维,充分发挥各自的比较优势,利用网络空间耦合度高所带来的市场差异性和互补性,在加强网络基础设施建设、利用网络信息资源提高产品附加值、互联网人才教育培训等方面不断拓展合作空间,保障网络信息高效、低耗、安全传输,继而创造出更多机会分享彼此的创新成果,满足各自国家和全球范围日益增长的信息需求。例如,在这一过程中,美国应加快放宽对中国高新技术产品的出口限制,只有给早已不合时宜的封闭僵化政策松绑,才能有利于两国更好地实现优势互补和互利共赢。2014 年 11 月,历时近 17 年的中美关于信息技术贸易协定(ITA)谈判在北京举行的亚太经合组织(APEC)领导人非正式会议期间取得突破性进展,双方在信息科技产品消除关税的谈判中就扩大范围达成重要共识,这将有效地降低多种高科技产品的进口关税,并有望覆盖价值 1万亿美元的贸易商品。①

三、系统推进:要以网络安全实力提升赢得国际话语权

有学者指出:"建设网络强国,既需要网络空间治理的新理念,也需要过硬的技术,更需要有效的体制机制。我们要……发挥政治优势与制度优势,以国家意志对网络空间治理统一谋划、统一部署、统一推进、统一实施",并提出要从"自主创新、科学管理、防建结合、依法治网、融入国际、全民动员"这 6 个方面系统筹划推进。② 这一论断准确把握了网络安全建设的系统性特征,只有各层面综合发力,各方面齐抓共管,才能切实维护网络安全,才能以网络安全实力的整体提升为后盾赢得全球网络安全治理的国际话语权。

1. 尽快取得网络核心技术突破。习近平总书记多次强调互联网核心技术的重要性,把它称为"我们最大的'命门'",并指出:"核心技术受制于人是我们最大的隐患","建设网络强国,要有自己的技术,过硬的技术","我们要掌握我国互联网发展主动权,保障互联网安全、国家安全,就必须突破核心技术这个难题"。在这一问题上,需要关注以下 5 个方面内容。一是要

---

① 周武英. 中美认同信息技术贸易协议扩围[N]. 经济参考报,2014 - 11 - 12(04).
② 谢新洲. 网络空间治理须加强顶层设计[N]. 人民日报,2014 - 06 - 05(07).

坚定不移实施创新发展战略,在国家层面制定全面的网络信息核心技术发展战略,明确任务目标,有序推进实施。当前,要抓住全球信息技术和产业格局加速变革的历史机遇,积极谋划部署云计算、大数据、物联网、量子通信等新技术,特别是要加强对网络信息安全技术、产品和服务的战略规划,在关键领域分阶段完成国产网络信息设备对国外产品的服务接管、产品替代、自主创新3个梯次目标,实现网络安全与信息化产业的跨越发展。① 二是要聚焦基础技术、通用技术,非对称技术、"撒手锏"技术,前沿技术、颠覆性技术等与发达国家的同起点技术,做到在战略上超前规划部署,在投入上集中力量公关。三是要积极推动核心技术成果转化,确保核心技术同产业链、价值链紧密衔接,形成市场产品和产业实力。四是要在核心技术研发上形成协同效应,支持具有自主知识产权和品牌的网络信息产品的研发,制定跨部门参与、跨行业协作的研发机制和推进路线。五是要鼓励和支持企业成为互联网核心技术的研发主体、创新主体、产业主体,优化市场环境和产业政策配套,鼓励网络安全企业做大做强,形成包括国有企业和民营企业在内的网络产业"战斗群",为保障国家网络安全夯实产业基础。

2. 着力加强网络安全制度建设。习近平总书记多次强调:"网络不是法外之地",提出"我们要本着对社会负责、对人民负责的态度,依法加强网络空间治理"。依法管理网络事务,是国家行使网络主权的重要组成部分,当前,要按照全面依法治国的总体要求,坚持依法、公开、透明管网治网,以《国家网络空间安全战略》为宏观指导,以《国家安全法》《网络安全法》等法律法规为制度基础,提高互联网领域立法、执法、司法、守法整体水平,切实做到有法可依、有法必依、执法必严、违法必究。

一是要健全网络安全法律法规体系。兼顾好网络立法的前瞻性与可操作性、创新性与稳定性。一方面,进一步加强对网络社会管理、网络信息安全等领域的统一立法规划,加快制定《未成年人网络保护条例》《网络个人信息保护法》《网络监督法》等现实急需的法律法规,加强网络空间通信秘密、言论自由、商业秘密,以及名誉权、财产权等合法权益的保护,明确各方主体

---

① 惠志斌. 美国网络信息产业发展经验及对我国网络强国建设的启示[J]. 信息安全与通信保密,2015(2).

在网络安全领域的权利、义务和责任,织密织牢网络安全"法网"。另一方面,进一步加快对现行法律法规的修订、完善和解释,使之适用于网络空间,制定各层级配套规则,提高国家整体法律体系在网络安全管理领域的科学性、适用性水平。

二是要全面细化网络安全法律规定。第一,宣示和捍卫国家网络主权。以法律形式明确网络主权原则和范围,细化从经济、行政、科技、法律、外交、军事等各领域维护国家网络主权的配套规则。第二,维护和保障网络国家安全。将利用网络鼓吹颠覆国家政权、煽动宗教极端主义、宣扬民族分裂思想、教唆暴力恐怖活动以及境外势力渗透、破坏等行为与《刑法》相关罪体、罪责、罪量规定相互衔接配套,做到调整范围不留死角、调整手段罪刑相适。第三,惩治和预防网络犯罪活动。综合运用刑事、行政、民事实体法和相应程序法调整手段,打击网络恐怖、网络间谍、网络窃密活动,依法严厉惩治网络诈骗、网络盗窃、贩枪贩毒、侵害公民个人信息、传播淫秽色情、黑客攻击、侵犯知识产权等违法犯罪行为,做到各类规范无缝对接、运行顺畅。

三是要巩固加强网络文化阵地建设。坚持依法治国与以德治国相结合,以社会主义核心价值观和人类文明优秀成果引领、滋养网络空间和网络生态,积极传播正能量,逐步形成安全、文明、有序的信息传播秩序。坚持媒体融合发展,推动传统媒体和新兴媒体在内容、渠道、平台、经营、管理等方面的深度融合,在国内外竞争中形成传播力、公信力、影响力,构建立体多样、融合发展的现代传播体系。坚持安全管理,以确保网络安全为重点,谋划建立新媒体安全管理制度体系,切实防范应对西方国家利用社交媒体对境内实施文化渗透行为。坚持"走出去"方向,发挥互联网传播平台优势,推动中外优秀文化交流互鉴,让各国人民了解中华优秀文化,有效抵御西方文化霸权。

3. 完善网络安全治理保障体系。"要坚持技术、法制与管理并重的原则,用科学管理来提升网络空间治理能力。从国家安全和现代化建设的全局出发,解决好网络空间跨部门、跨领域发展带来的管理瓶颈问题,建立起国家层面'跨域融合'的网络空间管理体系。"①要解决好部门间、领域间存

---

① 谢新洲. 网络空间治理须加强顶层设计[N]. 人民日报,2014-06-05(07).

在的体制机制不协调、规则标准不配套、信息资源不对称问题,真正实现"跨域融合"治理,就需要着眼于国家治理体系和治理能力现代化的要求,强调政府、企事业单位、各类社会组织和社会团体、社区、个人等多元主体共同参与网络治理和规则制定过程,在政府主导、自主表达、协商对话的基础上,建构兼顾各方利益的法律法规和公共政策体系,加快形成法律规范、行政监管、行业自律、技术保障、公众监督、社会教育相结合的网络安全综合治理体系,健全基础管理、内容管理、行业管理、网络违法犯罪防范和打击等工作联动机制。在此基础上,要特别注重以下 6 个方面的保障体系建设。

一是构建关键信息基础设施安全保障体系。落实《网络安全法》关于"关键信息基础设施的运行安全"的规定,国务院各有关部门按照职责分工研究编制涉及公共通信和信息服务、能源、交通、水利、金融、公共服务、电子政务等重要行业和领域的关键信息基础设施安全规划并监督执行,强化关键信息基础设施运营者的安全保护义务,加强关键信息基础设施重要数据跨境传输管理,建立并完善国家安全审查、检测评估、应急演练、信息共享、技术支持等工作机制。二是完善网络信任体系。修订《电子签名法》和《电子认证服务管理办法》,建立国家 CA 证书策略体系、管理机制和技术平台,实现国家级证书策略管理、证书互认和电子认证的业务连续性保证。① 三是建立网络危机处理体系。要以全天候全方位感知网络安全态势为目标,做好等级保护、风险评估、漏洞发现等基础性工作,建立统一高效的风险报告机制、情报共享机制、研判处置机制,准确把握网络安全风险发生的规律、动向、趋势。四是建设网络安全防御和威慑体系。牢牢抓住"对抗"这一网络安全的本质,全面落实网络安全责任制,研究制定网络安全标准,明确保护对象、保护层级、保护措施,切实提升网络安全攻防两端的对抗能力。五是加强网络信息数据安全保障体系。全面落实《网络安全法》关于网络运营者、网络产品和服务提供者的安全义务,加强网络实名制管理,规范包括个人信息在内的各类网络信息数据的收集、利用和跨境流动行为。六是打造网络安全人才队伍保障体系。实施网络安全人才工程,通过科研院所、普通高校网络安全专业学科培养领军人才、专业人才,通过继续教育系统、企事

---

① 宁家骏. 论网络空间信任体系建设[N]. 中国信息化周报,2015 – 02 – 09(07).

业单位、行业协会网络安全培训形成业务人才、通用人才,打破固有体制束缚,建立灵活激励机制,让人才能够在政府、企业、智库间实现有序顺畅流动,广泛吸引全球范围内的优秀人才。同时,要大力开展全民网络安全宣传教育,持续提升全民网络安全素养。继续办好网络安全宣传周活动,增强社会公众的网络自律意识、安全意识和主权意识,进而有序、有效地参与到网络治理过程中,形成全民参与网络安全治理的强大凝聚力和向心力。

第四节　以《网络犯罪公约》为例看国际网络犯罪立法与中国刑事政策

有学者认为,网络犯罪与传统犯罪具有本质区别,主要表现在扩大的规模、跨国的范围、分散的控制3个方面。同时,鉴别犯罪可能形式的能力,在网络犯罪领域也显得力不从心。① 事实上,表现形式多样的网络犯罪,其中一些只是传统犯罪借助网络工具的翻版,而另一些则是在信息技术条件下新形成的特有犯罪形态。面对跨越国界且成倍增长的网络犯罪活动,对其有意义的回应将发生在制度层面。而在单凭一国国内法难以有效防治网络犯罪的背景下,国际社会的协同合作就显得尤为重要,这不仅涉及新的技术能力,也包括对行动者的经济刺激、组织惯例与流程变革、新的法律法规的颁布,以及在更高层面上处理国家之间、国家与个人之间的关系。②

一、国际网络安全立法与《网络犯罪公约》

在国内法层面,存在各自为战、管辖冲突的问题。面对日益猖獗的网络犯罪活动和层出不穷的网络犯罪形式,世界各主权国家政府都对此给予高度关注,这被自由主义论者视为"安全的对等共创生产在'权力的阴影中'运作"。为了加强对网络犯罪的惩治力度,各国都纷纷谋求扩大自身刑事法律

---

① Brenner, Susan W. *Distributed Security*: *Moving Away from Reactive Law Enforcement*[J]. International Journal of Communications Law & Policy, 2005(Spring).

② [美]弥尔顿·L. 穆勒. 网络与国家:互联网治理的全球政治学[M]. 周程等译. 上海:上海交通大学出版社,2015:164.

的适用范围,但这种做法存在两个方面的主要问题。一方面,各国对网络犯罪所设置的刑事法律规则散见于各自庞杂的刑事法律体系之中,尚未形成针对这种新型犯罪的全面系统规定,体系化、系统性严重欠缺。另一方面,这种做法也扩大了本国的刑事管辖权,尤其是有些行为在特定国家构成犯罪,而在其他国家不构成犯罪之时,①极易引起管辖权的争议和执行上的困难。

在国际法层面,存在"硬法"受限、"软法"昌盛的局面。具体而言,国际社会就网络安全治理缔结国际条约、制定统一国际法规则仍存在不少困难,这源于各主要大国在网络主权问题、国际法渊源继受与创设问题等诸多方面存在分歧,话语权争夺十分激烈。例如,英国提出的网络空间"七大原则",中国、俄罗斯等4国提出的《信息安全国际行为准则》,印度、巴西和南非3国提出的关于成立监督全球互联网治理的新国际组织倡议等。在这一背景下,不具有强制约束力的、作为国际法辅助渊源的"软法",就成为达成全球网络安全治理共识的一个重要突破口。究其原因,得益于"软法"多为调整非国家主体间的行为、无须冗长的谈判过程和权力机关批准程序、具有较强的灵活性和较大的调整余地等特点,同时国家和各类组织在"软法"制定和实施过程中达成的共识,经过实践检验后能够成为国际法律习惯所需要的法律确信,或多边条约的共识基础,②为国际法正式渊源的形成创造条件。例如,国际电信联盟(ITU)、信息社会世界峰会(WSIS)、英联邦互联网治理论坛(CIGF)等多边会议机制,以及互联网名称与数字地址分配机构、国际互联网协会(ISOC)、国际互联网工程任务组(IETF)等专业机构,其所形成的诸如《日内瓦原则宣言》《日内瓦行动计划》和《突尼斯承诺》《突尼斯议程》等国家间政策声明,以及各类行业规范和技术标准等,都具有"软法"的性质,在推动全球网络安全治理方面起到了十分重要的作用。

在国际统一立法成果层面,《网络犯罪公约》和"国际互联网公约",分别在打击国际网络犯罪、保护网络知识产权方面具有重要的里程碑意义。在全球网络安全治理视角下,需要重点关注《网络犯罪公约》这一国际法规

---

① 杨彩霞. 国际反网络犯罪立法及其对我国的启示——以《网络犯罪公约》为中心[A]. 中国法学会刑法学研究会学术年会文集[C]. 北京:中国人民公安大学出版社,2004:625.

② 王孔祥. 网络安全的治理路径探析[J]. 教学与研究,2014(8).

范,它是主权国家之间强化反网络犯罪国际合作、进而形成具有约束力的国际刑事法律规则的重要实践,是应对网络犯罪和收集有关此类犯罪电子证据问题的第一个多边条约,也是世界上规模和影响最大的制裁网络犯罪的国际法律文件。《网络犯罪公约》的协商,最初由包括美国、日本、欧盟在内的互联网技术大国发起,各国在欧盟理事会的主持下进行了长达4年的协商工作。先是由欧洲犯罪问题委员会网络空间犯罪专家委员会负责起草文本草案,经过27次修改最终于2001年11月23日在匈牙利布达佩斯通过了全球第一个国际性的《网络犯罪公约》,2004年7月1日正式生效。目前,《网络犯罪公约》已有44个国家批准,另有9个国家签署待批准。在批准国中,有美国、澳大利亚、多米尼加、毛里求斯、巴拿马等非欧洲委员会国家;在签署国中,有日本、加拿大、南非等非欧洲委员会国家。中国是《网络犯罪公约》的观察员国。

二、《网络犯罪公约》的主要内容和不足之处

《网络犯罪公约》共分4章,共计48个条文。"序言"部分除了规定公约的功能、目标外,特别规定了网络犯罪的内涵,即"危害计算机系统、网络和资料的保密性、完整性和可用性以及滥用这些系统、网络和资料的行为"。第一章"术语的使用"定义了网络犯罪涉及的主要术语,第二章"国家层面上的措施"和第三章"国际合作"的规定,是该公约的核心内容。第二章"国家层面上的措施"包括三个部分,即"刑事实体法""刑事程序法"和"管辖权",从第2条到第22条,共计21个条款。第三章"国际合作"包括两个部分,即"一般原则"和"特殊规定",从第23条到第35条,共计13个条款。第四章"最后条款"包括13个条款,主要规定公约的签署、生效、加入、区域应用、公约的效力、声明、联邦条款、保留、保留的法律地位和保留撤销、修订、争端处理、缔约方大会、公约的退出和通告等事项。①

1. 在刑事实体法层面。《网络犯罪公约》第一次明确了4类9种网络犯罪行为,但只是建立了犯罪的基本模型,并未规定具体的罪状,其目的在于

---

① 皮勇.《网路犯罪公约》中的犯罪模型与中国大陆网络犯罪立法比较[J]. 月旦法学杂志,2002(11).

明确各缔约国一致认同的网络犯罪最低标准，消除法律冲突，促进国际合作，惩治网络犯罪，各缔约国可以此为基础做出进一步规定。这4类9种网络犯罪包括：一是侵犯计算机资料和系统可信性、完整性和可用性的犯罪（非法侵入计算机系统、非法拦截资料、资料干扰、系统干扰和设备滥用），二是与计算机相关的犯罪（计算机相关的伪造、计算机相关的诈骗），三是与内容相关的犯罪（与儿童色情相关的犯罪），四是侵犯著作权及其邻接权罪。《网络犯罪公约》要求各国，要将故意帮助、教唆他人触犯上述罪名和部分罪名的未遂行为列为犯罪；要对犯罪人进行有效、适当、劝阻性的刑罚制裁；同时对法人的责任进行了明确规定，指出"法人应对由任何在该法人中具有领导地位的自然人、单独或伙同该法人的某个机构，为该法人的利益实施的本公约所列的罪行承担责任"（可处以财产刑）。

2. 在刑事程序法层面。《网络犯罪公约》规定了有关电子证据调查的特殊程序法制度，包括"一般规定""现存计算机数据的快速保护""提供令""搜查和扣押现存计算机数据""计算机数据的实时收集"这5个方面的内容。具体而言，由于网络犯罪所具有的隐匿性特征和电子证据的易转移、易灭失特点，该公约规定执法机关有关要求快速保护计算机数据，并可责成其他管理人实施并保密。由于网络犯罪和行为人所具有的知识性、技术性特征，该公约不仅规定执法机关可以命令其国内的有关人员提交特定的计算机数据，而且特别建立了适应于存储的计算机数据的搜查扣押措施，明确了搜查扣押的含义和对象，赋予执法机关命令任何知道计算机系统功能或用于保护其中计算机数据的应用措施的人提供合理的、必要信息的权力。由于电子证据不易固化、事后难以调取，该公约还规定了对特定通信的往来数据和内容数据的实时截获措施。

3. 在管辖权和法律协助层面。《网络犯罪公约》规定："各国有权采取必要的立法和其他措施，就本公约第2条至第11条规定的犯罪确立管辖权，当该犯罪：(a)发生在其领域内；或(b)发生在悬挂该国国旗的船舶上；或(c)发生在该国登记注册的航空器上；或(d)由本国国民实施且根据行为地刑法该行为可罚的，或者是本国国民在任何成员国的领域管辖范围外实施的"，同时规定"不排除任何根据国内法实施的刑事管辖权"。针对可能发生的管辖权冲突，该公约规定："当不止一方对一项根据本公约确定的犯罪主张管辖权时,有关各方应经过适当协商,决定最恰当的管辖权进行起诉。"
《网络犯罪公约》对缔约国之间的引渡和相互给予法律协助也做出了规定,
要求各缔约国建立一个每周 7 天每天 24 小时的值班联络点,以保证在调查
和诉讼中能够随时给予帮助。

　　虽然《网络犯罪公约》对于增强国际合作力量、统一网络安全立法、打击
网络犯罪活动等方面起到了重要作用,但因为其自始由西方网络强国主导,
加之国家间主张分歧、国际政治博弈角力的影响,也存在一些不足之处,主
要表现在以下 3 个方面。一是将网络犯罪的范围人为扩大。把一些本应属
于行政处罚、民事侵权领域的行为纳入刑事法律加以调整,"人为地"制造出
犯罪,①导致了刑法在社会生活中的过度存在,有重社会秩序、轻人权保护之
嫌。二是对管辖权的规定过于宽泛。所确立的管辖权规则不排斥缔约国刑
法的效力,极易导致有关国家对行为结果地做出扩张解释而主张管辖,进一
步加剧管辖权冲突。② 三是对有关争议事项的保留过多,限制了作为国际统
一立法的法律效力的实现。同时,该公约赋予执法机关以过大的权力,并过
分提高网络服务提供者的注意义务,"用最明晰的语言规定了司法机关的权
力行使,却用最模糊的语言带过对公民权利的保护",③也引起了国际人权
组织的普遍不满和反对。

三、《网络犯罪公约》对中国刑事法律的借鉴

　　中国 1997 年《刑法》在第六章"妨害社会管理秩序罪"的第一节"扰乱
公共秩序罪"中首次规定了关于网络犯罪的 3 个法条,即第 285 条规定的
"非法侵入计算机信息系统罪",第 286 条规定的"破坏计算机信息系统罪",
第 287 条对利用计算机信息系统的非纯正网络犯罪做出一般性规定。2009
年通过的《刑法修正案(七)》在第 285 条分别增加了第 2 款"非法获取计算
机系统数据、非法控制计算机信息系统罪",以及第 3 款"提供侵入、非法控

---

① [德]汉斯·约阿希姆·施耐德. 犯罪学[M]. 吴鑫涛,马君玉译. 北京:中国人民公安大
　　学出版社,1990:870.
② 郭玉军. 网络社会的国际法律问题研究[M]. 武汉:武汉大学出版社,2010:65.
③ 方泉,石英. 论网络空间的刑事法——兼评欧盟《反网络犯罪条约》(草案)[A]. 陈兴良.
　　刑事法律评论(第 10 卷)[C]. 北京:中国政法大学出版社,2003:604.

制计算机信息系统程序、工具罪",从而形成了关于纯正网络犯罪的 4 个罪名规定。2011 年 9 月《最高人民法院、最高人民检察院关于办理危害计算机信息系统安全刑事案件应用法律若干问题的解释》(以下简称《解释》)对新设立的网络犯罪的司法适用问题进行了明确。面对日益严峻的网络犯罪活动挑战,有必要借鉴《网络犯罪公约》的有关规定,吸收其符合中国国情、具有共通意义的内容,对国内刑事法律文件进行修订完善,重点应从以下 4 个方面进行把握和参考。

1. 将单位作为网络犯罪主体。《网络犯罪公约》肯定了法人单位作为网络犯罪的主体,是符合客观实际需要的。这源于在刑事司法实践中,许多网络犯罪行为都是以单位名义、单位形式实施的,特别是近年来网络犯罪呈现出集团化、专业化的发展趋势,一些专业犯罪集团就是以具有明显组织化特征的单位形式出现的。由于单位构成犯罪必须有法律明文规定,而《刑法》中第 285 条、第 286 条所规定的危害计算机信息系统安全犯罪的犯罪主体都只设置为自然人,《刑法》分则中涉及的网络犯罪罪名绝大多数也都只能由自然人主体构成,因此已经不能满足实践发展的需要。同时,《解释》第 8 条规定:"对以单位名义或者单位形式实施危害计算机信息系统安全犯罪的行为,应当追究直接负责的主管人员和其他直接责任人员的刑事责任",这就出现了立法与司法的规定分歧,造成具体办案过程中的困难。因此,考虑到以单位名义、单位形式实施危害计算机信息系统安全犯罪的社会危害性较大,有必要借鉴《网络犯罪公约》规定,修订完善《刑法》相应条款,统一明确将单位作为网络犯罪的主体,并考虑在追究责任人员的刑事责任外,对单位施以财产刑,加大对单位网络犯罪的打击力度,从而在主体层面织牢织密惩治网络犯罪的刑事法网。

2. 扩充提供用于侵入、非法控制计算机信息系统的程序、工具罪的适用范围。《刑法修正案(七)》设立这一罪名是立法上的一项重要进步,但本罪相对《网络犯罪公约》的"滥用计算机设备罪"而言,有两点需要扩充完善。一是本罪的客观行为不应仅限于为侵入、非法控制计算机信息系统两种犯罪提供程序、工具的范围内,实际上,这种行为也是《刑法》第 285 条第 2 款"非法获取计算机信息系统数据"和第 286 条"破坏计算机信息系统"两类犯罪的重要构成要件。鉴于刑事司法实践中确实大量存在为非法获取计算机信息系统数据、破坏计算机信息系统而提供程序、工具的现象,因而有必要进行扩充入罪。二是本罪将行为对象限定为提供"程序"和"工具",而在现实中,网络犯罪行为人还经常通过租借、出售等手段,提供他人在网络游戏、网络商务活动中的账号、密码、代码等用于侵入、非法控制计算机信息系统,若不受规制,显然不够合理。① 因此有必要将该条款的行为对象扩展适用或扩大解释为账号、密码、代码等计算机数据,从而进一步严密法律规定,有效惩治该类网络犯罪行为。

3. 强化打击网络犯罪常规司法合作。各国在打击网络犯罪方面的常规司法合作,指一国在关于具体的网络犯罪案件的侦查、审判过程中或判决做出后的执行阶段需要得到另一国协助时,另一国在现有常规刑事司法协助的框架(双边协定或多边条约)内提供协助。《网络犯罪公约》特别强调开展国际合作,认为这对打击跨越国境的网络犯罪而言十分必要,规定了合作调查与计算机系统和数据有关的犯罪活动、搜集犯罪的电子证据、紧急情况下的快速请求程序、"或引渡或起诉"原则等内容。《网络犯罪公约》对网络犯罪司法协助机制的立场,与中国所持的全球网络安全治理基本原则相一致,与中国《国家网络空间安全战略》的规定精神相契合,是值得肯定和赞赏的。目前,中国已经和50多个国家签订双边刑事司法协助条约或协定,与30多个国家签订了双边引渡条约;还批准加入了20多个含有刑事司法协助内容的多边国际公约,如《联合国打击跨国有组织犯罪公约》《联合国反腐败公约》,同当今世界上的绝大多数国家间建立了刑事司法协助渠道。② 由于常规司法协助是建立在危害行为的"双重犯罪"原则基础之上的,只有当侵害行为同时触及两国法律时才有合作的基础。因此,在目前各国政治、经济、文化、意识形态等差异明显,且立法重点和司法标准迥异的条件下,需要进一步发挥以联合国为代表的国际组织作用,加大外交谈判磋商力度,通过对话合作谋求国家间在网络犯罪问题上的共识,在此基础上加快订立能为各方普遍接受的惩治网络犯罪的双边、多边条约和协定,特别是网络空间国

---

① 皮勇. 我国新网络犯罪立法若干问题[J]. 中国刑事法杂志,2012(12).
② 栾翔,邹伟. 西班牙引渡重大经济犯罪嫌疑人印证中国国际警务合作进展[EB/OL]. 新华网新闻中心. http://news. xinhuanet. com/2015 - 09/23/c_1116657513. htm,2015 - 09 - 23/2017 - 01 - 21.

际反恐公约,进而将更多类型的网络犯罪形态纳入刑事司法合作的范畴之中。

4. 参与打击网络犯罪专业常设机构。建立防范和惩治网络犯罪的国际组织或技术性机构,是各国打击网络犯罪的一种有效手段。例如,八国集团(Group of Eight)就于2001年组建了专门化的反网络犯罪国际技术性机构"全天候防治网络犯罪组织"(24/7 Computer Crime Network),监控利用网络进行恐怖活动、针对网络进行恐怖袭击的行为,并为各国反恐部门提供情报支持。2000年,国际刑警组织(ICPO)也建立了反计算机犯罪情报网络,以帮助各国政府和企业应对越来越多的网络犯罪活动。中国倡导推动网络空间和平、安全、开放、合作、有序,促进世界各国在打击网络犯罪领域的政策法律、技术交流、标准规范、应急响应等方面加强合作。因此,在尊重网络主权和公众合法权益的基础上,可以积极构建或参与反网络犯罪的国际专业机构,通过政策、技术、标准、情报的互通共享,有效提升对网络犯罪活动的预防监测和联动打击水平,最大限度地降低网络恐怖主义和其他网络犯罪恶性案件对网络空间秩序的负面影响。

第八章

网络战和网络攻击所引致的国际法问题

　　马克思主义经典作家很早便认识到科学技术的发展进步对于军事变革的深刻影响,恩格斯在《反杜林论》(1878 年)中鲜明指出:"一旦技术上的进步可以用于军事目的,它们便立刻几乎是强制的,而且往往是违反指挥官的意志而引起作战方式的改变甚至变革。"①20 世纪 80 年代以来,世界军事领域正在兴起一场以信息技术为核心的重大变革。在这场持续至今的变革中,互联网上的信息流动远远超出了信息传播的范畴,从而成为一种战争能量,包括微电子技术、新材料技术、航空航天技术、生物工程技术、微型制造技术等的迅猛发展为战场的信息获取能力、信息传递能力、信息处理能力提供了强有力的技术支撑,进而成为新军事变革的直接动力。② 由于国际社会在这一领域尚未形成具有约束力的国际法规则,导致网络军备竞赛呈现愈演愈烈之势。因而在这一时代背景下,亟须研究国际战争法规则在网络战环境中的适用性问题,以及中国在国际法理框架内所应采取的科学对策。

第一节　网络战与网络攻击的法理探源

　　以美国 2005 年版《国防战略报告》及其网络战总体规划为主要标志,"制网权"作为一个备受关注的作战新概念,随着一个旨在谋求对整个信息领域最高控制权的宏伟军事蓝图登上战争舞台。③ 而在现实中,伊拉克战

---

① 中央编译局. 马克思恩格斯选集(第 3 卷)[M]. 北京:人民出版社,1972:211.
② 何友. 信息技术是新军事变革的原动力[N]. 光明日报,2006 – 08 – 16(09).
③ 濮端华."制网权":一个作战新概念[N]. 光明日报,2007 – 02 – 07(09).

争、俄格战争等多场军事对抗中，都出现了网络战与网络攻击的某种形态。
如何在国际法理层面界定网络战和网络攻击，便成为亟待解决的一系列理
论问题。

【俄格战争中的网络攻击，2008 年】

俄罗斯—格鲁吉亚战争，是 2008 年 8 月 8 日至 18 日，格鲁吉亚和俄罗
斯为了争夺南奥塞梯的控制权而爆发的战争。自 8 月 1 日开始，格鲁吉亚
和南奥塞梯发生数次交火，8 月 8 日凌晨格鲁吉亚展开全面军事行动并很快
控制了三分之二以上的南奥塞梯地区，包围了其首府茨欣瓦利。俄罗斯军
队于 8 日进入南奥塞梯地区，9 日展开军事行动很快便控制了茨欣瓦利，并
在随后几日占领了南奥塞梯以外的格鲁吉亚领土和军事基地。

这次战争中尤为引人注目的是网络攻击发挥了重要作用，格鲁吉亚遭
受的网络战是全球第一场与传统军事行动同步的网络攻击，对加速战争进
程和打赢舆论战起到了积极的推动作用。虽然格鲁吉亚只有 7% 的公民经
常使用互联网，在网站数量上排在世界 234 个国家中的 73 名，但格鲁吉亚有
重要网络漏洞，即经由互联网通往外部世界的 13 个连接中超过一半经过俄
罗斯，格鲁吉亚境内网站的大多数互联网流量经由土耳其和阿塞拜疆互联
网服务供应商发送，其中许多互联网服务供应商又经由俄罗斯发送数据。
因此，网络攻击造成了巨大打击力。

在俄格战争全面爆发前的 7 月 20 日前后，格鲁吉亚的社会基础网络就
受到了俄罗斯黑客的攻击。与此同时，格鲁吉亚政府网站也遭到了黑客攻
击。大量标有"win + love + in + Russia"字样的数据包突然涌向格鲁吉亚政
府网站并使其完全瘫痪。在接下来的 10 多个小时里，格鲁吉亚政府网站的
服务器因收到数以百万计的访问请求而濒临崩溃。这属于十分典型的"分
布式拒绝服务攻击"（DDOS），是目前黑客经常采用且难以防范的攻击手段。
在发起攻击前，黑客通常先利用木马病毒控制多台"傀儡机"，然后操纵这些
"傀儡机"向目标发起进攻，受到攻击的目标将因服务器不堪重负而瘫痪。
格鲁吉亚总统萨卡什维利的个人主页被人篡改，宣称"萨卡什维利与希特勒
有某些'共同之处'"的照片被放在首页上。迫于无奈，8 月 10 日，格鲁吉亚
方面把总统的网站从格鲁吉亚境内的服务器迁到了美国的服务器上。当俄
军对格鲁吉亚的军事行动全面开始后，俄罗斯对格鲁吉亚展开了全面的"蜂

群"式网络阻瘫攻击,致使格方电视媒体、金融和交通等重要系统瘫痪,机场、物流和通信等信息网络崩溃,急需的战争物资无法及时运达指定位置,战争潜力被严重削弱,直接影响了格鲁吉亚的社会秩序以及军队的作战指挥和调度。俄罗斯网民甚至可以从网站上下载黑客软件,安装之后点击"开始攻击"按钮即可进行网络攻击。媒体评论俄罗斯打了一场名副其实的"网络人民战争"。①

从俄格战争的案例中可以看出,网络正在成为国家间军事博弈的新舞台,随着互联网技术在军事领域的广泛应用,国与国之间争夺"制网权"的较量越来越激烈。在互联网时代,网络战将是一种改变传统作战方式的新型战争形态,正如有学者指出的,一个黑客加一个调制解调器的能量甚至不亚于一支军队。② 1996 年,美国国防部公布了其官方认可的网络战定义,即指为了获取信息优势,通过影响敌方信息、以信息为基础的过程、信息系统和计算机网络而采取的各种作战和行动。这种作战行动利用网络武器,通过信息网络对一个国家的通信网、公路铁路网、电网、金融网、股票交易网、油气管网等基础设施进行软破坏或者软摧毁,能够造成大范围的社会瘫痪。③就俄格战争的实例而言,俄罗斯正是通过与传统军事行动同步的网络攻击,以达到加速获取战争优势的目的,其利用互联网技术手段所发动的"分布式拒绝服务攻击"(DDOS),使格鲁吉亚的通信、交通、金融等基础设施以及战场指挥体系濒临瘫痪,不仅成功瓦解了敌方的军事力量,而且还沉重打击了对手的民心士气,争取到了战争的主动权。由此,综合学理和实践中的认知,网络战的基本含义可以界定为:为了实现国家目的,通过互联网窃取、截留、篡改敌国信息传播,或利用病毒、虚假信息等影响敌国信息基础设施,进而破坏敌国以信息网络为基础的政治、经济、军事等系统,从而取得战争优势的行为。

一、网络攻击和网络战问题的法理依据

从国际法理的角度来看,网络攻击和网络战所引致的国际战争法问题,

---

① [美]E. 林肯·邦纳. 21 世纪联合作战中的网络力量运用[J]. 联合部队季刊,2014(3).

② 叶美霞,曾培芳. 现行国际法的困惑与挑战探析[M]. 北京:知识产权出版社,2008:208.

③ 于巧华,周碧松. 鏖战电子空间:网络战[M]. 北京:解放军出版社,2001:17.

是与国际法基本原则、网络主权观念等理论和实践问题紧密联系的。

　　一方面,网络攻击和网络战是触及国际法基本原则的国家责任行为。从国际法基本原则的视角来看,基于"禁止使用武力或以武力相威胁""和平解决国际争端"这两项国际法基本原则,国家只能通过和平手段调解纠纷。而对于联合国成员国而言,和平解决国际争端更是各成员国依据《联合国宪章》所应负担的基本义务。国际法院在"对尼加拉瓜进行军事和准军事行动案"①中认为,国家所担负的和平解决纠纷的义务,已经属于一般的国际习惯法,因而如果国家违背此项义务,就应当承担国际法律责任的不利后果。从俄格战争中的网络攻击来看,两国面对领土争端,并未选择国际法上认可的如谈判、调查、斡旋、善意服务、调解等和平解决纠纷的方法,而是诉诸武力并以网络攻击作为手段,因而发动网络攻击的当事国便违反了国际法义务,应当承担相应的国际法责任。从这个意义上讲,研究界定网络战和网络攻击行为,必须认识到其在国际法理上同国际法基本原则之间的关系,只有如此,才能在限制网络军备、限制网络自卫权行使等问题上得出符合国际法理、符合世界和平发展大势和人类"命运共同体"基本利益的正确策略选择。

　　另一方面,网络攻击和网络战是对国家网络主权的侵犯和践踏。网络主权是国家参与全球互联网治理活动的出发点和落脚点,而片面强调本国主权,以牺牲他国安全为代价换取本国国家利益的行为,实质上就是对他国主权的无视和侵害。在全球互联网治理活动中,要将尊重和维护国家网络主权摆在至关重要的位置上,这源于网络主权是陆、海、空、天之外的国家第五大主权空间,它直接关乎国家的网络安全水平,因此是不能忽视和妥协的关键问题。在网络主权的范畴内,包含了国家的自卫权和管辖权,也即国家应具有对本国网络系统建设、运营、维护和使用进行监督管理的权力,保护本国信息系统和信息资源免受侵入、干扰、攻击和破坏;一旦本国网络受到外来攻击,具有运用经济、行政、科技、法律、外交、军事等多种措施还击自卫,从而保障网络主权与安全的能力。因此,网络攻击和网络战是对网络主权这一国家在互联网领域核心权益的冲击,尊重和维护网络主权,就应当反对网络攻击和网络战,抵制网络霸权,提倡不利用网络干涉他国内政,不从

---

① 陈致中. 国际法案例[M]. 法律出版社,1998:105－117.

事、纵容或支持危害他国国家安全的网络活动。具体而言,就是要在国际战争法领域,研究网络战中使用武力的标准,网络战中的自卫权,以及网络战中区分、比例、中立等原则的适用等问题,以更加完善和明确的国际法规则保障网络主权各项权能的充分行使,切实维护全球和平与安全环境。

二、网络战与网络犯罪、网络攻击界说

从广义的视角观察,网络战、网络犯罪、网络攻击是在不同层次上对网络安全构成威胁的客观因素,它们之间存在相互交叉重叠,同时又有所区别的法律概念关系。第一,从网络战与网络攻击的关系来看,网络攻击包含网络战。网络攻击的特点是基于政治或国家安全的目的,威胁他国的国家主权和安全;网络战满足网络攻击的这一概念前提,因而从属于网络攻击;但并非所有的网络攻击都是网络战,而是只有那些效果等同于武装攻击或在武装冲突期间发生的网络攻击,才能够达到网络战概念所要求的标准。第二,从网络攻击与网络犯罪的关系来看,二者既有区别又有联系,存在相互交叉的部分。一方面,像许多其他犯罪一样,网络犯罪一般被理解为由个人而不是由国家实施的,[1]且行为者的身份和目的往往不甚明朗。另一方面,在非国家行为体(如黑客)基于政治或国家安全目的实施破坏计算机网络的违法行为时,就同时构成网络攻击与网络犯罪,形成法律概念上的交叉重叠。第三,从网络战与网络犯罪的关系来看,在非国家行为体(如黑客)基于政治或国家安全目的实施破坏计算机网络的违法行为时,如果该种行为等同于武装攻击、或在武装冲突期间所为,二者也会形成法律概念上的交叉重叠。在厘清概念界限的基础上,为方便讨论,应当认为,受到国家支持并出于某种政治目的和敌对倾向,其效果具有毁灭性且"等同于武装攻击或在武装冲突期间发生的网络攻击",[2]也即适用于《联合国宪章》、武装冲突法等国际法管辖的网络攻击行为,属于网络战的一般法律定义范畴。

---

[1]　Oona A. Hathaway, Rebecca Crootof, Philip Levitz, Haley Nix, Aileen Nowlan, William Perdue & Julia Spiegel. *The Law of Cyber-Attack*[J]. California Law Review, 2012. Vol. (100).

[2]　王孔祥. 网络安全的国际合作机制探析[J]. 国际论坛,2013(5).

三、网络战和网络攻击的实施方式

在网络战的条件下,情报信息要通过网络来获取、指挥决策要借助网络来制定、行动指令要依靠网络来传递,因此,网络对抗就成为信息对抗的一种特殊形式。① 如果以传统战争中的要素进行类比,网络战的主要作战方式包括窃取、篡改、控制、破坏、使用敌方信息从而摧毁其信息系统和信息能力;网络战的职业战斗员主要是受到专业技术训练的网络"黑客",他们是掌握计算机专业技能和知识、操作使用计算机的非法入侵者,采取口令猜测、复制代码、破译密码等方式,利用已知的网络信息系统脆弱性,通过系统后门、绕过安全检查,进而查阅拷贝并窃取破坏重要机密信息;网络战的工具和武器则是被用于实施网络攻击的网络程序、网络代码等各类网络工具,大致可分为 3 类:一是计算机病毒类,可使敌方的指挥作战系统陷入瘫痪;二是电磁脉冲类,坦克、舰艇等装备一旦被带有病毒的电磁波攻击,就会产生控制程序错乱;三是电子生物类,可使计算机操作员的大脑神经、视觉细胞遭到破坏。例如,有媒体指出,美军现已研制出多达两千余种的网络武器,其"弹药"包括计算机蠕虫、僵尸网络、恶意代码、逻辑炸弹、天窗、特洛伊木马等计算机病毒;②美国空军 2013 年就宣布其已正式将 6 大网络工具定性为网络战武器,从而有助于美军"规范网络军事行动,并积极应对迅速变化的来自网络战场的威胁"。

在实践中,可能出现的网络战和网络攻击形态主要有以下 3 种。一是通过网络攻击破坏敌国军用基础设施。例如,通过网络发送计算机病毒或其他有害代码的形式使军用防空设施瘫痪,能够产生和常规空袭类似的效果,而不对其设施造成物理破坏且能够避免平民伤亡。二是侵入敌方国防网络中枢系统。例如,将垃圾信息和病毒代码发送给敌方军队的中央指挥系统,③使其不能有效地区分军用和民用目标而形成误炸误伤,在减少本方

① 赵中强,彭呈仓. 网络战与反网络战怎样打[M]. 中国青年出版社,2001;230.
② 郝义. 美研制出的网络武器已达 2000 多种[N]. 国防时报,2011 – 11 – 30(7).
③ W. J. Fenrick. *The Law Applicable to Targeting and Proportionality after Operation Allied Force: A View from the Outside*[J]. Year Book of International Humanitarian Law, Vol. 3, 2000, p. 132.

损失的同时增加敌方的伤亡和社会恐慌度。三是对能源、通信、交通等基础设施发动网络攻击。一些用于打击军民两用或纯民用基础设施的网络武器也正在被开发出来,如将计算机病毒植入敌方电话交换枢纽,造成电话系统全面瘫痪;用定时计算机逻辑炸弹摧毁敌方控制铁路和部队调动的电子运输指挥系统,造成运输失控,使部队和军需物资调动陷入混乱;攻击敌方城市的水利、电力、燃气、热力、公交等工业和生活信息基础设施系统,导致城市运行保障体系崩溃,环境秩序难以正常维持,进而影响敌方整体军心民心,取得战争的主动权和制胜权。

四、现实世界中的网络战和网络攻击

一般认为,信息化战争的真正实践萌生于 20 世纪 90 年代初的海湾战争,而被广泛认为接近国际法意义上的网络战的标志性事件是 2007 年在爱沙尼亚、2008 年在格鲁吉亚、2010 年在伊朗和 2014 年在乌克兰发生的网络攻击。1991 年海湾战争爆发前,伊拉克从法国购买了一种用于防空系统的新型计算机打印机,美国特工在其被运送到伊拉克前,将带有病毒的芯片置换到这批打印机中,当多国部队发动"沙漠行动时",美军用无线遥控装置激活了隐藏的病毒,致使伊拉克防控系统瞬间陷入瘫痪。[1] 2007 年,北约盟国爱沙尼亚遭到了一场集中的、"不分青红皂白"的网络攻击,被媒体描述为"一些关键的计算机终端系统,如电话交换机等遭到攻击,成千上万个一样大小的邮件炸弹投向了一个又一个用户"。[2] 虽然这次攻击给爱沙尼亚国内的正常生产生活秩序带来较大影响,但却没有任何组织和个人宣称对此负责,之后的第二年(2008 年),北约即在爱沙尼亚首都塔林设立了网络安全中心。2008 年,俄罗斯与格鲁吉亚爆发冲突期间,网络攻击随着武装冲突进行,携带"win + love + in + Russia"信息的数据流向格鲁吉亚网络,分布式拒绝服务(DDoS)攻击导致格鲁吉亚政府和媒体网站无法登录,交通、通信、媒体和银行网站纷纷遇袭,出现"网络隔绝"状况,被许多网络专家认为"是

---

[1]　苏建志. 海湾战争与信息战分析[J]. 国防科技参考,1993(2).

[2]　Linnar Viik. *Estonia's Top Internet Guru*[J]. Economist, May 26, 2007, p. 63.

全球第一场与传统军事行动同步的网络攻击,具有独特的意义"。① 2010
年,伊朗布舍尔核电站遭受"震网"(Stuxnet)病毒攻击,被认为是网络战在实
践中的初步运用和"第一次真正意义上的网络战争"。"震网"病毒侵入德
国西门子公司为伊朗首座核电站(布舍尔核电站)所设计的工业系统软件,
可以自动寻找并攻击该软件的"监督控制及数据收集系统",借以控制设施
冷却系统和涡轮机,最严重的是可使设备自毁。② 至少有 3 万台计算机在这
次攻击中"中招",1/5 的离心机瘫痪,致使伊朗核发展计划被迫延缓 2 年。
外界普遍认为,美国和以色列军方机构是"震网"病毒的直接"开发商"。
2014 年乌克兰政治危机以来,乌克兰数十个计算机网络遭到一种攻击性很
强的网络武器袭击。全球第三大军品公司英国 BAE 系统公司发布报告指
出,一种名为"蛇"(Snake)的新型网络病毒近来袭击乌克兰的计算机网络,
至今已截获通报 32 起,并表示"有证据证明这些工具与以往俄罗斯威胁行
动者的破坏行为有关联"。

　　现实世界中已经出现的一般意义上的网络战和网络攻击,现在还尚难
界定为国际法上的"战争"。当代国际法对战争的规制主要表现为两个方
面,一是诉诸战争权(Jus ad Bellum)的问题,二是战争行为(Jus in Bello)的
问题。这两个方面深植于以《联合国宪章》和"日内瓦四公约"体系为核心
的国际法规范体系之中,它们对于"武力""使用武力""武器""自卫""武装
攻击"和"武装力量"等战争相关术语的理解有着深刻的战争史的烙印。显
然,以上事件都还没有达到《联合国宪章》第 51 条的"武力攻击"(Armed At-
tack)的标准,因而还不属于国际法意义上的"网络战争"。国际法学界通常
认为,使用武力(Use of Force)须达到"相当严重性"才能构成武力攻击,如造
成人员伤亡或重大财产损失。就上述网络攻击的程度而言,其损失并不明
确,其严重性上也并未达到国际法对武力使用的"扩大解释"。况且上述网
络攻击事件的攻击方并不明确,尽管社会舆论存在种种猜测和怀疑,但是既
没有足够证据指向特定国家,也没有任何国家承认自己就是真正的攻击

---

① 张哲,韩晓君. 第一次网络世界大战会否打响？网络战:并不虚拟[N]. 南方周末,2009 -
　　02 - 19(B9).

② 王孔祥. 互联网治理中的国际法[M]. 北京:法律出版社,2015:138.

方,①因而并不完全符合国际法上战争主体明确的一般条件。

第二节　中国面临的网络战和网络攻击形势

即便如此,网络战的时代已经到来,世界各国和相关国际组织也在积极探索网络战争的国际法规则。近年来,中俄与美国及其北约盟国在网络安全的国际行为守则问题上交锋不断,中国所受到的网络战和网络攻击威胁也日益增多。以美国为例,美国是世界上第一个提出对别国进行网络战的国家,也是第一个积极探索并在实践中运用网络战方式的国家。可以说,网络军事攻击是美国网络空间战略中一个十分重要的组成部分。当前,美国的网络空间战略已经基本形成,世界各地已经遍布美国的网络军事作战力量。2009 年,美国网络战司令部由美国国防部宣布成立。2010 年和 2014年,美国发布两版《四年防务评估报告》,将网络空间作战和网络攻击列为国防军事发展的新态势;并在 2011 年的《网络空间国际战略》中宣称"网络攻击就是战争",并首次提出将对"破坏性网络攻击行为"采取常规军事报复和还击。2013 年,美国宣布要在 3 年内组建 40 支网络战部队并已将网络空间作战力量扩充到 9 万人之多,随时可以对任何一个国家发动网络空间攻击;②并通过物理打击(空投 GPS"聪明炸弹"和炭丝武器切断敌方计算机网络的电源或使其部分瘫痪)、虚拟打击(通过"黑客攻击"向敌方网络发动病毒攻击以干扰和破坏敌方网络操作系统)、认识打击(通过网络制造出一些虚拟信号和影像以欺骗与误导对方的网络操作并使其指挥失灵)3 种主要的作战模式,干扰或者摧毁其他国家的国防军事信息防卫系统。美国 2015年 4 月发布的新版《网络安全战略概要》不仅公开表示网络战是今后军事冲突的战术选项之一,而且还将包括中国在内的多个国家列为"威胁最大的国家",显示出了咄咄逼人的网络霸权主义和强权政治思维。而据联合国裁军研究所 2013 年的调查结果显示,全球已有 46 个国家组建了网络信息战部

---

① 陈颀. 网络安全、网络战争与国际法——从《塔林手册》切入[J]. 政治与法律,2014(7).

② 吴则成. 美国网络霸权对中国国家安全的影响及对策[J]. 重庆社会主义学院学报,2014(1).

队,这一数量约相当于全球国家数量的1/4,表明当今网络空间内国家之间的军事对抗正呈现出愈发激烈的状态,各国都希望在网络战的理论与实践中抢得先机。

针对这一形势,中国相继成立了中央国家安全委员会、中央网络安全和信息化领导小组,并陆续出台了《国家安全法》《网络安全法》《国家网络空间安全战略》等法规文件加以应对。习近平总书记对"增强网络安全防御能力和威慑能力"予以高度重视,他在2016年4月19日网络安全和信息化工作座谈会上指出,"网络安全的本质在对抗,对抗的本质在攻防两端能力较量。要落实网络安全责任制,制定网络安全标准,明确保护对象、保护层级、保护措施。……人家用的是飞机大炮,我们这里还用大刀长矛,那是不行的。"在国防和军队现代化层面,习近平总书记多次强调要"打赢信息化战争",指出"要积极谋取军事技术竞争优势,提高创新对战斗力增长的贡献率","要深入研究信息化战争制胜机理,研究现代作战指挥规律"。因此,应以强烈的国家安全意识为指引,从科技创新、人才队伍、保障体系、法规制度等方面全方位提升对网络战和网络攻击的防御反制能力,在国际法规则和国际法理的框架内加强规则研判和制度设计,进而最大限度地应对潜在威胁,切实维护国家主权和网络安全。

第三节　结合《塔林网络战国际法手册》
分析网络战的国际战争法问题及中国策略

信息时代背景下出现的网络战和网络攻击,作为一种新型的战争和冲突形式,给国际战争法理论和实践带来了许多新问题。在国际社会难以达成共识确立网络战的一般国际法规范的前提下,为了使国际法更好地调整这类战争行为,谋求各个国家在国际法格局中的最大利益,全球各有关国家、国际组织和国际法学界都积极参与到对这些问题的讨论中来。

一、《塔林网络战国际法手册》及其研究价值

由于在网络战领域形成国际统一立法具有很大难度且旷日持久,近年来,非国家组织制定和编纂网络战争的规则指南,成为国际法学术和实践领域的一个新动向,这其中最具代表性的应首推由北约卓越合作网络防御中心(Cooperative Cyber Defence Centre of Excellence)邀请国际专家组编纂,2013 年 3 月由英国剑桥大学出版社出版,被称为“第一部网络战争规范法典”的《塔林网络战国际法手册》(Tallinn Manual on the International Law Applicable to Cyber Warfare)(以下简称《塔林手册》)。《塔林手册》分为《国际网络安全法》和《(网络)武装冲突法》两大部分,共 9 章,前一部分分 2 章,后一部分为 7 章,共 95 条规则。在每个部分、章节和规则下,国际专家组附加长短不一的评注(Commentary)以阐释相关概念和规则的法律依据以及专家组在阐释问题上的分歧。虽然《塔林手册》试图努力为其制定者(即以美国等西方国家为主要代表的北约)寻找实施网络战的国际法理依据,并使其作为游戏规则的制定者充分掌握网络战和网络攻击的主动权;但从另一个角度来讲,摸清以美国为首的北约在网络战领域所持的国际法理思想,进而有针对性地研究谋划中国应当采取的国际法对策和国际行动步骤,无疑是深有裨益的。因此,有必要结合网络战特点和《塔林手册》规定,选取若干具有代表性的国际战争法问题进行深入研究分析。

二、是否应在国际战争法框架内创设新的特别法

一些学者认为,现行法律在总体上已经很充分,①尽管网络战和网络攻击已经扩大了目标的范围,并会带来意想不到的附带效应,但现行国际法还是足以适用于所有的军事行动。《塔林手册》也持这样的观点,它认为现行国际法规则完全可以适用于网络战争,无须就此问题诉诸应然法或创造新的法律;为了达到约束所有国家的法律目标,国际专家组承诺《塔林手册》的特定规则已经尽可能接近现行国际法的基本原则和规范,并详尽地参照了现行国际条约、国际惯例、被文明国家公认的一般法律原则、司法判决和各国最优秀的国际公法学家的学说教义等广义的国际法渊源。另一些学者主

---

① Yoram Dinstein. *Computer Network Attacks and Self – Defense*[J]. Intl L. stud. ser. us Naval War Col, 2002.

张,应当彻底放弃既有法规,并预测互联网可以完全地免于敌对行动。①

事实上,从国际实践和国际法理发展的角度来看,创设新法和继受旧法并不矛盾。《塔林手册》总编辑施密特在其2012年发表的一篇文章中认为,中美两国对待网络战国际立法的态度存在明显差别:美国强调现有国际法足以适用于网络战,而中国强调网络战需要新的国际立法。② 这种看法在表面上有一定的合理性,上海合作组织近年来与美国和北约在网络安全国际话语权问题上存在分歧和争议,特别是在关于约束网络军备竞赛和网络霸权主义等方面。但是,如果回到中国在网络战争问题的具体主张和诉求中,便可以发现,网络战争的现行国际法适用,与倡导在网络战争某些具体领域建立新的国际法共识并不矛盾。中美在这一问题上其实并无本质区别,一方面,两国都认可《联合国宪章》等规范战争行为的国际法规则;另一方面,两国都在参与制定关于网络安全和网络战争的各种形式的国际立法,只是在具体规则的设计层面存在较大分歧,但这并不影响在平等协商的基础上达成互利共赢的协议。举例而言,2010年7月,包括美国、俄罗斯和中国在内的15个国家在联合国达成一项协议,各方表态愿意减少针对对方的网络战争,建议联合国设定针对互联网领域"可以接受的"行为规范,建议在国家立法和网络安全战略方面互换信息,同时加强欠发达国家保护网络系统的能力。③

这些都充分表明,对于网络战的国际法规制问题而言,法律创设与法律继受是一对辩证统一的关系,应当兼顾,不可偏废。在这一问题上,中国所应采取的国际法策略是:一方面,要支持将已有的国际法规则、理论和实践,特别是中国已经缔结和签署的国际法律文件,适用于网络战和网络攻击领域;进而整合理论届和实务界的力量,在努力维护现有国际法规则框架的前提下,从人类社会的整体安全利益出发,对以《联合国宪章》和"日内瓦四公约"及其附加议定书为核心的规制武装冲突行为的国际法,做出有利于中国

---

① Anthony D' Amato. *International Law, Cybernetics and Cyberspace*[J]. Intl L. stud. ser. us Naval War Col, 2002.

② Michael N. Schmitt. *International Law in Cyberspace: The Koh Speech and Tallinn Manual Juxtaposed*[J]. Harvard International Law Journal Online Vol. 54, 2012, p. 14.

③ 杨望. 15个国家同意共同努力减少网络攻击[J]. 中国教育网络,2010(8).

适用该项规则且符合国际法理和大多数国家意愿的解释,以节约立法成本,维护法律的稳定性。另一方面,要针对网络战领域发展的新形势和新问题,以"网络空间命运共同体"意识凝聚各方利益诉求,以多边、民主、透明的合作洽商形式达成新的国际共识,拟制新的以多边公约、双边协议、联大决议为主要形式的国际法规则,反映大多数国家特别是发展中国家的意志和愿望,以应对新的变化,确保法律的权威性。

三、网络攻击如何构成使用武力或以武力相威胁

在这一问题上,有3种不同的主张。第一种观点可称为"后果说"。《塔林手册》就采用这种观点,其第11条"使用武力的定义"在认同《联合国宪章》"禁止使用武力"原则的基础上规定:"如果网络行动的规模和后果相当于使用武力的非网络行动,则其构成使用武力。"这事实上采用了《塔林手册》总编辑施密特早年间提出的关于判断一个网络攻击是否违反"禁止使用武力"的6个学术标准。① 就判断达到"使用武力"的程度问题,根据网络攻击的"规模"和"影响"的程度,国际专家组提出了严重性(Severity)、即时性(Immediacy)、直接性(Directness)、侵入性(Invasiveness)、效果可测量性(Measurability)、军事特征(Military Character)、国家介入(State Involvement)、假定合法性(Presumptive Legality)8个具体标准。第二种观点可称为"过程说"。这种观点认为,应对网络攻击整个过程中的范围、烈度、持续时间等数个重要标准进行衡量,②以评估其是否提高到"使用武力""武装攻击"或"武装冲突"的级别,在全部满足这些标准后,便构成使用武力或以武力相威胁的事实,就可以启动武装冲突法的相关法律机制。第三种观念可称为"最低门槛说"。这种观点参照1949年《日内瓦公约》对"武装冲突"的规定,提出一种最低门槛的标准,即各国间的分歧如果涉及武力的干预,就构成武装冲突,而"冲突持续多长时间或导致多少伤亡,都是无关紧要的"。

---

① Michael N. Schmitt. *Computer Network Attack and the Use of Force in International Law*: *Thoughts on a Normative Framework* [J]. Research Publication Information Series 1, June 1999, pp. 1 – 41.

② [美]小沃尔特·加里·夏普. 网络空间与武力使用[M]. 吕德宏译. 北京:国际文化出版公司,2001:58.

在这一问题上，中国应采取一种"综合标准"加以认定。具体而言，就是应当综合考虑行为的"目的""手段""后果"等标准，来判定网络攻击是否构成国际法上的"使用武力或以武力相威胁"。其原因在于：第一，何种网络攻击行为构成在网络空间被禁止的"使用武力或以武力相威胁"，是一个事实问题，须依据所有有关法律和情况进行客观的个案分析，而非依据单纯的学术推理进行主观的、笼统的臆断。而在"后果说"的 8 个具体标准中，除了"军事特征"和"假定合法性"两个标准之外，其他 6 个标准都不是《联合国宪章》合法的判定标准，因而并非是对现行国际法的严格适用，而是在施密特提出的学术标准的基础上创制的网络战争的新的国际习惯法规则，尚未经过国际法主体在广泛实践基础上的"法律确信"。第二，从逻辑上看，网络攻击的"后果主义"标准意味着使用网络进行经济或政治的威胁或强迫也有可能达到使用武力的"后果"。① 由此推演，单纯地强调"后果"标准和"过程"标准的负面影响，能够为某些国家滥用自卫权制造合法理由，这不符合《联合国宪章》"禁止使用武力或以武力相威胁"的基本精神。第三，为"使用武力或以武力相威胁"提出一种最低门槛的标准，虽然有助于划清法律概念的底线，但由于其理论框架不够周延、细密，因而在实践中亦缺乏可操作性。第四，综合有关国际法规定，对于在网络战中所实施的网络攻击，如果造成被攻击国大量人员伤亡和严重财产损失，或者针对该国的关键（信息）基础设施予以打击，并且责任国（攻击国）的攻击手段和目的显然而明确，就应当判定属于"武装攻击"和"使用武力"的范畴。

四、国家行使网络战争自卫权应否遵循一定限度

依据国际法规则，国家在遭受武装攻击时有权进行自卫，在网络战领域亦应如此。《塔林手册》虽然确认了这一权利，但其实行的却是一种"预先自卫""先发制人"的战略威慑策略，体现了以美国为首的北约和西方大国的特定标准，具有霸权主义色彩。中国应主张依据国际法的普遍原则和一般规定，对国家在网络战中行使自卫权确立一定的标准、进行一定的限制，以防止自卫权的滥用。具体而言，应当着重考虑以下 4 个方面的内容。

---

① 陈颀. 网络安全、网络战争与国际法——从《塔林手册》切入[J]. 政治与法律,2014(7).

1. 国家有权在网络战中行使自卫权。根据国际法特别是《联合国宪章》、"日内瓦四公约"的规定,国家具有自卫权,这是国家固有的自然权利。其中,《联合国宪章》第51条规定:"联合国任何会员国受武力攻击时,在安全理事会采取必要办法以维持国际和平及安全以前,本宪章不得认为禁止行使单独或集体自卫之自然权利。"《塔林手册》第13条"对武装攻击的自卫"也规定:"一国如果成为达到武装攻击程度的网络行动的目标,可行使固有的自卫权。"因此,一旦根据"综合标准"判定属于"武装攻击"和"使用武力"的范畴,被攻击国就有权援引《联合国宪章》第51条和有关国际法规则行使自卫权,对实施网络攻击的国家予以自卫还击。

2.《塔林手册》的自卫权规定及评价。《塔林手册》规定了一种符合美国等西方大国霸权主义立场的"先发制人"的自卫权。其第13条的评注12认为,如果A国对B国网络武装攻击的后果波及C国,C国有权诉诸武力以自卫;评注16和评注17指出,国家实践(指美国等西方国家的"反恐战争")显示出各国将自卫权适用于非国家行为者攻击的意愿。《塔林手册》第15条甚至规定:"当网络武装攻击已经发生或迫近时,可使用武力行使自卫权。"同时,当可以证明网络攻击导致人员死亡或严重的财产损失时,采用常规武器对网络攻击进行报复是可以接受的手段。事实上,这种"预先自卫"的观点早在19世纪的西方就已初见端倪,而在国际反恐和美国等西方国家推行全球霸权主义的当今时代又"恰如其分"地成为其各类武装侵略行动的所谓"国际法理"依据。这在本质上反映了以美国为首的西方国家对网络主权所采行的"双重标准",以及在网络空间推行霸权主义和强权政治、扩充网络军备和武力影响,进而将现实中不平等的国际秩序引入网络空间、充当互联网"国际警察"的企图,必须予以高度警惕和坚决抵制。

3. 反对"先发制人"自卫权的国际法理基础。一方面,网络战和网络攻击的责任归因存在技术困境,需要通过国际合作而非单方判断加以解决。由于网络技术的发展在一定程度上超越了现行国际法框架所根植的环境基础,现有的国际法规则尚难以对一些网络战细节问题做出明确的回应。例如,对于攻击方的认定问题,会涉及大量复杂的技术定位和技术跟踪事项,如果由单方单独认定攻击的发起国,一旦技术失准或处理不当,就极易形成新的国际纠纷;又如对于攻击方的责任分配问题,会涉及攻击的幕后策划、实际实施、后续加入等不同角色,以及国家、组织和个人(平民)等在行动中的不同地位,如果仅依据单方判断,也必然会失之偏颇。正如美国智库兰德公司在《网络战争报告》中所分析的那样,"这种'网络威慑'问题重重,并不可信。不同于核战争,在网络空间中,最好的防御未必是进攻,而通常是更好的防御。"①因此就中国而言,应当提倡在联合国和有关国际组织的框架下,通过各方平等协商,制定具有广泛共识性和前瞻性的国际技术标准并形成国际法规则,进而依据国际法并通过外交途径妥善解决网络攻击中存在的认识偏差。

另一方面,"先发制人"自卫权与一般国际法理相违背,是对网络空间和平安全的威胁和挑战。首先,在《联合国宪章》中,明确约定了关于禁止使用武力和武力威胁,以及用和平方法解决争端的各项原则,已成为国际法的基本原则和国际和平的法律保障。根据这些规定,国家进行武装自卫的前提只能是也必须是遭到武装攻击。② 因此,在遭到武装攻击之前进行"先发制人"的自卫,属于滥用武力的行为,不符合国际法宗旨,并应依国家责任条款受到国际法制裁。与此同时,"先发制人"的自卫权也不符合国际战争法所确立的必要性原则和相称性原则。在未受到实际网络攻击之前而进行的自卫,既非国际法上所认可的必要措施,也与国家所处的实际"被攻击"状态不对称,因而在国际法中没有任何存在的根据,且在国家实践和国际法学者学说中也未获得普遍的支持。③ 因此,必须坚持对国家行使网络战争自卫权的国际法限制,以鲜明的态度反对"预先自卫""先发制人"的网络霸权主义做法,避免恣意扩大使用武力的范围导致网络战争灾难,切实维护和平安全的网络空间环境。

五、网络战中应否适用区分、比例和中立等原则

区分原则、比例原则、中立原则等规则,是国际人道法对于武装冲突的手段所规定的法律限制。网络战作为一种新型的战争形态,其在实施过程

---

① [美]马丁·C.利比基.兰德报告:美国如何打赢网络战争[M].薄建禄译.北京:东方出版社,2013:172.
② 王铁崖.国际法[M].北京:法律出版社,1995:124.
③ 王海平.美国在伊拉克战争中的法律战教训[J].西安政治学院学报,2005(3).

中也必然会产生诸如中立国、平民伤亡、使用武力程度限制等问题,因而应当主张国际人道法中的各重要原则适用于网络战领域,并对具体规则进行新的解释和创设。

1. 区分原则。根据该原则,在网络战的正式交战过程中,必须就目标和人员的不同性质加以区分,并给予不同的待遇和处理方式。较为重要的关系有:军人与平民、战斗员与非战斗员、军用物资与民用物资、具有战斗能力的战斗员与丧失战斗能力的战斗员,以及参与战斗的平民与战斗员、普通平民的关系等。其中,尤其值得探讨的是关于"黑客"的问题。《塔林手册》虽然坚持平民与战斗人员的基本区分,但同时也认为实施网络战的黑客也应当是武装反击的合法目标。在这一问题上,《塔林手册》给出的法理判断过于武断,应当严格区分作为战斗人员与平民的"黑客"。具体而言,在网络空间中,存在许多以入侵他人网络为乐的黑客(Hacker)和以破坏他人网站为乐的怪客(Cracker),但这两类人与隶属于特定国家和政府机构、具有高度组织化特征并受到严格技术训练的网络战士(Cyber Warrior)或网军(Cyber Army),在国际法地位上具有本质差别。前者的行为属于个人行为,具有凭借技术能力进行自娱自乐的色彩,即便其在客观上对其所属国家的敌对政权实施了网络信息攻击,也不满足1949年《日内瓦第三公约》第4条关于"战斗人员"的有关规定,因而不能将其确定为战斗员的法律身份,而是应以平民身份进行对待并免受网络战中的武装攻击;其行为也不具有网络攻防的法律性质,而是应以民事或刑事责任进行法律追究。后者则是服从于主权国家的政府和军队指挥,并依据军事作战需求进行网络攻防的,即便这些人员并非实际拥有"军人"的身份,也应被视为合法的战斗员,[①]并受国际法有关战斗员权利与义务条款的约束。

2. 比例原则。根据该原则,军事作战所运用的方法和手段,必须与所能预期的直接具体军事利益相对称,避免过度使用暴力而造成不成比例的人员伤亡和财产损失。这一原则的国际法理渊源于《日内瓦公约第一附加议定书》的规定,《塔林手册》对此也予以确认,其第51条"相称性"指出:"禁止实施可能引起平民意外伤亡、财产损失或二者兼有,且与预期的直接和具

---

① 王孔祥. 互联网治理中的国际法[M]. 北京:法律出版社,2015:155.

体军事利益相比损害过分的网络攻击。"在此,应当提倡在网络战领域坚持比例原则:第一,网络战和网络攻击的一个重要特点就是"非对称战争"。这种战争形态能够在很大程度上实现精准打击,提高攻击效率,减少战斗员和平民伤亡。第二,在具体操作环节的设计上,应当提倡确立"精准衡量网络战时限和范围"的国际法规则或惯例。举例而言,如果只需要攻击网络节点就能够实现战略目标,就没有必要大量散布可能失控扩散的病毒代码,而使各个终端用户瘫痪瓦解;如果只需要使敌方无法存取部分信息,就没有必要破坏其所依托的整个国际网络架构,而使网络大面积受损;如果只需要在特定时间、特定领域使敌方无法开展通信联络,就没有必要采取网络攻击使其网络通信系统永久关闭,而使所有经济、文化等领域的民用通信也同时受到重创。第三,在网络战和网络攻击领域遵循比例原则,有利于在战后进行和平谈判与和解进程,尽快重塑地区国际安全的新环境和新秩序,这符合国际法的基本原则和国际战争法的立法原意。

3. 比例原则。该原则以《海牙第五公约》和《海牙第十三公约》以及国际习惯法为基础,其核心在于保障中立国及其公民免受战争冲突的有害影响,同时赋予中立国做出或不做出有利于冲突一方行为的法律义务以保护冲突他方。《塔林手册》的国际专家组一致同意中立法适用于网络行动,并提出了相关国际法规则建议。这一主张是值得肯定的,但需要特别注意对中立国"防止义务"进行细化规定。具体而言,中立国具有防止交战国在其属地管辖范围内从事战争的法律义务,但在互联网条件下,一国对于挂载其国家代码的网络不一定拥有完整的管辖权;[1]同时由于网络跨国境联结的特点,转经不同节点所发动的网络攻击行为很可能使中立国在不知不觉中卷入其中。在这些情况下,不应简单地判定中立国有违"防止义务",而应当结合网络攻击的性质和形态、网络服务器的实际设置情况、中立国的客观技术能力和主观心理状态等因素进行综合考量,公正合理地确定中立国所应负担的国际法律责任。

---

① 王孔祥. 互联网治理中的国际法[M]. 北京:法律出版社,2015:155.

第四节　中国在网络军备控制中的策略选择

近年来,世界各主要大国纷纷加紧组建和扩充网络军事力量,如美国成立了网络战司令部并组建规模庞大的网军,日本从政策法规体系、人才体系、技术结构、制度保障等多方面统筹推进网络防卫体系建设,①俄罗斯研发了包括僵尸网络、无线数据通信干扰器等多类网络武器并将计算机病毒战作为未来的战略重点。面对日益迫近的网络军事威胁,中国理应在国防和军队现代化进程中予以统筹谋划和妥善应对;同时更应注重以负责任大国姿态,秉承一贯坚持的"和平解决国际争端""不使用武力或以武力相威胁"等国际法基本原则,在国际社会倡导网络军事合作与军备控制,维护网络空间和平安全。

一、中国采取的网络军备控制举措

中国作为联合国的创始国和联合国安理会常任理事国,始终主张以和平方式并通过平等协商妥善解决国际争端,坚决反对使用武力或以武力相威胁,在网络空间的国际争端解决进程中仍旧一以贯之地秉承这一理念,展现了负责任大国的姿态。习近平总书记在第二届世界互联网大会开幕式上的讲话中提出了全球互联网治理的"四项原则"和"五点主张"。其中,"四项原则"中的"维护和平安全"原则指出:"网络空间,不应成为各国角力的战场。……不论是商业窃密,还是对政府网络发起黑客攻击,都应该根据相关法律和国际公约予以坚决打击。维护网络安全不应有双重标准,不能一个国家安全而其他国家不安全,一部分国家安全而另一部分国家不安全,更不能以牺牲别国安全谋求自身所谓绝对安全。""五点主张"中的"保障网络安全,促进有序发展"主张进一步明确:"各国应该携手努力,共同遏制信息技术滥用,反对网络监听和网络攻击,反对网络空间军备竞赛。中国愿同各国一道,加强对话交流,有效管控分歧,推动制定各方普遍接受的网络空间

---

① 张显龙. 中国网络空间战略[M]. 北京:中国工信出版集团电子工业出版社,2015:44.

国际规则，……共同维护网络空间和平安全。"

中国为反对网络空间军备竞赛做出了实实在在的努力，采取了切实步骤提倡和呼吁网络军备控制。2011 年 6 月，中国与上海合作组织其他各成员国共同签署了《上海合作组织十周年阿斯塔纳宣言》，认为："信息领域存在的现实安全威胁令人担忧。"2011 年 9 月，中国与俄罗斯、塔吉克斯坦、乌兹别克斯坦 4 国共同起草了《信息安全国际行为准则》，致函联合国秘书长并向联合国大会提交。该文件被认为是就信息和网络安全国际规则所提出的首份较为全面、系统的规范性倡议。文件就维护信息和网络安全提出了一系列基本原则，涵盖政治、军事、经济、社会、文化、技术等多个方面，包括各国不应利用互联网在内的信息通信技术实施敌对行为、侵略行径和制造对国际和平与安全的威胁；强调各国有责任和权利保护本国信息与网络空间，以及关键信息和网络基础设施免受威胁、干扰和攻击破坏；建立多边、透明和民主的互联网国际管理机制；充分尊重在遵守各国法律的前提下，拥有信息和网络空间的权利与自由等。中国等 4 国呼吁各国在联合国框架内就这些问题进一步展开讨论，以便尽快地就规范各国在信息和网络空间内的国际行为准则或规则达成共识。

在《信息安全国际行为准则》的各项条款中，有关网络军备控制的内容最为引人注目。一方面，它是中国"总体国家安全观"拓展适用于网络空间的重要体现。2014 年 4 月 16 日，习近平总书记在主持召开中央国家安全委员会第一次会议时提出了"总体国家安全观"的论断，认为"既要重视传统安全，又要重视非传统安全，构建集政治安全、国土安全、军事安全、经济安全、文化安全、社会安全、科技安全、信息安全、生态安全、资源安全、核安全等于一体的国家安全体系"。当今时代，网络安全的内容已经从传统的军事和政治的安全观扩展到经济、科技、环境、文化等诸多领域的综合和整体的新型安全模式。① 因此，尽管在现行国际法理论体系中，网络战的法律问题被严格限定于《联合国宪章》和"日内瓦四公约"及其附加协定书的国际法框架中，但是更广义的"网络战争"的国际法问题应当扩展到使用互联网和相关技术对政治、经济、科技和信息的主权与独立的侵犯。这是中国及上海合作

---

① 陆钢. 上海合作组织是新世纪区域合作的成功典范[J]. 求是,2012(13).

组织积极推动制定网络安全国际准则的"非军事化"重要意图所在。另一方面,它是中国秉持和认同《联合国宪章》等现行国际法对于战争问题的基本规范、尊重各国网络主权、反对利用互联网和信息技术干涉他国安全与稳定的重要体现。网络安全不仅涉及网络物理空间本身的安全问题,而且还与个人、社会和国家乃至国际安全密不可分。中国主张各国有责任和权利保护本国信息空间及关键信息基础设施免受威胁、干扰和攻击破坏,强调不利用互联网实施敌对行动、侵略行径和制造对国际和平与安全的威胁,或削弱一国对信息技术的自主控制权,或威胁其政治、经济和社会安全,①这对于世界各国共同构建和平安全的网络空间国际秩序具有重要的指导意义。

二、正视网络军备控制的实施困境

中国所提出的以《信息安全国际行为准则》为代表的网络军备控制主张,遭到了以美国、英国等国为代表的西方国家的拒绝。他们认为,网络军备控制协议没有法律上和事实上的约束力,甚至将其曲解为一方面是中国、俄罗斯等国在本国境内控制网上言论自由的手段,另一方面也可能成为中国、俄罗斯等国将网络军备控制协议束之高阁、拖延时日的一个借口。究其实质,美国等西方国家反对中国所提出的网络军备控制主张,主要是顾忌此举会触动由西方网络强国主导的互联网治理规则以及所谓的"网络开放环境"和"互联网创新",损害西方互联网巨头的既得利益,削弱其自身在全球范围内进行网络意识形态渗透和文化输出的能力与影响。正如有学者指出的那样,美国对于制定洲际性的网络空间行为规范更感兴趣,通过专注于制定有关网络冲突——特别是通过行为和合法目标的界定,美国就能够更好地促进国际标准的形成。② 这些因素都促使有关国家在主观上出于自身政治考量,认为网络军事化的现实利益和诱惑性远大于国际军备控制谈判的必要性,因而在这一问题上形成了较大的认识分歧。

---

① 陈颀. 网络安全、网络战争与国际法——从《塔林手册》切入[J]. 政治与法律,2014(7).

② [美]亚当·西格尔. 美国网络空间治理政策的未来走向[J]. 国外社会科学文摘,2012(4).

　　而抛开各国之间的主观纷争,网络军备控制在客观层面也面临困境。①一是网络战、网络攻击等基本概念的界定尚未得到国际社会的普遍认可。在学术领域也存在诸如广义网络战定义、②狭义网络战定义等多种理论观点,由于概念不尽统一,制约了网络战标准的清晰界定,进而使网络武器削减和网络军备控制难以深入推进。二是国际法规则对网络战的约束存在盲点。主要表现在国际社会普遍接受的《网络空间法》《网络战争法》尚未成形,网络空间的战争与和平界限难以界定,网络战中的自卫权可以在何种具体程度下实施以及如何实施等问题有待明确。此外,国际法院迄今没有受理过一起有关网络战和网络攻击的案件,网络军备控制在条约规范上亦没有任何可供参照的历史经验,这些都在技术上阻碍了网络军备控制的历史进程。三是网络战和网络攻击难以进行有效核查与归因。无论是与传统的陆地、海洋、天空等战略空间相比,还是与同属新型战略空间的外层空间相比,在网络空间中对发起网络战和网络攻击的实施者进行地址追溯和身份识别都将面临更多的技术困难,这是由互联网所具有的虚拟性、隐蔽性等特征所决定的,将成为网络军备控制条约缔结和履行的重要障碍。四是网络军备相较于现行军备具有较强的特殊性。主要体现在网络武器所具有的隐蔽性、普遍性、可得性等特征加大了其被禁用的难度,网络攻击相关设施与国家信息基础设施(特别是民用设施)高度融合的趋势限制了对其进行控制的可行性,网络攻击的低门槛和攻击者身份的多元化导致对相关人员进行约束的效果不佳。有鉴于此,应当正视网络军备控制难以顺利推进的主客观原因,一方面要不断加强对网络军备控制的技术标准和法律政策研究,以实力提升赢得更多国际话语权;另一方面要继续推动建立多边、民主、透明的全球互联网治理新秩序,以构建网络空间命运共同体的主张凝聚各国共识,加强彼此互信,减少相互猜忌,努力推动网络军备控制进程朝着积极的方向不断发展。

---

① 杜雁芸. 网络军备控制难以实施的客观原因分析[A]. 复旦国际关系评论:网络安全与网络秩序[C]. 上海:上海人民出版社,2015(17):100-111.
② [美]理查德·A. 克拉克. 网电空间战[M]. 刘晓雪译. 北京:国防工业出版社,2012:203.

三、构建多边网络军事合作新格局

2015 年 4 月,美国五角大楼发布了新版《网络安全战略概要》,首次公开表示要把网络战作为今后军事冲突的战术选项之一,明确提出要提高美军在网络空间的威慑和进攻能力,并将中国、俄罗斯、伊朗、朝鲜等国列为“威胁最大的国家”。这种进攻型的网络战略体现出美国一贯的军事霸权主义思维,是所谓“维护美国至上的既得利益”的重要体现;但与此同时,这种积极进攻的网络战思维过分渲染网络空间的军事色彩,[①]无视大多数国家和平利用互联网的共同诉求与呼声,有悖于网络发展和全球治理大势,必然导致对美国自身网络战略能力的减损和消耗。事实上,近年来以“棱镜门”为代表的一系列网络安全事件,已经导致全球范围内对美国网络军事化主张的普遍声讨与反对,引发了较大的负面影响;由北约少数西方大国主导的《塔林手册》也未能得到联合国框架内大多数国家的承认和遵循,因而还无法成为真正的国际习惯法规则。在这一背景下,中国基于国际法理所提出的网络安全和网络战标准已经得到上海合作组织及不少发展中国家的认同和支持。因此,中国有能力也有必要借助有利的国际形势,积极参与并主导网络战国际法规则的编纂和制定工作,采取切实有效的步骤努力构建多边网络军事合作新格局,从而有力掌握网络战领域新的国际法规则的制定权和解释权,以及在全球互联网治理过程中的主动权和主导权,更好地保障自身国家利益,并为维护全球网络和平安全贡献力量。

虽然当前全球网络军备控制面临政治考量、技术手段等诸多主客观困境,但各国都应摒弃单边主义、零和博弈的思维模式,通过平等谈判协商的途径,深入讨论网络战和网络军事化对世界和平所构成的威胁,共同寻求解决之道。具体而言,一是要赋予各国维护全球互联网和平安全环境的重要义务。在尊重各国网络主权、保障各国基于网络主权的安全利益的同时,强调网络主权与网络国际秩序之间的协调,反对网络主权和网络安全的双重标准即“一个国家安全而其他国家不安全,一部分国家安全而另一部分国家

---

　　① 方兴东,胡怀亮.国际网络治理与中美新型大国关系:挑战与使命[A].张志安.网络空间法治化——互联网与国家治理年度报告(2015)[C].北京:商务印书馆,2015:95.

不安全,以牺牲别国安全谋求自身所谓绝对安全",反对单方采取的不加限制的网络战自卫权,反对任何单方采取的网络报复、网络封锁等滥用网络武力的行为。二是要积极谋求双边和区域范围的网络国际军事合作。支持联合国和其他有关国际性、区域性组织在网络军备控制进程中发挥主导和积极作用,依托联合国现有组织和机制,制定信息安全国际规则和国际标准,推动和平解决网络冲突与军事争端;推进二十国集团(G20)、金砖国家(BRICS)、亚太经济合作组织(OECD)、上海合作组织(SCO)等区域性组织创制新的区域性网络安全协议,加强国际和区域组织之间的协调;倡导具有网络先发优势的国家采取有效措施,支持广大发展中国家发展网络技术,通过高层互访、专业技术交流、人员培训、互派军事观察员、联合军事演习等多种途径开展网络军事交流活动,促进全球网络技术和网络安全能力的均衡发展,为各国军队和国家建设赢得友善的外部环境。① 三是要采取稳妥可行的网络军事合作步骤。从近期目标看,在难以出现形式上的网络军备控制条约的现状下,率先谋求在网络安全、信息安全、重要基础设施安全保护方面形成一定数量的单边、双边或多边承诺;在难以实现具体的、有约束力的限制性网络军备控制措施的情况下,率先推动建立一些自律性、合作性的透明信任措施。从中期目标看,应当鼓励各国特别是主要网络大国明确其网络空间军事政策,以政策公开为依托,逐渐由"自律"向"他律"进行过渡;以此为基础,推动建立各国共同参与的网络军备控制国际监督机制,专司国际监督监控职能,并在有关国家遭受网络攻击时及时提供国际援助;搭建军事交流、对话和合作的国际平台机制,共同监测网络不稳定因素并协同相关行动,通过"成熟的国际机制、稳定的国际体系、日渐加强的沟通互信使大国的军事行动愈发谨慎起来"。② 从远期目标看,以既有的国际合作机制和平台为基础,通过技术进步,不断解决网络军备控制中有关核查、识别、追溯、归因等方面难题,细化网络军控规则和建议,③使其具有更强的可行性和可操作性,形成维护网络和平安全的强有力保障体系。

---

① 申琰. 互联网与国际关系[M]. 北京:人民出版社,2012:179.

② 子杉. 国家的选择与安全——全球化进程中国家安全演变与重构[M]. 上海:上海三联书店,2006:140.

③ 吴翔,翟玉成. 网络军控:倡议、问题与前景[J]. 现代国际关系,2011(12).

第九章

基于国际法理的全球互联网管辖权初探

在国际法上,国家管辖权是国家主权的重要体现,主要涉及每一个国家对行为和事件后果加以调整的权力的范围。^① 在国际社会,适当行使管辖权不仅是维护一国司法主权的现实需求,也是维护国家和公民利益、促进国际交往顺利实现的重要手段,更是解决国际网络争端的有力武器。互联网所具有的全球化、虚拟化、匿名性、去中心化等特点,动摇了传统管辖规则的基础,使传统司法管辖权的权威受到很大挑战,传统管辖权中的重要判断因素,如国籍、住所、被告人的财产所在地、法律事实发生地等很难适用于网络空间。而随着互联网逐渐深入社会经济生活的方方面面,网络案件不断出现,由于网络空间管辖权划分的不清晰、不明确,从而导致同类案件往往出现不同的判定结果,引起全球互联网管辖秩序混乱,进而导致国际范围内网络管辖权冲突层出不穷。因此,基于国际法基本原则和国际法理,对全球互联网管辖权进行原则明确和模式重构,就成为全球互联网治理中的一个重要议题。

第一节 互联网时代传统管辖权面临的困境与问题

根据国际法学界的一般看法,管辖权是指通常被称为主权国家的一般法律权限的特定方面,包括司法、立法与行政权力,"国际法在本部分的起点

---

① [英]詹宁斯,瓦茨. 奥本海国际法(第八版)[M]. 王铁崖等译. 北京:中国大百科全书出版社,1995:327.

是主张或至少是推定管辖权是属地性的"。① 因此，一个国家的管辖权由该国在其主权范围内决定，管辖权也由此具有从属于特定国家的地域特征。在国际法上，国家管辖权分为依据领土的管辖，即属地管辖；依据国籍的管辖，即属人管辖；为保护一国及其国民的重大利益而实行的管辖，即保护性管辖；为维护国际和平与安全及人类共同利益而实行的管辖，即普遍性管辖。② 互联网的出现彻底打破了物理空间对人的束缚，人们可以随意在独立于物理空间的网络空间中活动而不受现实的制约。互联网的飞速发展在很大程度上对传统法律制度体系提出了挑战，层出不穷的网络案件亟待调整和解决，给传统管辖权制度带来了挑战和冲击，使其在网络空间的拓展适用出现了诸多新的困难和问题。

一、网络的国际化导致管辖权界限模糊

　　管辖权中的属地管辖权，也称为地域管辖权或属地优越权，是指国家对于自己领土范围内的一切人、事、物和事件享有完全排他的管辖权。因此，地域是确定管辖权十分重要的因素。地域作为确定管辖权的基础具有确定性和唯一性，这在有形的"物理空间"中是非常普遍合理的，因此现代国际法确定一国管辖权的首要原则即为属地原则。③ 管辖权的地域性由其本质决定：从一个国家的角度来看，管辖权是国家主权的表现；从国际角度来看，国家主权原则也是确定管辖权的首要原则。④ 然而互联网却是跨越国界、覆盖全球、毫无边界的，无法被人为地分割成不同区域，任何人都可以随时随地通过连接的计算机进入网络空间，在网上开展各种活动。因此，某一法院对网络的哪一个区域拥有管辖权是难以确定的，有关互联网的案件也很难找到合适的对应"地域"。这就在很大程度上动摇了管辖权地域原则，也在很大程度上模糊了管辖权的界限。另外，由于互联网全球性所造成的不同国家的法律适用冲突，也会加剧对传统管辖权的冲击。

　　与此同时，在英美等判例法国家，传统管辖权还基于"出现"的事实，即

---

①　[英]伊恩·布朗利. 国际公法原理. 曾令良，余敏友译. 北京：法律出版社，2007：266.
②　白桂梅，朱利江. 国际法[M]. 北京：中国人民大学出版社，2004：43.
③　于志刚. 网络民事纠纷定性争议与学理分析[M]. 长春：吉林人民出版社，2001：56.
④　夏晓红. 互联网环境下的国际民商事管辖权[J]. 北方法学，2008(2).

被告人的出现(不论是长期的还是暂时的)是普通法系国家所采用的首要管辖基础。在物理空间,一个自然人在某一个时刻只能出现在某一国界;然而互联网使"出现"的含义有了新变化,一个人通过打开不同的网站可以同时"出现"在不同地域,这也在一定程度上挑战了传统属地管辖权的基础。

二、网络的虚拟性使管辖权难以明确

以当事人国籍作为管辖基础肇始于1804年《法国民法典》。管辖权中的属人管辖权,也称为依据国籍的管辖或属人优越权,是指国家有权对于具有本国国籍的一切人实行管辖,不管这些人是在本国领土范围内还是在外国或者在不属于任何国家管辖的地方。① 然而互联网的虚拟性却使国籍这一重要的属人管辖因素变得难以确定,具体表现在以下4个方面。

首先,在现实社会中,人与人之间的交往都是客观具体的。但网络空间则是相对独立于物理空间而存在的,虚拟的网络空间是完全匿名的,用户姓名、IP地址等都可能是虚假的,因此网络参与者的真实身份往往难以确认,互联网变成了真正的"陌生人社会"。其次,匿名性导致了网络空间中自由与责任不对称的状态,网络上的活动完全脱离了现实社会,网民在享受自由的同时可以很容易地逃避相应的责任承担和法律制裁,从而导致更多的网络越轨行为,并使网络案件发生的频率和复杂程度明显加剧。再次,网络上的信息开放性强,极易被更改且不留痕迹,随着网民对这类信息信任度的不断降低,又进一步加深了互联网的虚拟性,导致管辖权的确定更加困难。最后,由于网址和实际地理位置之间也几乎不存在对应关系,特别是随着移动互联网的发展,更难通过网址锁定当事人的具体位置。这就造成地域位置、国籍身份等管辖权赖以确定的重要因素被深藏和隐匿,导致传统属人管辖、属地管辖在虚拟空间难以有效实施。

三、网络空间的"联系"标准难以统一

传统管辖权总是以某种相对稳定的"联系"为基础的,如地域、国籍、住所、行为等,因为它们和某管辖区域存在物理上的关联。具体而言,即指案

---

① 白桂梅,朱利江. 国际法[M]. 北京:中国人民大学出版社,2004:44.

件所涉及的人、事、物或行为等因素与法院地有合理的或有意义的联系,则该法院就具有对该案件的管辖权。

互联网的不确定性致使这种"联系"无处不在,似有若无而又难以确定。例如,不能从网名推断当事人的真实身份,也不能从网址推断当事人的处所,更不能从浏览痕迹推断当事人与案件的关系;互联网的国际化和全球性导致网络案件可能造成很大范围的影响,这些影响都可以被看作一种"联系";而互联网的纷繁现象也加深了网络案件的复杂性,使"联系"的深度更加难以确定。在世界范围内的司法实践中,网络空间的"联系"界定标准始终难以统一。在美国广泛运用于处理网络案件的"长臂管辖权"以"最低联系"为重要准则,虽然已经出现许多判例对"最低联系"原则进行充实、完善,但直到现在仍未能有权威的定义和判断标准,而主要取决于法官的自由裁量。有鉴于此,互联网无疑对于"联系"原则在确定管辖权方面的适用提出了更大的挑战。

四、网络的去中心化弱化国际司法权威

互联网技术本身决定了网络空间的去中心化。从技术角度看,互联网是通过共享协议进行规范的,即在分布有众多节点的网状结构中,每个节点都具有高度自治的特征,不存在绝对的中心,不存在一个统一的管理者对互联网进行集中监管。每一个人都可以随时进入互联网而不需要经过批准和允许,并且在网络空间中每一个用户都是平等的,都可以是网络内容的生产者,不存在一个所谓的"权威",服务器规则以及相互之间所达成的合意共同规制着网络世界的每个信息交互者。① 因而到目前为止,在网络空间里,没有哪一个计算机终端或者哪一个网址具有统帅作用,同样,有能力有效地、统一地完全控制和管理网络空间的国家也是不存在的。

根据马克斯·韦伯的理论,权威取得的途径有 3 种:基于传统的权威、基于个人魅力的权威和基于理性的权威。② 现实社会中的司法权威属于理性的制度化权威:一方面,司法权威是一种特殊的公权力,是具有权威性的

---

① 肖永平,李臣. 国际私法在互联网条件下受到的挑战[J]. 中国社会科学,2001(1).
② ［德］马克斯·韦伯. 经济与社会[M]. 北京:商务印书馆,2006:258.

公权力;另一方面,司法除具有权力威严的品质以外,其本身还应当具有社会公信力。① 在一定意义上,互联网领域通常被认为是"自由之地",强调更多地通过自身的制度和技术设计克服缺陷、解决网络案件的矛盾,而不是一概诉诸作为现实社会权威的公权力。从这个角度看,互联网所具有的自由性、平等性和去中心化等特点,必然导致有关互联网治理的现实司法权威受到一定程度的弱化,更加不利于传统管辖权在网络案件中的适用。

第二节　以国际鞋业案为肇始的互联网案件长臂管辖权

国际鞋业公司成立于美国特拉华州,主要营业地在密苏里州。1937 年至 1940 年,国际鞋业公司在华盛顿州雇用了十几名华盛顿州的居民为推销员,定期征集订单。推销员有时候会在华盛顿州租用房间作为公司产品的展室,租金由公司报销,但推销员没有被授权签订合同,须将所有的订单交由公司总部批准。该公司每年付给华盛顿州推销员的佣金总数约为 31000 美元。华盛顿州政府依据其法律提起诉讼,基于国际鞋业付给居住在本州的推销员佣金而向公司征收失业救济基金。但国际鞋业公司却拒绝缴纳,辩称其不是华盛顿州的公司,在华盛顿州也没有"营业活动",因而没有"出现"在华盛顿州,华盛顿州法院行使管辖权的行为违反了宪法修正案第 14 条"正当程序"的规定。华盛顿州法院一审判国际鞋业败诉。在一审败诉后,国际鞋业公司向联邦最高法院提请上诉,最终联邦最高法院支持了原审判决,并由此对宪法"正当程序"限制下的属人管辖权做了全新的发展,确立了"最低联系"这一法院行使长臂管辖权的重要依据。②

在国际和州际民事诉讼中,美国很长一段时间以来一直奉行"有效控制理论",即强调管辖国对某一案件只要有实际支配的能力,就可以对该案行使管辖权,不论案件的诉因是否与该国有一定的联系③,而长臂管辖权(Long Arm Jurisdiction)则打破了这一惯例。长臂管辖权即当被告的住所不在法院

---

① 陈光中,肖沛权. 关于司法权威问题之探讨[J]. 政法论坛,2011(1).
② International Shoe Co. v. Washington, 326 U. S. 310 (1945).
③ 张博. 美国的长臂管辖权原则[N]. 人民法院报,2011 - 07 - 15(08).

地州,但和该州有某种最低联系,而且所涉及的权利要求的产生和这种联系有关时,那么就该项权利要求而言,该州对于该被告具有属人管辖权,可以在州外对其发出传票。① 1945 年"国际鞋业公司诉华盛顿州"(International Shoe Co. v. Washington)案就是长臂管辖权的真正开端。此后,长臂管辖权得到美国各州的普遍承认,各州逐步制定了自己的长臂法规:一种是简单笼统地规定在一定条件下州法院可以对非法院地居民行使管辖权;另一种是规定了行使长臂管辖权的特定类别,主要有在州内从事营业活动、在州内实施侵权行为和在州外实施侵权行为在州内造成损害结果 3 种。

一、长臂管辖权的确认

从一般意义上讲,法院在行使长臂管辖权时要进行两个步骤的分析:首先分析法院行使管辖权是否满足法院地州的长臂法规。由于不存在全面的联邦长臂法规,《联邦民事诉讼规则》第 4 条 e 款规定,联邦地区法院可依据所在州的长臂法规行使长臂管辖权。其次要分析法院行使管辖权是否能够满足《联邦宪法》第 14 修订案中所确立的"正当程序"(Due Process)条款。根据联邦最高法院于 1945 年在国际鞋业案中所确立的"最低联系"(Minimum Contacts)标准,如果非法院地居民与法院地之间存在某种"最低联系",以至于在该法院进行诉讼不会违反"平等与实质正义的传统观念",则法院对该被告行使管辖权便是符合"正当程序"要求的。② 另外,最低联系的数量和种类取决于诉讼的起因是否产生于该联系。如果诉讼的起因产生于该联系,则即使是单一的独立的联系也足以使被告隶属于该州法院的属人管辖;如果诉讼的起因不产生于该联系,则需要确定该联系是否是连续的、系统的和实质性的,以至于能够使被告在缺乏诉讼的起因相关联时,在法院应诉是公正合理的。③

在适用长臂管辖权的案件中,如何判定"最低联系"是法院行使管辖权最重要的因素。具体而言有 3 项标准,即有意利用(Purposeful Availment)标准、相关性(Relatedness)标准及合理性(Reasonableness)标准。有意利用标

---

① 韩德培,韩健. 美国国际私法(冲突法)导论[M]. 北京:法律出版社,1994:43.
② 郭玉军. 网络社会的国际法律问题研究[M]. 武汉:武汉大学出版社,2010:617.
③ 刘新英. 论美国国际民事诉讼中的管辖权[J]. 法学评论,1999(4).

准最初始于 1958 年 Hanson. v. Denckla 案①,即如果被告为自己有利益有目的地利用法院地的商业或其他条件,以取得在法院地州从事某种活动的权利,进而得到该州法律上的利益与保护,则该州法院可以行使管辖权②。后经一系列司法实践,又延伸出可预见性(World-Wide Volkswagen. v. Woodson 案③)、充分联系(Burger King. v. Rudzewicz 案④)、商业流和"进一步活动"(Asahi Metal. v. Superior Court 案⑤)等标准。此外,相关性标准,是指诉讼是否产生于被告与法院地的联系或是否与之相关;合理性标准,是指法院在确定被告有目的地与法院地建立联系后,进一步考察法院行使管辖权是否违反"公平和实质正义的传统观念"。

二、长臂管辖权在网络案件中的发展与适用

互联网因其自身特性,对属地性的传统管辖权造成了较大冲击和挑战。在实践中,美国法院多根据长臂管辖权理论对网络(电子商务)案件进行管辖。联邦最高法院在 Hanson. v. Denckla 案⑥中指出,科学技术的发展扩大了各州之间的商事交往,相应地,法院的管辖权亦应随之扩大。California Software. v. Reliability Research, Inc 案.⑦ 是美国审理的第一例互联网案,它使长臂管辖权在互联网案件中得到了扩张。加州法院在该案中也指出,现代科学技术使全国性商业活动变得简单易行,即使是一般的商业交易也会导致法院对网络案件管辖权的扩大。

经过 70 余年的发展,长臂管辖权理论不断得到完善,从最初的"最低联系"逐渐发展出"滑动标尺""进一步活动""效果""目标指向"等适用于网络案件的管辖理论和判断标准,并且逐渐将适用范围拓展延伸至电子商务以外的网络案件领域,提供解决问题的新方法。

1. 滑动标尺理论(Sliding Scale Approach)。在 1997 年 Zippo Manufac-

---

① Hanson. v. Denckla, 357 U. S. 235(1958).
② 郭明磊,刘朝晖. 美国法院长臂管辖权在 Internet 案件中的扩张[J]. 河北法学,2001(1).
③ World-Wide Volkswagen. v. Woodson, 444 U. S. 286(1980).
④ Burger King. v. Rudzewicz, 471 U. S. 462(1985).
⑤ Asahi Metal. v. Superior Court, 480 U. S. 102(1987).
⑥ Hanson. v. Denckla, 357 U. S. 235(1958).
⑦ California Software. v. Reliability Research, Inc. , 631 F. Supp. 1356 (C. D. Cal. 1986).

turing Co. v. Zippo Dot Com, Inc. 案①中，法院提出了滑动标尺理论，将网址作为确定长臂管辖权的全新依据。在案件中，法院将网站分为 3 类：积极型网站（Active Sites）、消极型网站（Passive Sites）、交互型网站（Interactive Sites），以便确定长臂管辖权的行使范围。积极型网站上当事人通过网站与他人签订合同，积极地利用互联网从事交易，法院主张对这种网站行使长臂管辖权；消极型网站仅仅是被动的发布信息，只起到一个可供浏览的信息平台作用，不存在针对法院地的"进一步活动"，因而不能作为行使长臂管辖权的基础；而交互型网站的范围相当广泛，处于以上两种网站的灰色地带，网站管理者和浏览者之间有一定的互动，能否行使长臂管辖权最主要的考量便是"交互程度"。滑动标尺理论的先进性在于提供了一套分析被告通过互联网所实施的活动性质的方法，法院能否行使管辖权主要取决于网站的交互程度和商业性质。在司法实践上，该方法得到了广泛的运用。然而，由于对于交互型网站的界定不清晰，相应的管辖权确定也很模糊，成为其最重要的缺陷。

2. 进一步活动理论（Additional Activity）。"进一步活动"理论最早是在 Compuserve, Inc. v. Patterson 案②中提出来的，当事人设立网站或者在网上提供信息，且做出针对法院地的有意行为，则法院可以对其实施长臂管辖权。在实践中，"进一步活动"主要表现为以下 6 个方面：针对法院地的特定交易活动，主动向某一特定法院地发送信息，选择使用特定的语言，选择使用特定的货币，选择适用特定的法律以及拒绝交易声明等。③ 在之后的 Bensusan Restaurant Corp. v. King 案④中，由于被告只是设立了一个网站进行广告宣传，对象是所有互联网的网民，并没有针对原告所在的纽约州做出"进一步活动"，因此法院不能对其行使长臂管辖权。如果没有"进一步活动"的限制，网络的无界性将会极大地扩展管辖权的边界，造成过分管辖的后果。这是对滑动标尺理论的有益补充，在司法实践中不仅强调网络活动的交互性，也重视其针对性；除了辨别网站本身的属性，还将网站上有针对

---

① Manufacturing Co. v. Zippo Dot Com, Inc, 952F. Supp. 1119, 1123(W. D. Penn. 1997).

② Compuserve, Inc. v. Patterson, 89 F. 3d 1257 (1996).

③ 郭玉军，向在胜. 网络案件中美国法院的长臂管辖权[J]. 中国法学,2002(6).

④ Bensusan Restaurant Corp. v. King, 126 F. 3d 25 (2nd Cir. 1997).

性的活动纳入考虑范围,从而促进更加谨慎、适当地行使长臂管辖权。

3. 效果理论(Effect Approach)。首先将效果理论运用于互联网领域的是 Blakey. v. Continental Airlines 案①。效果理论更加注重涉案网站在法院地所产生的实际后果,而不是网站本身的互动性等因素,若对法院地产生了实际影响则法院具有管辖权。依据效果理论,只要符合以下条件,法院就可以行使管辖权:被告有故意的侵权行为;侵权行为明确指向法院地;对法院地居民造成损害结果或损害的可能性,并且被告知晓这一损害结果或损害的可能性。② 然而,这种理论有可能造成多个法院具有管辖权的冲突混乱局面,并且很难认定哪个法院更具有管辖权,这样反而不利于案件的最终解决。

4. 目标指向理论(Target Approach)。目标指向理论缘起于 Cybersell, Inc. v. Cybersell, Inc. 案③。该理论强调,如果被告在网络上的行为明显指向法院地,且该行为对法院地造成了可预见的后果,则法院对其具有管辖权。目标指向理论是在效果理论的基础上发展而来的,两者都强调行为在法院地的后果,但两者也有显著区别:效果理论侧重于行为产生的实际客观影响,而目标指向理论更强调被告明显指向(Expressly Target)法院地并能预见(Foresee)在法院地造成后果的主观因素。④ 这种理论有利于网络参与者预见并控制自己的行为所可能带来的后果,从而增强了法律的确定性。美国律师协会(ABA)2000 年提交的报告明确将其作为确定互联网管辖权的方法之一。一些学者也认为,目标指向理论是目前互联网环境下确定管辖权的最好方法,它同时保证了 4 个方面价值的实现:可预见性、以影响方法为基础、法院间的互让互惠和技术中立性。⑤

三、对长臂管辖权的评价

长臂管辖权的实质是对管辖权的扩张,在全球化和互联网飞速发展的

---

① Blakey. v. Continental Airlines, 164 N. J. 38, 751 A. 2d 538 (N. J. , 2000).

② 孙尚鸿. 效果规则在美国网络案件管辖权领域的适用[J]. 西北政法学院学报,2005(1).

③ Cybersell, Inc. v. Cybersell, Inc. , 130 F. 3d 414(9th Cir. 1997).

④ 刘颖,李静. 互联网环境下的国际民事管辖权[J]. 中国法学,2006(1).

⑤ Michael Geist, *Is There A There There*: *Towards Greater Certainty for Internet Jurisdiction*[M], Ssrn Electronic Journal, 2001, 2(3): 1345.

国际环境中,它使一州或一国能够在世界范围内更有效地保护自身利益,是国家主权的主张和体现。从这个意义上讲,将长臂管辖权适用于网络案件,是法律规范随着社会发展而发生变革的逻辑结果。经过多年实践和多个重要判例的发展,长臂管辖权已经生发出一套应用于网络案件的判断标准。虽然这些标准尚未足够清晰,但对网络案件的国际化和跨时空特征具有较强的针对性,适应了互联网发展的新特点并自成体系。这有利于网络案件特别是域内网络纠纷的解决,是传统管辖权理论的重要延伸和完善,值得吸收和借鉴。

　　然而,长臂管辖权也存在一定的负面影响。一方面,长臂管辖权的具体操作规则缺乏统一性和明确性,如美国联邦法院并没有对"最低联系"做出明确规定,滑动标尺理论中的网站分类也模棱两可,这就使法官拥有很大程度的自由裁量权,直接导致了对同类案件的不同判决,影响了法律的确定性,更限制了其由普通法系国家向大陆法系国家的推广适用。另一方面,在国际法层面,长臂管辖权实质上是一种域外管辖权,其所导致的管辖权扩张很可能因触及其他国家的主权管辖而遭到抵制和反对。特别是将其运用于全球化的互联网领域中,许多国家都可以对同一个网络案件声称具有管辖权,加剧全球互联网治理层面的管辖权冲突,甚至引发更为严重的国际网络争端。例如,美国将长臂管辖权逐渐延伸适用于全球互联网的各个领域,试图在美国国内法的框架内解决全球互联网领域发生的一切与其相关的治理事件,这实际上反映了美国扩张自身网络主权、同时忽视和损害他国网络主权的"双重标准",也是美国一贯谋求在全球范围内拓展"民主化"主张、维系某种"权宜之计"的大国关系①的国际关系主张的体现,更是其为谋求世界网络霸权所进行的一种国际法尝试。

第三节　构建适合中国国情的网络案件管辖权模式

　　网络时代,各国都积极争取将互联网上发生的、与本国有关的案件纳入

---

① ［美］兹比格纽·布热津斯基．大棋局:美国的首要地位及其地缘战略[M]．中国国际问题研究所译．上海:上海世纪出版集团上海人民出版社,2014:172．

管辖范围,网络管辖权日益成为国际网络新秩序博弈与构建的重要组成部分:发达国家希望将在现实世界的优势延伸至网络空间,通过扩张网络管辖权继续主导互联网;而发展中国家在网络空间同样试图争取权益,捍卫网络主权不受侵犯,提升自身在治理体系中的话语权。在这种情势下,中国也应该积极行动,构建契合国际法理和中国国情的网络案件管辖权模式。要认真研究长臂管辖权制度所确立的新兴规则和司法判例,并在批判借鉴的基础上,将其运用于对自身法律体系的时代变革与修订完善的过程中。始终基于尊重国家网络主权、不干涉他国互联网治理内政等国际法基本原则,运用国际法理并采取有效措施反对网络管辖权肆意扩张甚至侵犯他国网络主权的问题,做到在网络化、全球化浪潮中既能够合理有效地保护本国国家、企业和公民权益;又不肆意扩张管辖权以损害其他国家主权,进而为形成共商、共建、共享的全球治理环境做出实践表率。

一、遵循国际通行规则,借鉴国外有益经验

在网络案件管辖权确定的司法实践方面,国际上的普遍通行做法是,确立协议管辖原则(Choice of Forum)、不方便法院原则(Forum Non Convenience)和先受理法院原则(the Court First Seized),以适应互联网特点,便于网络案件和纠纷的公正合理解决。应当分析这些原则产生和发展的背景,研究其具体内容和构成要件,在此基础上予以参酌适用。

1. 协议管辖原则。国际私法上的当事人意思自治原则,是指合同当事人可以通过协商一致的意思表示自由选择支配合同准据法的一项法律选择原则。[①] 协议管辖原则允许案件双方基于意思自治原则,通过平等协商自愿选择法院行使管辖权,一定程度上回避了地理位置、主体身份等在互联网上难以确定的信息,更加符合互联网的特点,有利于消除管辖权的不确定性,减少管辖权冲突。协议管辖原则是目前国际社会所普遍承认和采用的一项原则,世界各国的立法和司法实践都在不同程度上肯定了这一原则的适用。

2. 不方便法院原则。不方便法院原则较早出现在苏格兰及美国法院的实践中,并被英美法系的其他国家和地区采用。它是指一国法院根据其国

---

① 韩德培. 国际私法[M]. 北京:高等教育出版社,2000:196.

内法或有关国际条约的规定,对国际民事案件有管辖权,但从当事人与诉因的关系以及当事人、证人、律师或法院的便利或者花费等角度看,审理该案是极不方便的,而由外国法院审理更为适当,因而放弃管辖权的情况。[①] 互联网的固有特征,使得在网络纠纷中极易出现一国多个或多国法院都对同一个案件具有管辖权的情况,如果遵从不方便法院原则,从中选择一个更为合适、方便的法院受理,可以在很大程度上提高网络案件的解决效率。

3. 先受理法院原则。先受理法院原则是指相同当事人就同一涉外民事纠纷基于相同的诉因分别在不同国家起诉时,原则上应由最先受理案件国家的法院行使管辖权。[②] 美国和欧盟均将其作为解决国际管辖权冲突的重要原则,《布鲁塞尔公约》第21条规定:"相同的当事人之间就同一诉因而在不同缔约国法院提起诉讼时,首先受诉的法院以外的其他法院应当主动停止其诉讼程序,而由先受诉法院行使管辖权。当先受诉法院开始行使管辖权时,其他法院应当拒绝行使管辖权。"先受理法院原则可以在管辖权冲突的实际对抗阶段起协调作用,从而避免由于"平行诉讼"而导致的判决结果不一致现象的出现,有利于化解国际互联网管辖权冲突。

此外,美国的长臂管辖权、欧盟对消费者实行的"源地管辖权原则"等,都对中国构建与国际管辖权制度发展趋势相协调、与网络案件特性相适应、与自身国情和国家利益相符合的网络案件管辖权模式具有重要参考价值。

二、整合既有国内法律,不断完善传统管辖

互联网虽然具有虚拟性特点,但也具有客观存在的特征,需要以电脑、服务器、网络通信基础设施等物理实体作为载体,而参与网络活动的公民、企业和各类组织也都是现实存在的。因此,虽然互联网对传统管辖权形成冲击和挑战,但绝不是全盘否定,而是要求其结合时代需求进行变革以适应新情况、解决新问题。故而网络案件管辖权的确定,仍要以传统司法管辖制度为基础,并根据互联网的特殊性不断加以修订、补充和完善。

以民事侵权为例,中国有关管辖权方面的法律规则主要有:《中华人民

[①] 王贵国. 国际IT法律问题研究[M]. 北京:中国方正出版社,2003:381.

[②] 刘颖,李静. 互联网环境下的国际民事管辖权[J]. 中国法学,2006(1).

共和国民事诉讼法》第29条规定"因侵权行为提起的诉讼,由被告住所地或侵权行为地人民法院管辖";《最高人民法院关于适用〈中华人民共和国民事诉讼法〉若干问题的意见》第28条规定"侵权行为地包括侵权行为实施地和侵权结果发生地"。随着网络案件在现实生活中的不断出现,最高人民法院分别在2000年和2001年出台了关于解决计算机网络侵权案件管辖权的两个司法解释,为司法实践提供了重要的法律依据。最高人民法院于2000年发布的《关于审理涉及计算机网络著作权纠纷案件适用法律若干问题的解释》第1条规定:"网络著作权侵权纠纷案件由侵权行为地或者被告住所地人民法院管辖。侵权行为地包括实施被诉侵权行为的网络服务器、计算机终端等设备所在地。对难以确定侵权行为地和被告住所地的,原告发现侵权内容的计算机终端等设备所在地可以视为侵权行为地。"2001年又发布了《关于审理涉及计算机网络域名民事纠纷案件适用法律若干问题的解释》,其中第2条规定:"涉及域名的侵权纠纷案件,由侵权行为地或者被告住所地的中级人民法院管辖。对难以确定侵权行为地和被告住所地的,原告发现该域名的计算机终端等设备所在地可以视为侵权行为地。"这体现了中国对于互联网案件的管辖权仍以侵权行为地和被告住所地为基本依据。在难以确定侵权行为地和被告住所地的情况下,将原告发现该域名的计算机终端等设备所在地视为侵权行为地,其中将设备所在地纳入侵权行为地的范畴,扩大了传统的侵权行为地的范围。此外,还应根据《中华人民共和国涉外民事关系法律适用法》的有关规定,切实处理好涉及网络民事案件管辖权的国际私法问题,妥善解决此类涉外民事争议,维护公正合理的全球互联网治理环境。

从刑事法律规范看,中国《刑法》采行了"属地管辖为主,属人原则、保护原则和普遍管辖原则为辅"的管辖权理论,但这种传统的刑事管辖权理论在网络空间会面临一定的适用困境。例如,在属地管辖方面,《刑法》第6条规定:"犯罪的行为或者结果有一项发生在中华人民共和国领域内的,就认为是在中华人民共和国领域内犯罪",即以犯罪行为地或犯罪结果地作为管辖依据。但在超越国界的网络空间,某一犯罪的行为地或结果地可能涉及互联网所触及的所有国家和地区,如果贸然全部适用管辖,显然是不合适且不正确的,更不能从根本上解决网络犯罪的国际司法管辖权问题。又如,在属人管辖方面，《刑法》第 7 条规定"中华人民共和国公民在中华人民共和国领域外犯本法规定之罪的，适用本法，但是按本法规定的最高刑为三年以下有期徒刑的，可以不予追究"，这即表明是否适用本条，应首先判断犯罪地是否在域外。但在没有确定界限和固定范围的网络空间，便很难区分某一网络犯罪行为到底是发生在中国域内抑或域外，这就可能使《刑法》有关规定形同虚设。再如，在普遍管辖方面，《刑法》第 8 条规定要求满足"双重犯罪"原则，但目前关于网络犯罪的国际统一实体立法和程序规则尚付阙如，因此，普遍管辖的适用缺乏必要的理论和实践基础。

有鉴于此，根据《刑法》的立法精神、《最高人民法院关于审理涉及计算机网络著作权纠纷案适用法律若干问题的解释》等司法解释，以及有关法学理论，中国法院在实践中采取了根据网址确定犯罪管辖权，根据被发现侵权内容的网络服务器和计算机终端设备所在地确定管辖权，根据受害单位或个人系统、网络服务器、计算机终端设备所在地确定管辖权，根据犯罪行为人最终目的及取得财产的地点确定管辖权等多种方式。举例而言，根据网址确定犯罪管辖权，主要是针对利用互联网销售假冒、伪劣商品等犯罪案件，实施网络犯罪行为的计算机终端所在地可以视为犯罪行为地；而在侦办利用互联网销售假冒、伪劣商品等犯罪案件过程中，司法机关可以通过网络服务提供商来确定网址所对应服务器的物理地址，即网络犯罪行为实施地，进而确定地域管辖权。[①] 依循此种思路，应在兼顾传统管辖权理论的基础上，充分整合既有法律规范，在实践中探索切实可行的网络管辖权适用原则和条件，从而最大限度地填充和减少网络空间中刑事管辖权的空白与冲突，在全球互联网治理的纠纷解决活动中切实维护和保障各国网络主权，形成兼顾多方利益、公正化解矛盾的管辖权冲突处置机制。

三、开展全球协商合作，妥善解决管辖争端

互联网自身所具有的国际性、去中心化等特点，决定了网络案件管辖权的确定并不是单个国家能够有效解决的，必须依靠各国的通力协作。因此，

[①] 袁昱. 网络犯罪管辖权确立的思考. 中国法院网［EB/OL］. http://www. chinacourt. org/article/detail/2015/12/id/1766372. shtml，2015 – 12 – 11/2017 – 05 – 18.

中国应努力在网络管辖权领域寻求国际合作,在尊重各国网络主权的基础上,推动制定网络管辖权确定的国际统一标准和原则。

从根本上解决互联网环境下国际民事管辖权冲突的途径,是通过缔结国际条约统一确定管辖权的标准。① 在司法实践中,已经出现了不少关于网络管辖权的多边、双边条约,得到了缔约国的认同,取得了良好的效果。联合国国际贸易委员会(UNCITRAL)1996 年通过的《电子商务示范法》为网络案件管辖权确定提供了一种新的思路,有利于各国制定出较为统一的国内和国际立法,为国际合作奠定了良好基础。海牙国际私法会议于 1999 年 10 月 30 日发布了《有关管辖权及外国判决就民商事问题的初步草案》,目的在于:一是调和各国管辖之规定,并限制在若干适合管辖法院提出诉讼,以避免多数的诉讼程序的可能及冲突的发生;二是简化并促进对于外国判决的承认与执行,并在草案中提供可供遵守的规则。② 欧盟 2000 年 11 月 30 日通过了《民商事管辖权和判决的承认与执行的布鲁塞尔公约》,在处理消费者合同管辖问题时采用了"定向行为"标准,即商家指向消费者住所地国实施商业或职业行为时,适用保护性管辖。③ 从而确立了关于跨境交易中产生的争议的管辖权规则。这说明国际社会一直在尝试通过制定有关国际条约来建立一套合理、有效的协调网络管辖权冲突的法律机制。

在此背景下,有必要提出中国参与这一国际进程所应秉持的主要原则,具体可分为以下 3 个方面。第一,网络管辖权国际合作要以尊重网络主权为前提。网络管辖权是网络主权的一项重要权能和组成部分,"一个国家行使管辖权的权利是以它的主权为依据的",④网络管辖权扩张所引起的管辖权冲突,实际上就是国家主权在互联网领域的相互碰撞。西方法谚有云:"权利止于他人的鼻尖",这在国际法和国际关系领域亦是如此。互联网的无国界、无边界特征使跨越国界的网络纠纷在所难免,一旦冲突发生,应当基于国际法关于主权平等的基本原则进行友好协商,互相尊重和体认对方

① 刘颖,李静. 互联网环境下的国际民事管辖权[J]. 中国法学,2006(1).

② 吴佳倩,曾文智. 网际网络智慧财产权纠纷之管辖权与准据法[J]. 万国法律,2001(4).

③ 刘仁山,夏晓红. 互联网消费者合同的管辖权问题——消费者原地管辖规则的新发展及其前景[A]. 中国国际私法与比较法年刊[C]. 北京:法律出版社,2005:323-329.

④ [英]詹宁斯,瓦茨. 奥本海国际法(第八版)[M]. 王铁崖等译. 北京:中国大百科全书出版社,1995:328.

依据网络主权所应当享有的处理本国网络事务的权利；而不是依仗在现实世界中的强权和优势，或者一味强调己方利益而强行扩张本国的管辖范围，这样做不仅达不到解决争端的目的，反倒会因为以牺牲他国网络主权为代价来维护本国网络主权，而使已有的矛盾分歧进一步加剧甚至激化。第二，网络管辖权国际合作要吸纳各利益相关方共同参与。互联网的蓬勃发展，为各国企业和创业者提供了广阔市场的空间，对世界经济的创新发展和人类社会的共同繁荣起到了巨大的推动作用。事实上，大量涉及网络管辖权冲突的案件正是来源于国际电子商务和金融贸易领域，如果不能采取多方共治的方式兼顾各方利益、妥善解决纠纷，就很可能造成网络经济效益的重大减损、助长贸易保护主义倾向。因此，在网络管辖权冲突解决机制的制定过程中，不仅应当有包括发达国家和发展中国家在内的主权国家参与，而且还应当吸收有关全球性和区域性国际组织，以及全球企业和商贸界、网络和法律研究学术界加入其中，大家集思广益、增进共识、加强合作，提出各方普遍接受、反映多方利益、体现共商共治的最优方案。第三，网络管辖权国际合作要与常规国际司法合作相互协调。确定网络管辖权并不能达致解决纠纷的目的，一项网络争端的最终解决往往需要经历漫长的过程，在这一过程中，需要涉及争端解决的各个国家和国际组织在程序法保障层面进行通力配合与不懈努力，以良好的国际司法合作有力推动网络纠纷的化解与处置。这些程序法层面的司法合作，在类别上包括民事、刑事等方面，在内容上涵盖司法文书送达、协助调查取证、引渡、移管、执行等方面，这就有赖于各有关国际行为体在全球互联网治理活动中加强对话交流，密切谈判磋商，在国际司法合作方面形成更多一致意见和条约规范，为网络管辖权的顺利实施和网络争端的妥善解决提供更加坚实的程序保障。

第十章

研究结论与未尽之处展望

本研究所得出的基本结论是:在全球互联网治理中,中国应充分重视国际法理论与实践的运用,并依托其重构研究范式,提出中国方案并构建话语体系;中国应始终坚持尊重和维护网络主权的基本立场,支持国际法基本原则在治理活动中的充分应用,辩证地看待网络时代国际法规则的继受与创设;中国应以"网络空间命运共同体"思想为指引,倡导通过以联合国为主导、各类国际组织和双边多边对话机制并行的国际合作体系,妥善解决网络安全、网络战、网络管辖权等领域的现实法律问题,为构建和平、安全、开放、合作的网络空间和建立多边、民主、透明的全球互联网治理体系奠定国际法律制度基础。

在梳理归纳研究结论的基础上,应当认识到,从国际法理的角度审视全球互联网治理问题,是近年来越来越被学者们关注的研究领域。在这一领域开展前瞻性、开创性研究,最值得关注的,是中国为推进全球互联网治理所进行的大量新尝试、新贡献,这其中有大量基于国际法理的重要主张和创新观点,值得认真加以分析和提炼。另外,在现实的理论探索层面,特别是国际法学与网络传播学的交叉研究领域,以专论的形式探究某一方面问题的文献较多,而比较成体系的著述或成果还嫌较少,这就导致了在可用资料方面的欠缺,在既有研究架构方面的空白。有鉴于此,所开展的研究工作必然会存在一定的缺憾,这虽是不难预见的,但也应从主观方面负起所应承担的文责。这里主要列举以下3个方面的内容,列示现有研究的不足之处,并展望未来开展进一步工作予以补强。

第一,未在国际经济法领域进行展开论述。当今时代,互联网在全球范围内的广泛应用给国际贸易、国际金融和国际知识产权保护等领域带来了巨大发展机遇,同时也引发了许多新的亟待解决的问题。国际社会为之进行了不懈的尝试和努力,如世界贸易组织(WTO)有关信息技术产品、电子商务服务和电子商务数字产品的规制条款,联合国国际贸易法委员会(UNCITRAL)颁布的《国际合同使用电子通信公约》《电子商务示范法》和《电子签名示范法》等,世界知识产权组织(WIPO)制定的"国际互联网公约"即《世界知识产权组织版权条约》和《世界知识产权组织表演和录音制品条约》等,都为网络时代国际电子商务的蓬勃发展和争端解决奠定了法律制度基础。但从当前全球互联网治理的普遍实践和学界一般观点来看,全球互联网治理研究应将注意力主要集中于主权国家、国际组织等主体所参与的公法类活动上,因而主要涉及的是国际法(即国际公法)而非国际经济法领域的内容;偏重于解决国际法总论中的渊源、原则、主权、管辖、安全及战争等方面的问题,而非由多重公私主体参与的经济贸易、知识产权保护等偏重于私法或社会法领域的事项。有鉴于此,互联网条件下的国际经济法领域问题应被视为一项独立专项研究予以关注,并随着网络技术和电子商务的快速发展,拥有越来越丰富的值得深入探讨的内容。

　　第二,未对大数据等新技术手段进行深究。当前互联网发展的一个突出特点就是大量新兴技术的相继涌现和广泛应用。大数据、云计算、物联网等新技术日渐影响和改变着人们的生活,在全球互联网治理的规则制定方面也必将拥有更为广泛的运用前景。例如,大数据视角下的网络谣言传播及其规制、民意调查及政府公共政策的制定、全球反恐行动中对数据"相关性"的应用及限制等,都对数据的存储、加工、分析、预测、管理等环节提出了新的制度需求,国家、商业和个人秘密所面临的新型威胁需要围绕全球网络空间数据权展开布局,寻求建立跨国数据流动的对话机制并形成国际共识;再如,云计算在对国家信息资源带来正向效应的同时,也会使信息资源高度集中进而引致空前放大的风险效应、日趋隐性的安全威胁、不断弱化的国家控制,对在全球范围内规范和制约云计算服务商行为、维护和保障国家信息安全提出了新的国际立法要求;又如,物联网技术在便利人类生活和社会管理的同时,也使国家信息基础设施、现代工业控制系统、金融和个人信息系统处于网络战和网络攻击的严重威胁之下,一旦遭受攻击,可能导致大量事关国计民生的基础设施瘫痪。习近平总书记在谈及"依法加强大数据的管理"时也指出，"一些涉及国家利益、国家安全的数据，很多掌握在互联网企业手里，企业要保证这些数据安全"。因此，未来一个时期的全球互联网治理研究，必然应当呼应有关新技术管理的制度诉求，在国际法理论与实践层面更多关照新技术的产生与发展，进而提出满足各方主体利益的合理规则。

第三，未能穷尽中国互联网治理最新材料。当前，中国正以崭新的姿态积极参与到全球互联网治理进程中来，一方面，主动在国际舞台上设置议题，重点阐释"四项原则""五点主张"及尊重网络主权、构建网络空间命运共同体等中国方案，话语权和影响力不断提升；另一方面，努力加强域内网络治理，顶层战略谋划和法律法规制定明显提速，相继出台新《国家安全法》《网络安全法》《国家网络空间安全战略》等，立法位阶之高、速度之快、力度之大均前所未有，且在可以遇见的未来有望继续保持或增强。此外更为晚近时，互联网学界、实务界对习近平总书记在网络安全和信息化工作座谈会上的重要讲话（2016年"4·19"讲话）发表一周年展开热议，又涌现出大量有关中国网络治理的新素材、新观点。2017年10月18日，举世瞩目的中国共产党第十九次全国代表大会正式开幕，习近平总书记在代表十八届中央委员会向大会作的报告中多处提及互联网有关内容，特别指出要"加强互联网内容建设，建立网络综合治理体系，营造清朗的网络空间"。这些重要论断，从党和国家战略全局高度进一步指明了中国参与全球互联网治理的前进方向，为建设网络强国、助力民族复兴提供了根本遵循。正源于此，当下中国互联网治理方面的第一手资料，以及讨论中国互联网治理问题的学术界、实务界新材料，可谓汗牛充栋且更新迅速。在这一背景下，虽于研究中尽量挖掘各类鲜活资料，但难免有所遗漏，或对一些观点和主张照顾分析不足。这虽然具有一定的客观因素，但也未尝不是一件憾事，希望在今后的研究工作中能够尽量予以充实补强。

参考文献

一、中文学术专著和译著

[1][美]阿尔文·托夫勒. 第三次浪潮[M]. 朱志焱,潘琪译. 北京:三联书店,1983.

[2][美]爱德华·卡瓦佐,加斐诺·莫林. 赛博空间和法律:网上生活的权利和义务[M]. 南昌:江西教育出版社,1999.

[3][加]埃里克·麦克卢汉,弗兰克·秦格龙. 麦克卢汉精粹[M]. 何道宽译. 南京:南京大学出版社,2000.

[4][美]埃瑟·戴森. 2.0版——数字化时代的生活设计[M]. 胡泳,范海燕译. 海口:海南出版社,1998.

[5]白桂梅,李红云. 国际法参考资料[M]. 北京:北京大学出版社,2002.

[6]白桂梅. 国际法[M]. 北京:北京大学出版社,2006.

[7]白桂梅,朱利江. 国际法(第二版)[M]. 北京:中国人民大学出版社,2007.

[8][美]贝瑞·M.雷纳等. 互联网简史[A]. 熊澄宇. 新媒介与创新思维[C]. 北京:清华大学出版社,2001.

[9][美]贝塔兰菲. 一般系统论[M]. 秋同等译. 北京:社会科学文献出版社,1987.

[10][美]兹比格纽·布热津斯基. 大棋局:美国的首要地位及其地缘战略[M]. 中国国际问题研究所译. 上海:上海世纪出版集团上海人民出版社,2014.

[11][美]查尔斯·普拉特.混乱的网线:因特网上的冲突与秩序[M].石家庄:河北大学出版社,1998.

[12]陈潜.信息网络法律制度研究[M].上海:上海人民出版社,2012.

[13]崔聪聪.互联网国际治理的基本问题——以 ICANN 为视角[A].张志安.网络空间法治化——互联网与国家治理年度报告(2015)[C].北京:商务印书馆,2015.

[14][美]丹·希勒.数字资本主义[M].南昌:江西人民出版社,2001.

[15][英]丹尼斯·麦奎尔,[瑞典]斯文·温德尔.大众传播模式论[M].祝建华译.上海:上海译文出版社,1997.

[16][英]丹尼斯·麦奎尔.麦奎尔大众传播理论[M].崔保国,李琨译.北京:清华大学出版社,2006.

[17][英]蒂姆·伯纳斯—李,马克·菲谢蒂.编织万维网:万维网之父谈万维网的原初设计与最终命运[M].张宇宏,萧风译.上海:上海译文出版社,1999.

[18]杜雁芸.网络军备控制难以实施的客观原因分析[A].复旦国际关系评论:网络安全与网络秩序[C].上海:上海人民出版社,2015.

[19]段祥伟.因特网治理的国际冲突与合作研究[M].北京:中国政法大学出版社,2015.

[20]方泉,石英.论网络空间的刑事法——兼评欧盟《反网络犯罪条约》(草案)[A].陈兴良.刑事法律评论(第10卷)[C].北京:中国政法大学出版社,2003.

[21]方兴东,胡怀亮.网络强国:中美网络空间大博弈[M].北京:电子工业出版社,2014.

[22]方兴东,胡怀亮.国际网络治理与中美新型大国关系:挑战与使命[A].张志安.网络空间法治化——互联网与国家治理年度报告(2015)[C].北京:商务印书馆,2015.

[23][法]古斯塔夫·勒庞.乌合之众:大众心理研究[M].北京:法律出版社,2011.

[24]郭玉军.网络社会的国际法律问题研究[M].武汉:武汉大学出版

社,2010.

[25]韩德培,韩健.美国国际私法(冲突法)导论[M].北京:法律出版社,1994.

[26]韩德培.国际私法[M].北京:高等教育出版社,2000.

[27]韩德强.网络空间法律规制[M].北京:人民法院出版社,2015.

[28][美]汉斯·凯尔森.国际法原理[M].王铁崖译.北京:华夏出版社,1989.

[29][美]汉斯·凯尔森.法律和国家的一般理论[M].沈宗灵译.北京:中国大百科全书出版社,1996.

[30][德]汉斯·约阿希姆·施耐德.犯罪学[M].吴鑫涛,马君玉译.北京:中国人民公安大学出版社,1990.

[31]何其生.电子商务的国际私法问题研究[M].北京:法律出版社,2004.

[32]侯放等.新中国国际法60年[M].上海:上海社会科学院出版社,2009.

[33]黄志雄.网络空间治理:国际法新疆域[M].全球治理变革与国际法治创新.北京:中国政法大学出版社,2014.

[34]惠志斌.全球网络空间信息安全战略研究[M].北京:中国出版集团世界图书出版公司,2015.

[35][英]詹宁斯,瓦茨.奥本海国际法(第八版)[M].王铁崖等译.北京:中国大百科全书出版社,1995.

[36][塞尔维亚]Jovan Kurbalija,[英]Eduardo Gelbstein.互联网治理[M].中国互联网协会译.北京:人民邮电出版社,2005.

[37][美]凯斯·桑斯坦.网络共和国——网络社会中的民主问题[M].黄维明译.上海:上海人民出版社,2003.

[38][美]劳伦斯·莱斯格.代码:塑造网络空间的法律[M].李旭译.北京:中信出版社,2004.

[39][美]劳伦斯·莱斯格.代码2.0:网络空间中的法律[M].李旭,沈伟伟译.北京:清华大学出版社,2009.

[40][美]理查德·A.克拉克.网电空间战[M].刘晓雪译.北京:国

防工业出版社,2012.

[41]李浩培. 条约法概论[M]. 北京:法律出版社,1987.

[42]李彦. 互联网二十年:专项治理点与面——国家治理与现代化的视角[A]. 张志安. 网络空间法治化——互联网与国家治理年度报告(2015)[C]. 北京:商务印书馆,2015.

[43]梁淑英. 国际法案例教程[M]. 北京:知识产权出版社,2005.

[44]梁西. 国际法[M]. 武汉:武汉大学出版社,2000.

[45][韩]柳炳华. 国际法[M]. 马呈元等译. 北京:中国政法大学出版社,1997.

[46]刘峰,林东岱等. 美国网络空间安全体系[M]. 北京:科学出版社,2015.

[47]刘仁山,夏晓红. 互联网消费者合同的管辖权问题——消费者原地管辖规则的新发展及其前景[A]. 中国国际私法与比较法年刊[C]. 北京:法律出版社,2005.

[48][美]罗伯特·K. 殷. 案例研究:设计与方法[M]. 周海涛等译. 重庆:重庆大学出版社,2004.

[49][美]罗伯特·K. 殷. 案例研究方法的应用[M]. 周海涛等译. 重庆:重庆大学出版社,2014.

[50][美]罗伯特·皮尔特. 传媒管理学导论[M]. 韩骏伟等译. 北京:人民邮电出版社,2006.

[51][美]罗斯扎克. 信息崇拜:计算机神化与真正的思维艺术[M]. 苗华健,陈体仁译. 北京:中国对外翻译出版公司,1994.

[52][美]马丁·C. 利比基. 兰德报告:美国如何打赢网络战争[M]. 薄建禄译. 北京:东方出版社,2013.

[53][美]马克·斯劳卡. 大冲突:赛博空间和高科技对现实的威胁[M]. 南昌:江西教育出版社,1999.

[54][德]马克斯·韦伯. 经济与社会[M]. 北京:商务印书馆,2006.

[55]马骏. 中国互联网治理[M]. 北京:中国发展出版社,2011.

[56][加]马歇尔·麦克卢汉. 理解媒介:人的延伸[M]. 何道宽译. 北京:商务印书馆,2000.

[57][美]迈克尔·海姆.从界面到网络空间:虚拟实在的形而上学[M].金吾伦,刘钢译.上海:上海科技教育出版社,2000.

[58][美]曼纽尔·卡斯特.网络社会的崛起[M].夏铸九等译.北京:社会科学文献出版社,2000.

[59]美国国家情报委员会.全球趋势2030:变换的世界[M].中国现代国际关系研究院美国研究所译.北京:时事出版社,2016.

[60][美]弥尔顿·L.穆勒.网络与国家:互联网治理的全球政治学[M].周程等译.上海:上海交通大学出版社,2015.

[61][美]尼葛洛庞帝.数字化生存[M].胡泳等译.海口:海南出版社,1997.

[62]齐爱民,刘颖.网络法研究[M].北京:法律出版社,2003.

[63]饶传平.网络法律制度:前沿与热点专题研究[M].北京:人民法院出版社,2005.

[64]饶戈平.国际组织法[M].北京:北京大学出版社,2003.

[65][美]赛弗林,坦卡德.传播理论:起源、方法与应用[M].郭镇之等译.北京:中国传媒大学出版社,2006.

[66]邵津.国际法[M].北京:北京大学出版社,2014.

[67]沈昌祥,左晓栋.信息安全[M].杭州:浙江大学出版社,2007.

[68]沈宗灵.法理学(第二版)[M].北京:北京大学出版社,2003.

[69]申琰.互联网与国际关系[M].北京:人民出版社,2012.

[70]沈逸.网络空间全球治理现状与中国战略选择[A].惠志斌,唐涛.网络空间安全蓝皮书系列·中国网络空间发展报告(2015)[C].北京:社会科学文献出版社,2015.

[71]沈逸.网络主权与全球网络空间治理[A].复旦国际关系评论:网络安全与网络秩序[C].上海:上海人民出版社,2015.

[72][美]施拉姆.人类传播史[M].游梓翔,吴韵仪译.台北:远流出版实业有限公司,2004.

[73]苏力.制度是如何形成的[M].北京:北京大学出版社,2007.

[74]孙午生.网络社会治理法治化研究[M].北京:法律出版社,2014.

[75]檀有志,吕思思.中美两国在网络空间中的竞争焦点与合作支点

[A]. 复旦国际关系评论:网络安全与网络秩序[C]. 上海:上海人民出版社,2015.

[76]唐守廉. 互联网及其治理[M]. 北京:北京邮电大学出版社,2008.

[77]唐子才,梁雄健. 互联网规制理论与实践[M]. 北京:北京邮电大学出版社,2008.

[78]汤志伟. 网络空间群体行为规律与政府治理研究[M]. 北京:人民出版社,2014.

[79][美]托马斯·伯根索尔,肖恩·D. 墨尔. 国际公法[M]. 黎作恒译. 北京:法律出版社,2005.

[80]涂子沛. 大数据:正在到来的数据革命,以及它如何改变政府、商业与我们的生活[M]. 桂林:广西师范大学出版社,2013.

[81]涂子沛. 数据之巅:大数据革命,历史、现实与未来[M]. 北京:中信出版社,2014.

[82][英]维克托·迈尔－舍恩伯格,肯尼思·库克耶. 大数据时代:生活、工作与思维的大变革[M]. 盛杨燕,周涛译. 杭州:浙江人民出版社,2013.

[83]万鄂湘. 国际法与国内法关系研究[M]. 北京:北京大学出版社,2011.

[84]王德建. 网络治理的生成机制研究[M]. 山东大学出版社,2010.

[85]王贵国. 国际IT法律问题研究[M]. 北京:方正出版社,2003.

[86]王孔祥. 互联网治理中的国际法[M]. 北京:法律出版社,2015.

[87]王铁崖,田如萱. 国际法资料选编[M]. 北京:法律出版社,1982.

[88]王铁崖,田如萱. 国际法资料选编(续编)[M]. 北京:法律出版社,1993.

[89]王铁崖. 国际法引论[M]. 北京:北京大学出版社,1998.

[90]王铁崖. 国际法[M]. 北京:法律出版社,2002.

[91]汪玉凯,高新民. 互联网发展战略[M]. 北京:学习出版社,2012.

[92][美]韦恩·奥弗贝克. 媒介法原理[M]. 周庆山等译. 北京:北京大学出版社,2011.

[93][美]威尔伯·施拉姆. 陈亮译. 传播学概论[M]. 北京:新华出

版社,1984.

[94][德]W.G.魏智通．国际法(第五版)[M].吴越,毛晓飞译．北京:法律出版社,2012.

[95]魏永征,张红霞．大众传播法学[M].北京:法律出版社,2007.

[96]吴佩江．网络法律[M].杭州:浙江大学出版社,2009.

[97][法]西蒙·诺拉,阿兰·明克．社会计算机化:一份致法国总统的报告[M].黄德强,王运永译．北京:科学技术文献出版社,1988.

[98][法]夏尔·卢梭．武装冲突法[M].张凝等译．北京:中国对外翻译出版公司,1987.

[99]肖佳灵,唐贤兴．大国外交——理论·决策·挑战[M].北京:时事出版社,2003.

[100][美]小沃尔特·加里·夏普．网络空间与武力使用[M].吕德宏译．北京:国际文化出版公司,2001.

[101]谢新洲．网络传播理论与实践[M].北京:北京大学出版社,2004.

[102]谢新洲．媒介经营管理案例分析[M].北京:北京大学出版社,2010.

[103]谢新洲．媒介经营与管理[M].北京:北京大学出版社,2011.

[104]杨彩霞．国际反网络犯罪立法及其对我国的启示——以《网络犯罪公约》为中心[A].中国法学会刑法学研究会学术年会文集[C].北京:中国人民公安大学出版社,2004.

[105]叶美霞,曾培芳．现行国际法的困惑与挑战探析[M].北京:知识产权出版社,2008.

[106][英]伊恩·布朗利[M].国际公法原理．曾令良,余敏友译．北京:法律出版社,2007.

[107]于巧华,周碧松．鏖战电子空间:网络战[M].北京:解放军出版社,2001.

[108]于志刚．网络民事纠纷定性争议与学理分析[M].长春:吉林人民出版社,2001.

[109][美]约翰·D.泽莱兹尼．传媒法:自由、限制与现代媒介[M].

张金玺,赵刚译．北京:清华大学出版社,2007.

[110][英]约翰·奥斯丁．法理学的范围[M].刘星译．北京:中国法制出版社,2002.

[111][英]约翰·诺顿．互联网——从神话到现实[M].朱萍等译．南京:江苏人民出版社,2001.

[112][澳]约瑟夫·A.凯米莱里、吉米·富莱克．主权的终结——日趋"缩小"、"碎片化"的世界政治[M].李东燕译．杭州:浙江人民出版社,2001.

[113][美]约翰·佩里·巴洛."网络独立宣言"[A].李旭,李小武译．高鸿钧．清华法治论衡(第四辑).清华大学出版社,2004.

[114]张化冰．网络空间的规制与平衡:一种比较研究的视角[M].中国社会科学出版社,2013.

[115]张文显．法理学[M].北京:高等教育出版社,2003.

[116]张显龙．中国网络空间战略[M].北京:电子工业出版社,2015.

[117]张勇进．网络空间与政府管理创新[M].北京:国家行政学院出版社,2011.

[118]赵中强,彭呈仓．网络战与反网络战怎样打[M].中国青年出版社,2001.

[119][美]兹比格纽·布热津斯基．大棋局:美国的首要地位极其地缘战略[M].中国国际问题研究所译．上海:上海世纪出版集团,2007.

[120]子杉．国家的选择与安全——全球化进程中国家安全演变与重构[M].上海:上海三联书店,2006.

[121]中国国际法学会．中国国际法年刊(1989)[C].法律出版社,1990.

[122]中央编译局．马克思恩格斯选集(第3卷)[M].北京:人民出版社,1972.

[123]钟忠．中国互联网治理问题研究[M].北京:金城出版社,2010.

[124]周鲠生．国际法[M].武汉:武汉大学出版社,2007.

[125]周旺生．法理学[M].北京:北京大学出版社,2006.

二、中文期刊文献

[126]阿班·毛力提汗.认清宗教极端思想的实质和危害[J].红旗文稿,2014(14).

[127]蔡翠红.国家－市场－社会互动中网络空间的全球治理[J].世界经济与政治,2013(9).

[128]陈光中,肖沛权.关于司法权威问题之探讨[J].政法论坛,2011(1).

[129]陈颀.网络安全、网络战争与国际法——从《塔林手册》切入[J].政治与法律,2014(7).

[130]丁红军,陈德俊.ISIS网络恐怖主义活动对我国反恐形势的影响及应对措施[J].中国公共安全,2015(2).

[131]杜雁芸.全球互联网治理中的中国速度和力量[J].信息安全研究,2016(1).

[132]方兴东,张笑容,胡怀亮.棱镜门事件与全球网络空间安全战略研究[J].现代传播,2014(1).

[133]郭明磊,刘朝晖.美国法院长臂管辖权在Internet案件中的扩张[J].河北法学,2001(1).

[134]高婉妮.霸权主义无处不在:美国互联网管理的双重标准[J].红旗文稿,2014(1).

[135]郭玉军,向在胜.网络案件中美国法院的长臂管辖权[J].中国法学,2002(6).

[136]何志鹏,尚杰.国际软法作用探析[J].河北法学,2015(8).

[137]化国宇.《世界人权宣言》与中国[J].人权,2015(1).

[138]惠志斌.美国网络信息产业发展经验及对我国网络强国建设的启示[J].信息安全与通信保密,2015(2).

[139]降边嘉措.和平共处五项原则与西藏工作[J].社会观察,2014(9).

[140]姜明安.软法的兴起与软法之治[J].中国法学,2006(2).

[141]蒋亚民等.国家网络空间战略需要力量建设、领导体制、政策法规"三箭齐发"[J].中国信息安全,2014(8).

[142]李德智. 互联网治理之初探[J]. 河北法学,2004(12).

[143]李忠杰. 怎样认识和对待综合国力的竞争——"怎样认识和把握当今的国际战略形势"[J]. 瞭望新闻周刊,2002(29).

[144]李希光,郭晓科,王晶. 达赖集团对西方网络宣传的文本研究[J]. 现代传播,2010(5).

[145]李希光. 习近平的互联网治理思维[J]. 人民论坛,2016(4).

[146]刘文海. 论技术的本质特征[J]. 自然辩证法研究,1994(6).

[147]刘杨钺. 全球网络治理机制:演变、冲突与前景[J]. 国际论坛,2012(1).

[148]刘杨钺,杨一心. 网络空间"再主权化"与国际网络治理的未来[J]. 国际论坛,2013(6).

[149]刘颖,李静. 互联网环境下的国际民事管辖权[J]. 中国法学,2006(1).

[150]刘瑛,张方方. 我国互联网管理目标的设定与实现[J]. 新闻与传播研究,2009(4).

[151]陆钢. 上海合作组织是新世纪区域合作的成功典范[J]. 求是,2012(13).

[152]卢佳. "没有网络安全就没有国家安全,没有信息化就没有现代化"——解读习近平关于网络安全和信息化的重要论述[J]. 党的文献,2016(3).

[153]罗豪才,宋功德. 认真对待软法——公域软法的一般理论及其中国实践[J]. 中国法学,2006(2).

[154]孟庆国. 全球互联网治理的"中国方案"[J]. 中国党政干部论坛,2016(2).

[155]苗国厚. 互联网治理的历史演进与前瞻[J]. 重庆社会科学,2014(11).

[156]皮勇.《网路犯罪公约》中的犯罪模型与中国大陆网络犯罪立法比较[J]. 月旦法学杂志,2002(11).

[157]皮勇. 我国新网络犯罪立法若干问题[J]. 中国刑事法杂志,2012(12).

[158]沈逸.全球网络空间治理需要国际视野[J].中国信息安全,2013(10).

[159]盛红生.再论联合国宪章[J].武汉大学学报(哲学社会科学版),2011(1).

[160]盛愉.论国际法与反霸权原则[J].法学研究,1982(5).

[161]苏建志.海湾战争与信息战分析[J].国防科技参考,1993(2).

[162]孙尚鸿.效果规则在美国网络案件管辖权领域的适用[J].西北政法学院学报,2005(1).

[163]唐小松,王茜.美国对华网络外交的策略及影响[J].现代国际关系,2011(11).

[164]王春晖.互联网治理四项原则基于国际法理应成全球准则——"领网权"是国家主权在网络空间的继承与延伸[J].南京邮电大学学报(自然科学版),2016(1).

[165]王海平.美国在伊拉克战争中的法律战教训[J].西安政治学院学报,2005(3).

[166]王金良.全球治理:结构与过程[J].太平洋学报,2011(4).

[167]王孔祥.网络安全的国际合作机制探析[J].国际论坛,2013(5).

[168]王孔祥.网络安全的治理路径探析[J].教学与研究,2014(8).

[169]王玫黎.国家主权原则始终是国际法和国际关系的基础[J].现代法学,1998(1).

[170]王梦瑶,胡泳.中国互联网治理的历史演变[J].现代传播:中国传媒大学学报,2016(4).

[171]王明国.全球互联网治理的模式变迁、制度逻辑与重构路径[J].世界经济与政治,2015(3).

[172]王水兴,周利生.十八大以来党对互联网治理的新认识[J].武汉科技大学学报(社会科学版),2016(1).

[173]汪晓风.中美关系中的网络安全问题[J].美国研究,2013(3).

[174]王秀梅.论非传统安全与国际合作原则[J].理论导刊,2005(7).

[175]王雨. 现代国际组织国际法律人格研究[J]. 人大研究,2007(9).

[176]汪玉凯. 提高互联网治理能力的体制性思考[J]. 汕头大学学报(人文社会科学版),2016(4).

[177]夏立平. 论中美共同利益与结构性矛盾[J]. 太平洋学报,2003(2).

[178]夏晓红. 互联网环境下的国际民商事管辖权[J]. 北方法学,2008(2).

[179]肖永平,李臣. 国际私法在互联网条件下受到的挑战[J]. 中国社会科学,2001(1).

[180]徐峰. 网络空间国际法体系的新发展[J]. 信息安全与通信保密,2017(1).

[181]吴佳倩,曾文智. 网际网路智慧财产权纠纷之管辖权与准据法[J]. 万国法律,2001(4).

[182]吴翔,翟玉成. 网络军控:倡议、问题与前景[J]. 现代国际关系,2011(12).

[183]吴则成. 美国网络霸权对中国国家安全的影响及对策[J]. 重庆社会主义学院学报,2014(1).

[184][美]亚当·西格尔. 美国网络空间治理政策的未来走向[J]. 国外社会科学文摘,2012(4).

[185]杨峰. 全球互联网治理、公共产品与中国路径[J]. 教学与研究,2016(9).

[186]杨伯溆,刘瑛. 关于全球化与互联网的若干理论问题初探[J]. 新闻与传播研究,2001(4).

[187]杨成绪. 主权是发展中国家的最后一道屏障[J]. 国际问题研究,2001(02).

[188]杨嵘均. 论网络空间治理国际合作面临的难题及其应对策略[J]. 南京工业大学学报:社会科学版,2014(4).

[189]杨望. 15个国家同意共同努力减少网络攻击[J]. 中国教育网络,2010(8).

[190]奕文莉．中美在网络空间的分歧与合作路径[J]．现代国际关系,2012(7)．

[191]余敏友．论解决争端的国际法原则和方法的百年发展——纪念第一次海牙和会一百周年[J]．社会科学战线,1998(5)．

[192]俞晓秋．全球信息网络安全动向与特点[J]．现代国际关系,2002(2)．

[193]于雯雯．法学视域下的中国互联网治理研究综述[J]．法律适用,2015(1)．

[194]袁传宽．到底是谁发明了世界上第一台电子计算机:一段鲜为人知的历史公案[J]．程序员,2006(8)．

[195]曾令良．冷战后的国家主权[J]．中国法学,1998(1)．

[196]赵水忠．世界各国互联网管理一览[J]．中国电子与网络出版,2002(10)．

[197]张磊,胡正荣．在互联网环境中重寻"世界信息与传播新秩序"[J]．杭州师范大学学报,2014(5)．

[198]张乃根．论国际法与国际秩序的包容性——基于《联合国宪章》的视角[J]．暨南学报(哲学社会科学版),2015(9)．

[199]张晓君．网络空间国际治理的困境与出路——基于全球混合场域治理机制之构建[J]．法学评论,2015(4)．

[200]张新颖．国际关系中的结构性矛盾及其转化．理论学习,2009(8)．

[201]张瑜．理解网络技术:信息时代思想政治教育工作的新要求[J]．学校党建与思想教育,2007(7)．

[202]钟瑛．我国互联网管理模式及其特征[J]．南京邮电大学学报(社会科学版),2006(2)．

[203]周光辉,周笑梅．互联网对国家的冲击与国家的回应[J]．政治学研究,2001(2)．

[204]周小霞．浅析互联网时代的国家安全[J]．湖北社会科学,2005(1)．

[205]朱博夫．互联网治理——国际法的新使命[J]．法制与社会,

2009(16).

[206]邹军. 全球互联网治理的新趋势及启示——解析"多利益攸关方"模式[J]. 现代传播,2015(11).

三、中文报刊文献

[207]杜尚泽,庄雪雅. 弘扬万隆精神,加强亚非合作推动建设人类命运共同体[N]. 人民日报,2015-04-23(01).

[208]方滨兴等. 网络主权:一个不容回避的议题(权威论坛)[N]. 人民日报,2016-06-23(23).

[209]郝义. 美研制出的网络武器已达2000多种[N]. 国防时报,2011-11-30(7).

[210]何友. 信息技术是新军事变革的原动力[N]. 光明日报,2006-08-16(09).

[211]洪延青. 互联网治理走向依旧不明[N]. 人民日报,2014-03-27(22).

[212]华益文. 中国为全球网络治理发声[N]. 人民日报海外版,2015-12-16(01).

[213]李国敏. 赛门铁克发布《诺顿网络安全调查报告》[N]. 科技日报,2015-12-02(11).

[214]宁家骏. 论网络空间信任体系建设[N]. 中国信息化周报,2015-02-09(07).

[215]濮端华. "制网权":一个作战新概念[N]. 光明日报,2007-02-07(09).

[216]人民日报评论员. 让互联网更好造福国家和人民——写在习近平总书记网信工作座谈会重要讲话一周年[N]. 人民日报,2017-04-19(01).

[217]田丽. 秉持多边、民主、透明理念 推动建立新型互联网治理体系[N]. 人民日报,2016-01-06(07).

[218]王孔祥. 运用国际法基本原则治理互联网[N]. 中国社会科学报,2015-01-16(A08).

[219]习近平. 纪念《发展权利宣言》通过 30 周年国际研讨会开幕 习近平致信祝贺[N]. 人民日报海外版,2016 – 12 – 05(01).

[220]谢新洲. 网络社会更需要理性和阳光[N]. 光明日报,2013 – 06 – 06(05).

[221]谢新洲. 网络空间治理须加强顶层设计[N]. 人民日报,2014 – 06 – 05(07).

[222]谢新洲. 新媒体推动世界文化变革与重构[N]. 人民日报,2015 – 09 – 20(07).

[223]谢新洲. 打造普惠共享的国际网络空间——深入学习贯彻习近平同志关于构建全球互联网治理体系的重要论述[N]. 人民日报,2016 – 03 – 17(07).

[224]徐蓝. 回看历史 昭示未来——第二次世界大战与战后国际秩序的建立[N]. 光明日报,2014 – 09 – 03(15).

[225]杨洁勉. 全球治理的中国智慧:共商共建共享[N]. 光明日报,2016 – 06 – 16(16).

[226]于志刚. 网络主权观与法治理论的创新[N]. 光明日报,2016 – 09 – 11(01).

[227]张博. 美国的长臂管辖权原则[N]. 人民法院报,2011 – 07 – 15(08).

[228]张哲,韩晓君. 第一次网络世界大战会否打响? 网络战:并不虚拟[N]. 南方周末,2009 – 02 – 19(B9).

[229]支振锋. 网络主权植根于现代法理[N]. 光明日报,2015 – 12 – 17(04).

[230]中国互联网络信息中心(CNNIC). 第 39 次中国互联网络发展状况统计报告[R]. 北京,2017 – 01.

[231]钟声. 为联合国事业贡献中国力量[N]. 人民日报,2016 – 10 – 25(03).

[232]周武英. 中美认同信息技术贸易协议扩围[N]. 经济参考报,2014 – 11 – 12(04).

四、英文文献

[233] Anthony D'Amato. *International Law, Cybernetics and Cyberspace* [J]. Intl L. stud. ser. us Naval War Col, 2002.

[234] Boyle, J. Shamans, software and spleens: *Law and construction of the information society* [M]. Cambridge, MA: Harvard University Press, 1996.

[235] Brenner, Susan W. *Distributed Security: Moving Away from Reactive Law Enforcement* [J]. International Journal of Communications Law & Policy, 2005(Spring).

[236] David J. Rothkopf. *Cyberpolitik: The Changing Nature of Power in the Information Age* [J]. Journal of International Affair, 1998, 51(2).

[237] David R. Johnson, David Post. *Law and Borders: the Rise of Law in Cyberspace* [J], 48 Stan. L. Rev. 1367, 2006.

[238] DeNardis, L. *Protocol politics: The globalization of Internet governance* [M]. Cambridge, MA: MIT Press, 2009.

[239] Eric Brousseau, Mereyem Marzouki and Cecile Meadel, eds., *Governance, Regulation and Powers on the Internet* [M], Cambridge: Cambridge University Press, 2013.

[240] Eric Brousseau, Mereyem Marzouki and Cecile Meadel. *Governance, Networks and Digital Technologies: Societal Political, and Organizational Inovations* [J]. Economics Papers from University Paris Dauphine. 2012.

[241] Ernest J. Wilson III. *What Is Internet Governance and Where Does It Come From?* [J]. Journal of Public Policy. Vol. 25, No. 1, 2005.

[242] Froomkin, M. *ICANN's uniform dispute resolution policy: Causes and (partial) cures* [J]. Brooklyn Law Review 67(3), 2002.

[243] Goldsmith, S., and W. Eggers. *Governing by network: The new shape of the public sector* [M]. Washington DC: Brooklyn Institution Press, 2004.

[244] Gurumurthy Kasinathan and Anita Gurumurthy. *Internet Governance and Development Agenda* [J]. Economic and Political Weekly. Vol. 43, No. 14, 2008.

[245]Henry H. Perritt. *The Internet as a Threat to Sovereignty? Thoughts on the Internet's Role in Strengthening National and Global Governance*[J], Indiana Journal of Global Legal Studies,1998, 5(2).

[246]H. Nasser, Salem. *Sources and Norms of International Law: A Study of Soft Law*[J]. Galda & Wilch Verlag, 2008.

[247]Ian Browlie. *Principles of Public International Law. 6th edition*[M], London: Oxford University, 2003.

[248]Jack Goldsmith, Tim Wu. *Who Controls the Internet?: Illusions of a Borderless World*[M]. New York: Oxford University Press, 2006.

[249]Johan Eriksson, Giampiero Giacomello. *The Information Revolution, Security, and International Relations: (IR) Relevant Theory?* [J]. International Political Science Review, 27(3), 2006.

[250]John Mthiason. *Internet Governance: the New Frontier of Global Institutions*[M], London: Routledge,2009

[251]John Perry Barlow. *A Declaration of the Independence of Cyberspace* [J]. Humanist. 1996.

[252]Jonathan A. K. Cave. *Policy and Regulatiory Requirements for a Future Internet*[J]. Edwward Elgar, 2013(1).

[253]Jovan Kurbalija. *Internet Governance and International Law, Reforming Internet Governance*[M]. New York: The United Nations Information and Communication Technologies Task Force, 2005.

[254]Karen Banks. *Summitry and Strategies*[J]. Index on Censorship, Vol. 34, No. 3, 2005.

[255]Karen Mossberger, Caroline J. Tolbert and Mary Stansbury. *Virtual Inequality: Beyond the Digital Divide*[M]. Washington D. C. : Georgetown University Press, 2003.

[256]Keith Aoki. *Considering Multiple and overlapping Sovereignties: Liberalism, Libertarianism, National Sovereignty, Global Intellectual Property, and the Internet*[J], Siberian Mathematical Journal,1997, 5(2).

[257]Kenneth Neil Cukier. *Who Will Control the Internet?* [J]Foreign Af-

fairs, Vol. 84 Issue 6(11/12, 2005).

[258] Kenneth N. Waltz. *Theory of International Politics*[M]. New York: McGraw - Hill, Inc. , 1979.

[259] Koops, B. , S. W. Brenner. *Cybercrime and jurisdiction: A global survey*[M]. The Hague: T. M. C. Asser Press, 2006.

[260] Linnar Viik. *Estonia's Top Internet Guru*[J]. Economist, May 26, 2007.

[261] Lye K, Wing J M. *Game Strategies in Network Security*[J]. International Journal of Information Security, 2005, 4(1 - 2).

[262] Malcolm, J. *Multi - stakeholder governance and the Internet governance forum*[M]. Wembley, Australia: Terminus Press, 2008.

[263] Martti Koskenniemi, Kritische Justiz. *Global Governance and Public International Law*[J]. Vierteljahresschrift Für Recht Und Politik, 37(3) ,2004.

[264] Michael Geist, *Is There A There There: Towards Greater Certainty for Internet Jurisdiction*[J], Ssrn Electronic Journal, 2001, 2(3).

[265] Michael N. Schmitt. *Computer Network Attack and the Use of Force in International Law: Thoughts on a Normative Framework*[J]. Research Publication Information Series 1, June 1999.

[266] Michael N. Schmitt. *International Law in Cyberspace: The Koh Speech and Tallinn Manual Juxtaposed*[J]. Harvard International Law Journal Online Vol. 54, 2012.

[267] Milton Mueller. *Ruling the root: Internet governance and the taming of cyberspace*[M]. The MIT Press, 2002.

[268] Milton Mueller, John Mathiason, Hans Klein. *The Internet and Global Governance: Principles and Norms for a New Regime*[J]. Global Governance. Vol. 13, No. 2, 2007.

[269] Milton Mueller. *Networks and states:the global politics of Internet governance*[J]. MIT Press. 2010, 28(3).

[270] Nisha Shah. *Global Village, Global Marketplace, Global War on Terror: Metaphorical Reinscription and Global Internet Governance*. Ph. D. University

of Toronto, 2009.

[271]Oona A. Hathaway, Rebecca Crootof, Philip Levitz, Haley Nix, Aileen Nowlan, William Perdue & Julia Spiegel. *The Law of Cyber - Attack*[J]. California Law Review, 2012. Vol. (100).

[272]Peter Malanczuk(ed.). *Akehurst's Modern Introduction to International Law*[M]. London and New York: Routledge, 1996.

[273]Raboy, M. *The origins of civil society involvement in the WSIS*[J]. Information Technologies and International Development 1(3 - 4), 2004.

[274]Robert O. Keohane and Joseph S. Nye Jr. *Power and Interdependence in the Information Age*[J]. Foreign Affairs, 1998, 77(5).

[275]Rolf H. Weber and Gunnarson R. Shawn. *A Constitutuional Solution for Internet Governance* [J] . Columbia Science and Technology Law Review, 2012.

[276]Ryan, J., A History of the Internet and the Digital Future [M]. London: Reaktion Books, 2010.

[277] Sanjay S. Mody. *National Cyberspace Regulation: Unbundling the Concept of Jurisdiction*[J]. Stanford Journal of International Law(37), 2001.

[278]Sean Selin. *Governing Cyberspace: the Need for an International Solution*[J], 32 Gonz. L. Rev. 365. 1996.

[279]Shelton, Dinah. *Commitment and Compliance: The Role of Non - Binding Norms in the International Legal System*[M]. Oxford: Oxford University Press, 2000.

[280]Shen D. *A Collaborative China - US Approach to Space Security*[J]. Asian Perspective, 2011, 35(4).

[281]Shtern Jeremy. *Global Internet Governance and the Public Interest in Communication.* Ph. D. Universite de Montreal (Canada). 2009.

[282]Sorensen (ed). *Manual of Public International Law*[M]. London: Macmillan Publishers Limited,1968.

[283]Water B. Wriston. *Bits, Bytes, and Diplomacy*[J]. Foreign Affairs, Sep/Oct 1997, Vol. 76 Issue 5.

［284］Watson, R. T. , M. Boudreau, M. Greiner, D. Wynn, P. York, and R. Gul. *Governance and global communities*［J］. Journal of International Management 11(2) , 2005.

［285］W. J. Fenrick. *The Law Applicable to Targeting and Proportionality after Operation Allied Force: A View from the Outside*［M］. Year Book of International Humanitarian Law, Vol. 3, 2000.

［286］Yochai Benkler. *From Consumers to Users: Shifting the Deeper Structures of Regulation Towards Sustainable Commons and User Access*［J］, 52 Federal Communications Law Journal 561(2000).

［287］Yoram Dinstein. *Computer Network Attacks and Self - Defense*［J］. Intl L. stud. ser. us Naval War Col, 2002.

［288］Zoe Baird. *Governing the Internet: Engaging Government, Business, and Nonprofits*［J］. Foreign Affairs. Vol. 81, No. 6, 2002.

五、主要网站

［289］http://alac. icann. org/

［290］http://gac. icann. org/

［291］http://pacificigf. org/

［292］http://rigf. asia/

［293］http://www. cac. gov. cn/

［294］http://www. chinacourt. org/

［295］http://www. cnnic. net. cn/

［296］http://www. commonwealthigf. org/

［297］http://www. fmprc. gov. cn/

［298］http://www. g77. org/

［299］http://www. gov. cn/

［300］http://www. gmw. cn/

［301］http://www. icann. org/

［302］http://www. ietf. org/

［303］http://www. igf - usa. org/

［304］http://www. igf - jp. org/

［305］http://www. intgovforum. org/

［306］http://www. people. com. cn/

［307］http://www. scio. gov. cn/

［308］http://www. un. org/NewLinks/

［309］http://www. wgig. org/

［310］http://www. worldtrans. org/

［311］http://www. xinhuanet. com/

后 记

　　这本书是在我的博士论文基础上修改而成的,它的付梓面世为我在燕园度过的 12 年光阴画上了最后的句号。12 载求学路,从本科到博士,辗转 4 个学科、5 个院系,师长教诲声犹在耳,同窗辩诘铭心难忘。

　　感谢母校,对我一如既往的期许;感谢母校,对我毫不吝惜地赋予;感谢母校,你是我永远的精神家园,每当我犹豫、彷徨抑或恐惧、悲伤,总能在未名湖畔、博雅塔旁,找到心灵的归宿、理想的海洋。

　　感谢我的导师谢新洲教授,传道、授业、解惑,使我明志、致知、笃行,既要敬畏学术的尊严,也要勇立实践的前沿。感谢帮助支持我的同事和朋友,使我坚定初心、砥砺前行。更要感谢我的父母、爱人和幼子,给予我理解与宽容、关怀与希望,使我的人生始终充满着无尽的感恩和力量。

吕晓轩

2017 年 10 月 28 日

于北大燕园